项目名称:"1+x"证书制度下高职计算机应用专业大数据技术教学改革
编号:YB2022015

人工智能时代物联网技术与应用

刘欣苗 ◎ 著

北方联合出版传媒（集团）股份有限公司
辽宁科学技术出版社

图书在版编目（CIP）数据

人工智能时代物联网技术与应用 / 刘欣苗著 . -- 沈
阳 : 辽宁科学技术出版社 , 2024.3
ISBN 978-7-5591-3476-9

Ⅰ . ①人… Ⅱ . ①刘… Ⅲ . ①人工智能②物联网
Ⅳ . ① TP393.4 ② TP18

中国国家版本馆 CIP 数据核字 (2024) 第 052840 号

出版发行：辽宁科学技术出版社
　　　　　（地址：沈阳市和平区十一纬路 25 号 邮编：110003）
印 刷 者：河北万卷印刷有限公司
经 销 者：各地新华书店
幅面尺寸：170 mm × 240 mm
印　　张：16.75
字　　数：275 千字
出版时间：2024 年 3 月第 1 版
印刷时间：2024 年 3 月第 1 次印刷
责任编辑：凌　敏
封面设计：优盛文化
版式设计：优盛文化
责任校对：李　莹

书　　号：ISBN 978-7-5591-3476-9
定　　价：98.00 元

联系电话：024-23284363
邮购热线：024-23284502
E-mail：lingmin19@163.com

前　言

　　物联网技术起源于传媒领域，是信息科技产业的第三次革命。物联网是通信网和互联网的应用延伸，它利用感知技术与智能装置对物理世界进行感知识别，通过网络传输互联，进行计算、处理和知识挖掘，实现人与人、人与物、物与物之间的信息交换和无缝连接，达到对物理世界实时监测、精确管理和科学决策的目的。可以说，物联网技术是计算机技术、网络技术、软件技术和微电子系统制造及集成技术发展成熟的必然产物，涉及智能交通、安全防护、环境监测、精确农业、智能物流等众多领域，与之对应的则是"智慧地球""感知中国""智慧城市"等概念的提出。物联网是信息产业领域未来竞争的制高点之一，是传统产业升级的核心驱动力之一，是加速推进工业化、信息化融合的催化剂，是现代服务业的重要切入点。

　　本书属于物联网方面的专著，由物联网与人工智能、人工智能技术研究、物联网通信技术研究、物联网感知与识别技术分析、物联网安全技术及其应用研究、机器学习及其典型应用研究、基于人机交互的智能厨房设计应用分析、智能物联网技术在各领域的创新应用及案例研究等几部分组成。全书以人工智能时代的物联网技术为研究对象，介绍了人工智能与物联网的基础概念以及相关技术，并对物联网安全技术、机器学习以及人机交互的典型应用加以分析，深入研究了智能物联网技术在各个领域的创新应用案例，将技术理论与实际应用有机地结合在一起，对从事物联网、人工智能等方面的研究者与工作者都具有一定的学习和参考价值。

-目 录-

1 物联网与人工智能

1.1 物联网概述

当刷员工卡进入办公大楼时，办公室的空调和灯会自动打开；快下班了，用手机发送一条短信指令，在家"待命"的电饭锅会立即做饭，空调开始工作，预先降温；如果有人非法入侵住宅，可收到自动电话报警……这些不是科幻电影中的镜头，而是正在大步走来的"物联网时代"的美好生活。

1.1.1 物联网的概念

物理世界的联网需求和信息世界的扩展需求催生出了一类新型网络——物联网。

物联网（internt of things, IoT）顾名思义就是"物物相连的互联网"，是指把所有物品通过网络连接起来，实现任何物体、任何人、任何时间、任何地点的智能化识别、信息交换与管理。

最早的物联网概念是在 1999 年由麻省理工学院 Auto-ID 研究中心阿什顿教授提出的。"将视频识别（radio frequency identification, RFID）技术与传感器技术应用于日常物品将会创建一个物联网。"

2005 年，国际电信联盟（International Telecommunication Union, ITU）

提出："物联网是通过 RFID 和智能计算等技术实现全世界设备互联的网络。"

2008 年，欧洲物联网研究项目工作组给出新的物联网定义：物联网是物理和数字世界融合的网络，每个物理实体都有一个数字身份。物体具有上下文感知的能力——它们可以感知、沟通与互动。它们对物理事件进行即时反应，对物理实体的信息进行即时传送。

维基百科对物联网的定义：物联网指的是将各种信息传感设备，如射频识别装置、红外感知器、全球定位系统、激光扫描等与互联网结合起来形成的一个巨大的网络。

2010 年，我国政府工作报告中对物联网的定义：物联网是指通过信息传感设备，按照约定的协议，把任何物品与网络连接起来，进行信息交换和通信，以实现智能化识别、定位、跟踪、监控和管理的一种网络。

广义的物联网定义：物联网是利用条码、射频识别、传感器、全球定位系统、激光扫描器等信息传感设备，按约定的协议，实现人与人、人与物、物与物在任何时间、任何地点的连接，从而实现智能化识别、定位、跟踪、监控和管理的庞大网络系统。

虽然目前人们对物联网还没有一个统一的定义，但每个定义都包含两层含义：一是物联网的核心和基础仍然是互联网，是互联网的延伸和扩展；二是物联网延伸和扩展到了任何物品与物品之间进行信息交换和通信。从物联网本质上看，物联网是现代信息技术发展到一定阶段出现的一种聚合性应用，而将各种感知技术、网络技术、人工智能和自动化技术聚合在一起，可使人与物智慧对话，创造一个智慧的世界。目前，对于物联网这一概念的准确定义尚未形成比较权威的表述，这主要归因于如下几点。

（1）物联网的理论体系没有完全建立，人们对其认识还不够深入，还不能透过现象看出本质。

（2）由于物联网与互联网、移动通信网、传感网等都有密切关系，不同领域的研究者探索物联网时的出发点和落脚点各异，短期内还无法达成共识。

物联网使信息的交互不再局限于人与人或人与机器的范畴，而是开创了物与物、人与物这些新兴领域的沟通。国际电信联盟（ITU）2005 年的一份报告曾描绘了物联网时代的图景：当司机出现操作失误时汽车会自动报警，公文包会"提醒"主人忘带了什么东西，衣服会"告诉"洗衣机对颜色和水温的要求等。毫无疑问，物联网时代的到来会使人们的日常生活发生翻天覆地的变化。

1.1.2 物联网的特点

在物联网中，物品通过射频识别等信息传感设备与互联网连接起来，实现智能化识别和管理，其核心在于物与物之间广泛而普遍的互联。在物联网时代，每一件物体均可寻址，每一件物体均可通信，每一件物体均可被控制。和传统的互联网相比，物联网有其鲜明的特征。

1.1.2.1 全面感知

无所不在的感知和识别使传统上分离的物理世界和信息世界高度融合。利用射频识别、传感器、二维码等能够随时随地采集物体的动态信息。传感器获得的数据具有实时性，其按一定的频率周期性地采集环境信息，不断更新数据。

1.1.2.2 可靠传输

通过网络可对感知的各种信息进行实时传送。物联网技术的重要基础和核心仍旧是互联网，通过各种有线和无线技术与互联网的融合，将物体的信息实时准确地传递出去。传感器定时采集的信息数量极其庞大，形成了海量信息，为了保障数据传输的正确性和及时性，必须有适应各种异构网络的协议。

1.1.2.3 智能处理

物联网利用传感器、云计算、模式识别等各种智能技术，及时地对海量数据进行信息控制，真正实现了人与物的沟通、物与物的沟通。可从传感器获得的海量信息中分析、加工和处理出有意义的数据，以适应不同用户的不同需求。

1.1.3 物联网的发展史

物联网是新一代信息技术的重要组成部分，也是信息化时代重要发展阶段的产物。物联网的发展主要经历了 4 个时期。

1.1.3.1 1995—1999 年：物联网悄然萌芽

物联网的说法最早可追溯到比尔·盖茨于 1995 年所著的《未来之路》一书中。在《未来之路》中，比尔·盖茨已经提及"物物互联"，只是当时受限于无线网络、硬件及传感设备的发展，并未引起重视。

1.1.3.2 1999—2005 年：物联网正式诞生

1999 年，美国 Auto-ID 中心正式提出"物联网"概念，当时的物联网主要建立在物品编码、RFID 技术和互联网的基础上。它以美国麻省理工学院 Auto-ID 中心研究的产品电子代码（electronic product code, EPC）为核心，通过射频识别和条码等信息传感设备把所有物品与互联网连接起来，实现智能化识别和管理。其实质就是将 RFID 技术与互联网结合起来加以应用。因此，EPC 的成功研制，标志着物联网的诞生。但由于技术的不成熟，EPC 编码标准存在争议及信息安全等问题。

1.1.3.3 2005—2009 年：物联网逐渐发展

2005 年 11 月 17 日，在突尼斯举行的信息社会世界峰会（The World Summit on the Information Society, WSIS）上，国际电信联盟发布了《ITU 互联网报告 2005：物联网》。报告指出："无所不在的'物联网'通信时代即将来临，世界上所有的物体，从轮胎到牙刷、从房屋到纸巾都可以通过互联网主动进行信息交换。"计算机技术与通信技术开始普及，互联网变得平民化，人与人之间的联系变得更加简单，物与物的联系成了人们的关注点，从此世界掀起了物联网的热潮。

1.1.3.4 2009 年：物联网蓬勃兴起

2009 年 1 月 28 日，奥巴马就任美国总统后与美国工商业领袖举行了一次"圆桌会议"。IBM 首席执行官彭明盛首次提出"智慧地球"这一概念，具体地说就是把感应器嵌入和装备到电网、铁路、桥梁、隧道、公路、建筑、供水系统、油气管道等各种物体中，使物品之间普遍连接，形成所谓的"物联网"，使得整个地球上的物品都充满"智慧"。

2009 年 9 月，欧盟发布 2010 年、2015 年、2020 年 3 个阶段的"欧盟物联网战略研究路线图"，提出物联网在汽车、医药、航空航天等 18 个主要应用领域，以及物联网构架、数据处理等 12 个方面需要突破的关键技术。

2009 年 10 月 11 日，工业和信息化部部长李毅中在《科技日报》上发表了《我国工业和信息化发展的现状和展望》一文，首次公开提及传感网络，并将其上升到战略性新兴产业的高度。

2009年11月3日，时任国务院总理温家宝在人民大会堂向首都科技界发表了题为"让科技引领中国可持续发展"的讲话，指示要着力突破传感网、物联网的关键技术，将物联网并入信息网络发展的重要内容。

2015年，"互联网+"计划被提出，该计划推动了无线传感器网络（wireless sensor networks, WSN）与现代制造的结合，促进了WSN的广泛应用。

目前，全球物联网尚处于概念、论证和试验阶段，处于攻克关键技术、制定标准规范与研发应用的初级阶段。物联网的发展之路还很漫长，物联网的规模在不断扩大，接入系统在慢慢增加，同时异构网络结构的复杂度也在不断提升，相信在不久的将来，物联网将在人们的生产生活中扮演举足轻重的角色。

1.1.4 物联网体系架构

物联网的价值在于让物体也拥有了"智慧"，从而实现人与物、物与物之间的沟通，物联网的特征在于感知、互联和智能的叠加。物联网由3个部分组成：感知数据的感知层、传输数据的网络层和应用层。

1.1.4.1 感知层

感知层主要实现全面感知，即通过嵌入物品和设施中的传感器和数据采集设备，随时随地获取物质世界的各种信息和数据，并接入网络。感知层的设备主要包括传感器、RFID、二维码、多媒体信息采集、GPS、红外等设备。感知层可以发现设备、远程监控和配置参数，保证设备安全稳定地运行，智能化地移动或存储数据，执行本地的命令以及运行分布式操作逻辑，并能进行数据捕获与控制。

1.1.4.2 网络层

网络层实现物联网数据信息的双向传递和控制。它具备复杂事件和数据流处理能力，提供包括数据汇总、地理信息、识别与关联等服务。网络层具备数据建模和集成能力，可制定互操作框架，同时具备过程整合能力，能扩展原有系统、优化业务流程，从而实现更全面的互联互通。目前用于支持人与人之间通信的网络技术主要是电信网，而物与物通信，人与人通信在需求和特点上存在差异，为使网络能够更加适应物与物的通信，需要对现有网络进行增强或优化。

1.1.4.3 应用层

应用层实现对信息的处理，利用云计算、模糊识别等各种智能计算技术，对海量数据和信息进行分析处理，提升对物质世界、经济社会、交通运输等的观察力，并加强对物体实现智能化的决策和控制。应用层包含应用支撑子层和应用服务子层，其中应用支撑子层用于实现跨行业、跨应用、跨系统之间的信息协同、共享、互通，应用服务子层指的是物联网的各种应用，如智能电力、智能交通、智能环境、智能家居等。

1.1.5 物联网关键技术

物联网的关键技术有传感技术、射频识别技术、云计算技术、M2M 等。

1.1.5.1 传感技术

传感技术主要负责接收物品"讲话"的内容。传感技术是从自然信源获取信息，并对之进行处理（变换）和识别的一门多学科交叉的现代科学与工程技术。如果把计算机比作处理和识别信息的"大脑"，把通信系统比作传递信息的"神经系统"，那么传感器就是感知和获取信息的"感觉器官"。那么，什么是传感器呢？我国国家标准《传感器通用术语》（GB/T 7665—2005）对传感器的定义为："能够感受被测量并按照一定规律转换成可用输出信号的器件和装置。"传感器一般由敏感元件、转换元件和基本电路组成。

敏感元件：传感器中能直接感受被测量的部分，并输出与被测量成确定关系的物理量。

转换元件：将敏感元件的输出当作输入转换成电路参数再输出。

基本电路：将电路参数转换成电量输出。

传感器是一种检测装置，能感受到被测量的信息，并能将感受到的信息按一定规律变换成电信号或其他所需形式的信息输出，以满足信息的传输、处理、存储、显示、记录和控制等要求。它是信息获取的重要手段，是连接物理世界与电子世界的重要媒介，是构成物联网的基础单元。传感器已经渗透到了人们当今的日常生活中，如热水器中的温控器、电视机中的红外遥控接收器、空调中的温度 / 湿度传感器等。此外，传感器也被广泛应用到了工农业、医疗卫生、军事国防、环境保护、航空航天等领域，几乎渗透到了人类的一切活动领域，发挥着越来越重要的作用。

1.1.5.2 射频识别技术

射频识别（radio frequency identification,RFID）是一种非接触式的自动识别技术，它通过射频信号自动识别目标对象并获取相关数据。其基本原理是利用射频信号和空间耦合（电感或电磁耦合）或雷达反射的传输特性，实现对物体的自动识别。

RFID 不仅仅是改进的条码，它具有很多显著优点：非接触式，中远距离工作；能大批量工作，由读写器快速自动读取；信息量大，可以细分单品；芯片存储，可多次读取；可以与其他各种传感器共同使用等。RFID 可广泛应用于诸如物流管理、交通运输、医疗卫生、商品防伪、资产管理以及国防军事等领域，被公认为是 21 世纪十大重要技术之一。

1.1.5.3 云计算技术

物联网的发展离不开云计算技术的支持。物联网中终端的计算和存储能力有限，云计算平台可以作为物联网的"大脑"，对海量数据进行存储、处理。云计算是分布式计算技术的一种，通过网络将庞大的分析处理程序自动拆分成无数个较小的子程序，再经过众多服务器所组成的庞大系统搜寻、计算、分析，最后将处理结果返回用户。

云计算是当前计算机应用领域的重要研究方向，也是物联网处理海量数据的必备手段。它在物联网领域应用前景广阔，经济价值巨大。目前相对成熟的云计算产品在物联网中运用得还是比较有限，但是物联网和云计算的发展相辅相成，相互促进。云计算为物联网的数据处理提供了经济平台，物联网也对云计算提出了一些新的需求。

1.1.5.4 M2M

M2M 是"机器对机器"的简称，即 machine-to-machine 的缩写，也有人理解为人对机器（man-to-machine）、机器对人（machine-to-man）等，M2M 旨在通过通信技术来实现人、机器和系统三者之间的智能化、交互式无缝连接。M2M 设备是能够回答包含在一些设备中的数据请求或能够自动传送包含在这些设备中的数据的设备。M2M 聚焦在无线通信网络应用上，是物联网应用的一种主要方式。

1.2　人工智能概述

1.2.1　人工智能的定义

人工智能（artificial intelligence, AI）是计算机科学的一个分支，是研究智能的实质并且使计算机表现出类似人类智能的学科。它涉及逻辑学、计算机科学、脑科学、神经生理学、心理学、哲学、语言学、信息论、控制论等多个学科，是一门综合性的交叉和边缘学科。

在2016年的围棋人机世纪大战中，人工智能围棋程序"阿尔法围棋"（AlphaGo）和韩国棋手李世石展开五局围棋对决。"阿尔法围棋"依靠最新的人工智能技术——深度学习，以4：1战胜李世石。它的胜利被列为《科学》（Science）公布的2016年度十大重大科技突破中的第二位。AlphaGo不仅在比分上打败了李世石，还在下棋功力上显示出了远远超过人类棋手的棋力。AlphaGo下棋的风格不像人类棋手，可以说是超越了人类的风格。它不仅具有强大的计算能力优势，还在一定程度上似乎拥有了与人类非常相似的直觉能力和独特的智能。所以，AlphaGo的胜利是人工智能领域的一个重要里程碑，而且引发了人工智能在整个人类社会的研究热潮。

哈萨比斯在开发AlphaGo的时候，计划它能够用于解决现实世界诸多问题。AlphaGo的核心是两种不同的深度神经网络，即估值网络（value network）和策略网络（policy network）。它们的任务在于合作"挑选"出那些比较有前途的棋步，抛弃明显的差棋，从而将计算量控制在计算机可以完成的范围，在本质上，这和人类棋手所做的一样。估值网络负责减小搜索的深度。AI会一边推算一边判断局面，局面明显劣势的时候，就直接抛弃某些路线，不在一条道上算到黑。策略网络负责缩小搜索的宽度。面对眼前的一盘棋，判断哪些棋步是明显不该走的，如不该随便送子给别人吃。

今天的AlphaGo与当年的"深蓝"之间的最大区别就在于："深蓝"是"教"出来的——IBM的程序员从国际象棋大师那里获得信息，提炼出特定的规则和领悟，再通过预编程灌输给机器，即采用传统的人工智能技术；

AlphaGo 是自己"学"出来的——DeepMind 公司的程序员为它灌输的是如何学习的能力，随后它通过不断训练和研究学会围棋，即采用深度学习技术。从某种程度上讲，AlphaGo 的棋艺不是开发者教给它的，而是自学成才的。

在电影《模仿游戏》中，人工智能之父阿兰·图灵以少年时代的同性恋人为原型设计了他的机器。图灵当年的想法是设计一个"像孩子一样思考"的机器。因为他认为人类智能的秘密是学习的能力。

什么是人工智能？目前还没有一个公认的定义，甚至存在完全相悖的观点。总的来说，人工智能有以下几种普遍接受的定义。

定义（1）人工智能是一种使计算机产生思维，使机器拥有智力的激动人心的新尝试。

定义（2）人工智能是那些与人的思维、决策，问题求解和学习等有关活动的自动化。

定义（3）人工智能是用计算模型研究智力行为。

定义（4）人工智能是研究那些使理解、推理和行为成为可能的计算。

定义（5）人工智能是一种能够执行人的智能的创造性技术。

定义（6）人工智能研究如何使计算机做事让人过得更好。

定义（7）人工智能是一门通过计算过程力图理解和模仿智能行为的学科。

定义（8）人工智能是计算机科学中与智能行为自动化有关的一个分支。

其中，定义（1）和定义（2）涉及拟人思维，定义（3）和定义（4）与理性思维有关，定义（5）和定义（6）涉及拟人行为，定义（7）和定义（8）与拟人理性行为有关。

1.2.2　人工智能的诞生

人工智能学科的诞生经历了漫长的过程。历史上一些伟大的科学家和思想家做出了巨大的贡献，为今天的人工智能研究做了长足和充分的准备。

亚里士多德（Aristotle）：古希腊伟大的哲学家、思想家，研究人类思维规律的鼻祖，为形式逻辑奠定了基础，提出了推理方法，给出了形式逻辑的一些基本定律，创造了三段论法。

弗朗西斯·培根（Francis Bacon）：英国哲学家和自然科学家，系统提出了归纳法，即与亚里士多德的演绎法相辅相成的思维法则。

莱布尼茨（Leibnitz）：德国数学家和哲学家，提出了关于数理逻辑的思想，即把形式逻辑符号化，从而对人的思维进行运算和推理的思想。

布尔（Boole）：英国数学家和逻辑学家，主要贡献是初步实现了莱布尼茨关于思维符号化和数学化的思想，提出了一种崭新的代数系统——布尔代数，凡是传统逻辑能处理的问题，布尔代数都能处理。

歌德尔（Gödel）：美籍奥地利数理逻辑学家，研究数理逻辑中的一些根本性问题，即不完全性定理和连续假设的相对协调性证明，指出了把人的思维形式化和机械化的某些极限，在理论上证明了有些事情是机器做不到的。

图灵（Turing）：英国数学家，于 1936 年提出了一种理想计算机的数学模型（图灵机）。现已公认，所有可计算函数都能用图灵机计算，这为电子计算机的构建提供了理论根据。1950 年，他还提出了著名的"图灵实验"，给智能的标准提供了明确的定义。

莫克利（J.W. Mauchly）：美国数学家，和他的学生埃克特（J.P. Eckert）于 1946 年研制成功了世界上第一台通用电子数字计算机 ENIAC。

冯·诺伊曼（Von Neumann）：美籍匈牙利数学家，提出了以二进制和程序存储控制为核心的通用电子数字计算机体系结构原理，奠定了现代电子计算机体系结构的基础。

麦卡锡（John McCarthy）：美国数学家、计算机科学家与认知科学家，"人工智能之父"。他首次提出了人工智能（AI）概念，发明了 Lisp 语言和"情景验算"，研究不寻常的常识推理。

中国也有很多科学家为人工智能的发展做出了重要的贡献。吴文俊院士（1919—2017）是其中的杰出代表之一，他在自动推理领域做了先驱性工作，提出了定理自动证明的吴方法，被公认为机器证明的三大方法之一。为了纪念他在人工智能领域的卓越贡献，以他名字命名的"吴文俊人工智能科学技术奖"被誉为"中国智能科学技术最高奖"，代表中国人工智能领域的最高荣誉。

1956 年夏季，以麦卡锡、明斯基、罗切斯特和申农等为首的一批有远见卓识的年轻科学家在一起聚会，共同学习和探讨用机器模拟智能的各种问题。在会上，经麦卡锡提议，大家决定使用"人工智能"一词来概括这个研究方向。这次具有历史意义的会议标志着人工智能这个学科的正式诞生。1969 年召开了第一届国际人工智能联合会议（International Joint Conference on AI,

IJCAI)，此后每两年召开一次。1970年，《人工智能》国际杂志（*international journal of AI*）创刊。这些对开展人工智能国际学术交流活动，促进人工智能的研究和发展起到了积极作用。1980年，卡内基梅隆大学为数字设备公司设计了一套名为 XCON 的"专家系统"。这是一种采用人工智能程序的系统，可以简单地理解为"知识库 + 推理机"的组合，是一套具有完整专业知识和经验的计算机智能系统。20世纪90年代以来，专家系统、机器翻译、机器视觉和问题求解等方面的研究已有实际应用，同时关于机器学习和人工神经网络的研究迅速兴起。当前比较热门的信息过滤、分类、数据挖掘等都属于机器学习的知识范畴。另外，不同学派间的争论也非常激烈，这些都进一步促进了人工智能的发展。

1.2.3　人工智能研究的各种学派及其理论

人工智能是一门新兴的学科，在对它的研究中产生了很多学派。人工智能研究的学派包括逻辑学派、认知学派、知识工程学派、联结学派、分布式学派、进化论学派，不同学派的研究内容与研究途径有所不同。

符号学派（symbolicism），又称为逻辑学派（logicism）、心理学派（psychlogism）或计算机学派（computerism），是传统人工智能的主流学派。符号主义认为人对客观世界进行认识的认知基元是符号，而且认知过程即符号操作过程。该学派的研究内容就是基于逻辑的知识表示和推理机制，如如何用谓词逻辑表示知识，如何用归纳推理方法总结知识。

联结学派（connectionism），又称为仿生学派（bionicsism）或生理学派（physiologism），认为人工智能源于仿生学，特别是人脑模型的研究。该学派的原理主要为神经网络及神经网络间的连接机制与学习算法。深度学习技术属于联结主义学派。

行为学派（actionism），又称为进化论学派（evolutionism）或控制论学派（cyberneticsism），其原理为控制论及感知和行动，认为人工智能源于控制论，智能依赖感知和行动，无须基于符号的推理。这一学派的代表作首推布鲁克斯（Brooks）的六足行走机器人，它被看作新一代的"控制论动物"，是一个基于感知—动作模式的模拟昆虫行为的控制系统。

1.2.4 人工智能研究及应用领域

人工智能研究及应用领域很多，而主要研究领域包括问题求解、机器学习、专家系统、模式识别、自动定理证明、自动程序设计、自然语言理解、机器人学、人工神经网络、智能检索等。

1.2.4.1 问题求解

人工智能的第一个大成就是发展了能够求解难题的下棋（如国际象棋）程序，它包含问题的表示、分解、搜索与归纳等。经典的问题，如八皇后问题、旅行者问题等。

1.2.4.2 机器学习

学习是人类智能的主要标志和获得知识的基本手段，要使机器像人一样拥有知识和智能，就必须使机器具有获得知识的能力。计算机获得知识有两种途径：直接获得和学习获得（机器学习）。学习是一个有特定目的的知识获取过程，其内部表现为新知识结构的不断建立和修改，而外部表现为性能的改善。

1.2.4.3 专家系统

一般来说，专家系统是一个智能计算机程序系统，其内部具有大量专家水平的某个领域的知识与经验，且能够利用人类专家的知识和解决问题的方法来解决该领域的问题。发展专家系统的关键是表达和运用专家知识，即来自人类专家的并已被证明对解决有关领域典型问题是有用的事实和过程。

1.2.4.4 模式识别

模式的本意是指一些供模仿的标准式样或标本。模式识别就是识别出给定物体所模仿的标本。人工智能所研究的模式识别是指用计算机代替人类或帮助人类感知，是对人类感知外界功能的模拟，研究的是计算机模式识别系统，也就是使一个计算机系统具有模拟人类通过感官接受外界信息、识别和理解周围环境的感知能力。例如，识别自己所需要的工具、产品。模式识别主要应用于图像处理。

1.2.4.5 自动定理证明

自动定理证明研究在人工智能发展中曾经产生过的重要影响和推动作用，是人工智能中最先进行研究并得到成功应用的一个研究领域。许多非数学领域的任务，如医疗诊断、信息检索、机器人规划和难题求解等，都可以转化成定理证明问题，所以自动定理证明的研究具有普遍意义。

定理证明的实质是关于前提 P 和结论 Q，证明 $P \rightarrow Q$ 的永真性。但是要证明 $P \rightarrow Q$ 的永真性一般来说是很困难的，通常采用的方法是反证法，即先否定逻辑结论 Q，再根据否定后的逻辑结论 Q 和前提条件 P 推出矛盾的结论，即可证明原问题。

1.2.4.6 自动程序设计

自动程序设计包括程序综合与程序正确性验证。程序综合用于实现自动编程，即用户只需告诉计算机要"做什么"，无须说明"怎样做"，计算机就可以自动进行程序设计。程序正确性的验证是要研究出一套理论和方法，证明程序的正确性。自动程序设计研究的重大贡献之一是作为问题求解策略的调整概念。现有研究发现，对程序设计或机器人控制问题，先产生一个不费事的有错误的解，然后再修改它（使它正确工作），这种做法一般要比坚持要求第一个解就完全没有缺陷的做法有效得多。

1.2.4.7 自然语言理解

如果能让计算机"听懂""看懂"人类自身的语言（如汉语、英语、法语等），那将使更多的人使用计算机，大大提高计算机的利用率。自然语言理解就是研究如何让计算机理解人类自然语言的一个研究领域，从宏观上看，自然语言理解是指机器能够执行人类所期望的某些语言功能。

1.2.4.8 机器人学

人工智能研究日益受到重视的另一个分支是机器人学，其中包括对操作机器人装置程序的研究。这个领域所研究的问题，从机器人手臂的最佳移动到实现机器人目标的动作序列的规划方法，无所不包。目前已经建立了一些比较复杂的机器人系统。

1.2.4.9 人工神经网络

人工神经网络处理直觉和形象思维信息具有比传统处理方式好得多的效果。人工神经网络已在模式识别、图像处理、组合优化、自动控制、信息处理、机器学和人工智能等其他领域获得日益广泛的应用。深度学习是人工神经网络的最新发展技术。

1.2.4.10 智能检索

随着科学技术的迅速发展，出现了"知识爆炸"的情况，研究智能检索系统已成为科技持续快速发展的重要保证，主要可分为基于文字的智能检索、基于语义的智能检索、基于图像的智能检索。

1.3 物联网智能化发展趋势与挑战

1.3.1 物联网智能化发展的必然趋势

1.3.1.1 从互联网发展角度

在 2017 云栖大会上，阿里巴巴 CTO 张建锋探讨了互联网的第三波浪潮。第一波是 PC 互联网，把计算机从一个单一的工具变成了平台，连接所有的单点信息、数据。第二波是移动互联网，使信息分享、传递变得更加自然，带来了社交和应用。现在以智联网、人机自然交互、机器智能三大领域的发展为代表的第三波浪潮已经到来。因为，物联网实现了物物互联，还需要去感知、处理数据、实时决策、控制被连接的主体，这才是有价值的智联网。

1.3.1.2 从技术发展角度

当下的人工智能和物联网其实都遇到了一定的发展瓶颈。一方面，逐步渗透到硬件层的 AI，表明人工智能需要"物理实体"的场景验证和提升自身的实用性。另一方面，发展多年的物联网一直不温不火，如何更好地展示和自证"数字虚体"的价值成为当务之急。人工智能和物联网的融合大多还停留在表面低度渗透、简单叠加的状态，并没有通过深度融合创造直达本质的应用或商用价值。

目前，物联网距离成为"基础设施"还有一段距离，"互联"是"智能"的基础，在联网功能激活率不高的情况下，期待云平台实现各种智能场景的想法确实有些悬在云端。当单个产品的价值通过互联形成系统，由其构建的生态环境般的虚体场景才能最大限度地发挥物联网的价值，迈向智联网的新阶段。

物联网的发展关键在于虚体数据，人工智能的发展关键在于实体终端，也就是说，物联网"脱实向虚"，人工智能"脱虚向实"，汇合于"智联网"，通过两者的交集创造价值，是彼此的必然之选。

1.3.2 智能物联网的定义

物联网的本质是智能物联网，核心在于将物连起来，并推动其智能化。智能物联网有助于万物智能互联，可让计算能力、云的能力、人工智能成为可能。

智能物联网是指人工智能与物联网的深度融合。现有的大量"终端"物联网和"云端"人工智能要达到智联网的状态，需要满足以下三个必要条件。

（1）边缘智能：在终端侧具备基础的边缘智能，在断网离线情况下，可以进行智能决策；当需要对数据进行实时处理时，可以迅速行动应对突发状况；当涉及用户安全和隐私的时候，可以更好地进行防护。

（2）互联驱动：当智能产品处于"组网"的状态时，产品与产品之间能够实现不需要人为干预的智能协同，以便创造更好的应用场景。

（3）云端升华：当智能产品处于"联网"状态时，云端的人工智能可以更好地挖掘和发挥边缘硬件的价值，云端智能完成进一步的数据整合，创造系统与系统之间互相协同的最大价值。

无论边缘智能还是云端升华，关键的问题是雾计算。

1.3.3 雾计算

基于平台即服务（PaaS）和软件即服务（SaaS）的云技术已经相对成熟。PaaS 和 SaaS 依然是物联网市场的主要驱动力量。

无论 PaaS 还是 SaaS 都是基于单一云服务模型。在以云为中心的模型中，基于存储和处理目的，所有的原始数据是聚合的、流向云端的。其中，一些弊端显而易见，包括来自云端服务器到设备端之间难以预测的响应时间；不可靠的云连接会降低服务质量；过量的数据让基础设施负担过重；敏感客户数据存储在云端的隐私性问题；传感器和制动器数量造成不断扩大规模的困难等。

雾计算（fog computing）也称雾化，是一种分散式计算基础设施，数据、计算、存储和应用程序分布在数据源和云之间最合理、最有效的位置。

雾计算实质上将云计算和服务扩展到网络边缘，使云的优势和能力更接近数据创建和执行的地方。

雾化的目标是依托物联网终端的计算、存储等，提高效率并减少传输到云端以进行处理、分析和存储的数据量。

基于云计算模式的物联网中，边缘设备和传感器的功能是生成和收集数据，但没有计算和存储资源来执行高级分析和机器学习任务。尽管云服务器有能力做到这些，但它们通常无法处理数据并及时做出响应。此外，让所有端点连接并通过互联网将原始数据发送到云端，可能会产生隐私、安全和法律影响，特别是在处理受不同国家法规影响的敏感数据时。在雾环境中，处理发生在智能设备的数据中心，或者智能路由器或网关中，从而减少了发送到云端的数据量。

雾计算的特点具体包括以下几点。

更轻压：计算资源有限，相比云平台的数据中心而言雾节点更加轻。

更可靠：雾节点拥有广泛的地域分布，为了服务不同区域用户，相同的服务会被部署在各个区域的雾节点上，使高可靠性成为雾计算的内在属性，一旦某一区域的服务异常，用户请求可以快速转向其他邻近区域，获取相关的服务。

更节能：雾计算节点由于地理位置分散，不会集中产生大量热量，因此不需要额外的冷却系统，从而减少耗电。

更低层：雾节点在网络拓扑中位置更低，拥有更小的网络延迟（总延迟 = 网络延迟 + 计算延迟），反应性更强。

2　人工智能技术研究

2.1　确定性推理

确定性推理又称精确推理。如果在推理中所用的知识都是精确的，即可把知识表示成必然的因果关系，然后进行逻辑推理，推理的结论或者为真，或者为假，这种推理就称为确定性推理。由确定的知识和证据推理出来的结论也是确定的。自然演绎推理和归结推理是经典的确定性推理，它们以数理逻辑的有关理论、方法和技术为理论基础，是机械化的、可在计算机上加以实现的推理方法。

2.1.1　自然演绎推理

2.1.1.1　自然演绎推理的概念

自然演绎推理是指从一组已知为真的事实出发，直接运用命题逻辑或谓词逻辑中的推理规则推出结论的过程。其中，基本的推理规则是三段论推理，它包括假言推理、拒取式推理、假言三段论等。

假言推理可用下列形式表示

$$P, P \rightarrow Q \Rightarrow Q \tag{2-1}$$

表示如果谓词公式P和$P \to Q$都为真，则可推得Q为真结论。

拒取式推理的一般形式为

$$P \to Q, \neg Q \Rightarrow \neg P \qquad\qquad (2-2)$$

表示如果谓词公式$P \to Q$为真且Q为假，则可推得P为假的结论。

假言三段论的基本形式为

$$P \to Q, Q \to R \Rightarrow P \to R \qquad\qquad (2-3)$$

表示如果谓词公式$P \to Q$和$Q \to R$均为真，则谓词公式$P \to R$也为真，其中假言三段论是最基本的推论规则。

2.1.1.2 利用演绎推理解决问题

在利用自然演绎推理方法求解问题时，一定要注意避免两种类型的错误：肯定后件的错误和否定前件的错误。

肯定后件的错误是指$P \to Q$为真时，希望通过肯定后件Q为真来推出前件P为真。这显然是错误的推理逻辑，因为当$P \to Q$及Q为真时，前件P既可能为真，也可能为假。否定前件的错误是指当$P \to Q$为真时，希望通过否定前件P来推出后件Q为假，这也是不允许的，因为当$P \to Q$及P为假时，后件Q既可能为真，也可能为假。

自然演绎推理的优点是定理证明过程自然，易于理解，并且有丰富的推理规则可用。其主要缺点是容易产生知识爆炸，推理过程中得到的中间结论一般按指数规律递增，对于复杂问题的推理不利，甚至难以实现。

2.1.2 谓词公式化为子句集的方法

2.1.2.1 范式

（1）前束形范式。一个谓词公式，如果它的所有量词均非否定地出现在公式的最前面，且它的辖域一直延伸到公式之末，同时公式中不出现连接词$\to$及$\leftrightarrow$，这种形式的公式称为前束形范式。例如，公式$(\forall x)(\exists y)(\forall z)$ $(P(x) \wedge F(y,z) \wedge Q(y,z))$就是一个前束形的公式。

（2）Skolem 范式。从前束形范式中消去全部存在量词所得到的公式即为

Skolem 范式，或称 Skolem 标准型。例如，如果用 $f(x)$ 代替前束形范式中的 y，$g(x)$ 代替前束形范式中的 z，即得到 Skolem 范式

$$(\forall x)\big(P(x) \wedge F(f(x), g(x)) \wedge Q(f(x), g(x))\big) \qquad (2-4)$$

Skolem 标准型的一般形式是 $(\forall x_1)(\forall x_2)\cdots(\forall x_n)M(x_1, x_2, \cdots, x_n)$，其中 $M(x_1, x_2, \cdots, x_n)$ 是一个合取范式，称为 Skolem 标准型的母式。

将谓词公式 G 化为 Skolem 标准型的步骤如下所述。

①消去谓词公式 G 中的蕴含（→）和双条件符号（↔），以 $\neg A \vee B$ 代 $A \rightarrow B$，以 $(A \wedge B) \vee (\neg A \wedge \neg B)$ 替换 $A \leftrightarrow B$。

②减少否定符号（¬）的辖域，使否定符号"¬"最多只作用到一个谓词上。

③重新命名变元名，使所有变元的名字均不同，并且自由变元及约束变元亦不同。

④消去存在量词。这里分两种情况：一种情况是存在量词不出现在全称量词的辖域内，此时只要用一个新的个体常量替换该存在量词约束的变元，就可以消去存在量词；另一种情况是存在量词位于一个或多个全称量词的辖域内，这时需要用一个 Skolem 函数替换存在量词而将其消去。

⑤把全称量词全部移到公式的左边，并使每个量词的辖域包括这个量词后面公式的整个部分。

⑥将公式化为合取范式：任何母式都可以写成由一些谓词公式和谓词公式否定的析取的有限集组成的合取。

需要指出的是，由于在化解过程中，消去存在量词时做了一些替换，一般情况下，G 的 Skolem 标准型与 G 并不等值。

2.1.2.2 子句与子句集

（1）不含有任何连接词的谓词公式称为原子公式，简称原子，而原子或原子的否定统称文字。

（2）子句就是由一些文字组成的析取式。

（3）不包含任何文字的子句称为空子句，记为 NIL。

（4）由子句构成的集合称为子句集。

例如，将谓词公式$(\forall x)\big((\neg(\forall y)P(x,y))\vee(\forall y)(Q(X,Y)\vee R(x,y))\big)$化为子集。

第一步，消去谓词公式G中的蕴含（$\rightarrow$）和双条件符号（$\leftrightarrow$），以$\neg A\vee B$代替$A\rightarrow B$，以$(A\wedge B)\vee(\neg A\wedge\neg B)$替换$A\leftrightarrow B$。上述公式等价变换为

$$(\forall x)\big((\neg(\forall y)P(x,y))\vee\neg(\forall y)(\neg Q(X,Y)\vee R(x,y))\big) \qquad (2-5)$$

第二步，利用谓词等价关系把$\neg$移动到紧靠谓词的位置上，减少否定符号的辖域。等价关系为

$$\neg(\neg P)\Leftrightarrow P$$
$$\neg(P\wedge Q)\Leftrightarrow\neg P\vee\neg Q$$
$$\neg(P\vee Q)\Leftrightarrow\neg P\vee\neg Q \qquad (2-6)$$
$$\neg(\forall x)P\Leftrightarrow(\exists y)\neg P$$
$$\neg(\exists y)P\Leftrightarrow(\forall x)\neg P$$

上式经等价变换后为

$$(\forall x)\big(((\exists y)P(x,y))\vee(\exists y)(Q(X,Y)\wedge\neg R(x,y))\big) \qquad (2-7)$$

第三步，变量标准化，重新命名变元，使不同量词约束的变元有不同的名字。上式经过变换后为

$$(\forall x)\big(((\exists y)\neg P(x,y))\vee(\exists z)(Q(x,z)\wedge\neg R(x,z))\big) \qquad (2-8)$$

第四步，消去存在量词，上式中的存在量词$(\exists y)$和$(\exists z)$都位于$(\forall x)$的辖域内，所以需要用Skolem函数替换。设替换y和z的Skolem函数分别是$f(x)$和$g(x)$，则替换后得到

$$(\forall x)\big((\neg P(x,f(x))\vee(Q(x,g(x))\wedge\neg R(x,g(x))))\big) \qquad (2-9)$$

第五步，把全称量词全部移到公式的左边，在上式中，由于只有一个全称量词，而且已经在最左边，故不进行任何变动。

第六步，利用等价关系将公式化为Skolem标准形。

$$P \vee (Q \wedge R) \Leftrightarrow (P \vee Q) \wedge (P \vee R) \qquad (2\text{-}10)$$

上式可以化为

$$(\forall x)\big((\neg P(x,f(x)) \vee Q(x,g(x))) \wedge ((\neg R(x,f(x)) \vee \neg R(x,g(x))))\big) \quad (2\text{-}11)$$

第七步，消去全称量词。上式只有一个全称量词，可以直接消去，上式可以化为

$$(\neg P(x,f(x)) \vee Q(x,g(x))) \wedge ((\neg P(x,f(x)) \vee \neg R(x,g(x)))) \qquad (2\text{-}12)$$

第八步，对变元更名，使不同子句中的变元不同名，更名后上式化为

$$(\neg P(x,f(x)) \vee Q(x,g(x))) \wedge ((\neg P(y,f(x)) \vee \neg R(y,g(y)))) \qquad (2\text{-}13)$$

第九步，消去合取词，得到子句集

$$(\neg P(x,f(x)) \vee Q(x,g(x))), ((\neg P(y,f(y)) \vee \neg R(y,g(y)))) \qquad (2\text{-}14)$$

2.1.2.3 不可满足意义下的一致性

定理：设有谓词公式G，而其相应的子句集为S，则G是不可满足的充分必要条件是S是不可满足的。需要强调：公式G与其子句集S并不等值，只是在不可满足意义下等价。

2.1.2.4 $P = P_1 \wedge P_2 \wedge \cdots \wedge P_n$ 的子句集合

当$P = P_1 \wedge P_2 \wedge \cdots \wedge P_n$时，若设$P$的子句集为$S_P$，$P_i$的子句集为$S_i$，则一般情况下，$S_P$并不等于$S_1 \cup S_2 \cup S_3 \cup \cdots \cup S_n$，而是要比$S_1 \cup S_2 \cup S_3 \cup \cdots \cup S_n$复杂得多。但是，在不可满足的意义下，子句集$S_P$与$S_1 \cup S_2 \cup S_3 \cup \cdots \cup S_n$是一致的，即$S_P$不可满足$\Leftrightarrow S_1 \cup S_2 \cup S_3 \cup \cdots \cup S_n$不可满足。

2.1.3 归结演绎推理

归结演绎推理本质上就是一种反证法，是在归结推理规则的基础上实现的。归结演绎推理是基于鲁滨孙(Robinson)归结原理的机器推理技术。鲁滨孙归结原理亦称为消解原理，是鲁滨孙于1965年在海伯伦(Herbrand)理论的基础上提出的一种基于逻辑的反证法。

2.1.3.1 海伯伦理论

要判定一个子句集为不可满足，就是要判定该子句集中的每一个子句都是不可满足的。而要判定一个子句是不可满足的，则需要判定该子句对任何非空个体域上的任意解释都是不可满足的。可见，判定子句集的不可满足性是一项非常困难的工作。如果能为一个具体的谓词公式找到一个特殊的论域，使得该谓词公式只要在这个特殊的论域上为不可满足，就能保证它在任意论域上也都为不可满足，这将是十分有益的。针对这一情况，海伯伦构造了一个特殊的域，并且证明只要对这个特殊域上的一切解释进行判定，就可得知子句集是否为不可满足，这个特殊的域称为海伯伦域，简称 H 域。

H 域定义：设谓词公式 G 的子句集为 S，则按下述方法构造的个体变元域 H，称为公式 G 或子句集 S 的 H 域。①令 H_0 是 S 中所出现的常量的集合。若 S 中没有常量出现，就任取一个常量 $a \in D$，规定 $H_0 = \{a\}$。②令 $H_{i+1} = H_i \cup \{S\text{中所有的形如} f(t_1, \cdots, t_n) \text{的元素}\}$，其中 $f(t_1, \cdots, t_n)$ 是出现于 G 中的任一函数符号，而 $t_1, \cdots, t_n$ 是 H 中的元素，$i = 0, 1, 2, \cdots, n$。

2.1.3.2 鲁滨孙归结原理

鲁滨孙归结原理又称消除原理，是鲁滨孙提出的一种证明子句集的不可满足性，从而实现定理证明的一种方法。虽然海伯伦提出了证明子句集不可满足性的理论，但要直接用它去证明子句集的不可满足性却是不现实的，因为海伯伦理论的计算量会随着 H 域中元素的增加而按指数规律增长。为此，鲁滨孙于 1965 年在海伯伦理论的基础上提出了归结原理。鲁滨孙归结原理只需对子句集中的子句进行逐次归结，就可证明子句集的不可满足性（如果子句集中各子句相互矛盾），这是对定理自动证明的一个重大突破，它是机器定理证明的基础。

鲁滨孙归结原理基本思想：由谓词逻辑化为子句集的方法可以知道，在子句集中子句之间是合取关系（与关系）。其中，只要有一个子句为不可满足，则整个子句集就是不可满足的。另外，前面已经指出空子句是不可满足的，因此，一个子句集中如果包含空子句，则此子句集就一定是不可满足的。基本方法是：检查子句集 S 中是否包含空子句，如果包含，则 S 不可满足；如果不包含，就在子句集中选择合适的子句进行归结，一旦通过归结得到空子句，就说明子句集S是不可满足的。

鲁滨孙归结原理就是基于上述认识提出来的。其基本过程是：①把欲证明问题的结论否定，并加入子句集，得到一个扩充的子句集S'。②设法检验子句集S是否含有空子句，若含有空子句，则表明S'是不可满足的。③若不含有空子句，则继续使用归结法，在子句集中选择合适的子句进行归结，直至导出空子句或不能继续归结。

鲁滨孙归结原理可分为命题逻辑归结原理和谓词逻辑归结原理。无论是命题逻辑的归结，还是谓词逻辑的归结，都要涉及互补文字的概念，因此在讨论这些归结方法之前需要先给出互补文字的定义。

命题逻辑中的归结原理：设C_1和C_2是子句集中的任意两个子句，如果C_1中的文字L_1与C_2中的文字L_2互补，那么C_1和C_2中分别消去L_1和L_2，并将两个句子中余下的部分析取，构成一个新子句C_{12}，这一过程称为归结，C_{12}称为C_1和C_2的归结式，C_1和C_2称为C_{12}的亲本子句。

例如，在子句集中取两个子句$C_1 = P$，$C_2 = \neg P$，则C_1和C_2是互补文字，通过归结可以得到归结式$C_{12} =$NIL，这里 NIL 代表空子句。再如，设$C_1 = \neg P \vee Q \vee R$，$C_2 = \neg Q \vee S$，这里$L_1 = Q$，$L_2 = \neg Q$，通过归结可以得到归结式$C_{12} = \neg P \vee R \vee S$。

例如，设，$C_1 = \neg P \vee Q$，$C_2 = \neg Q \vee R$，$C_3 = P$。先对C_1和C_2进行归结，得到$C_{12} = \neg P \vee R$，然后再利用C_{12}与C_3进行归结，得到$C_{123} = R$。如果先对C_1和C_3进行归结，然后再把其归结式与C_2进行归结，将得到相同的结果。

设C_1和C_2是子句集S中的两个子句，C_{12}是它们的归结式，如果用C_{12}代替C_1和C_2后得到新子句集S_1，则由S_1不可满足性可以推出原子句集S的不可满足性，即S_1的不可满足性$\Rightarrow$ S的可满足性。

设C_1和C_2是子句集S中的两个子句，C_{12}是它们的归结式，如果把C_{12}加入原子句集S中，得到新子句集S_2，则S_2与S在不可满足性的意义上是等价的，即S_2的不可满足性$\Rightarrow$ S的不可满足性。

要证明子句集S的不可满足性，就要对其中可以进行归结的子句进行归结，并且把归结式加入子句集S，或者用归结式替换它的亲本子句，然后加以证明。由于空子句是不可满足的，如果经过归结能得到空子句，则可以得到原子句集 S 是不可满足的结论。

与命题逻辑中的归结原理相同，对于谓词逻辑，归结式是其亲本子句的逻辑结论。用归结式取代它在子句集S中的亲本子句所得到的新子句集仍然保持着原子句集S的不可满足性。对于一阶谓词逻辑，从不可满足的意义上说，归结原理也是完备的，即如果子句集是不满足的，则必须存在一个从该子句集到空子句的归结推理过程；如果从子句集到空子句存在一个归结推理过程，则该子句集是不可满足的。

2.1.3.3 归结反演

归结反演系统是用反演（反驳）或矛盾的证明法，遵循归结推理规则建立的定理证明系统。这种证明系统是基于归结的反证法，故称归结反演系统。它不限于数学中的应用，其基本思想还可用在信息检索、常识性推理和自动程序设计等方面。

归结原理给出了证明子句集不可满足性的方法，如果欲证明Q为$P_1, P_2, P_3, \cdots, P_N$的逻辑结论，则只要证明

$$(P_1 \wedge P_2 \wedge P_3 \wedge \cdots \wedge P_n) \wedge \neg Q \qquad (2-15)$$

是不可满足的。在不可满足的意义上，谓词公式的不可满足性与其子句集的不可满足性是等价的。因此，可以用归结原理进行定理的自动证明。

归结方法的基本算法很简单，每次从子句集中选择两个可进行归结的子句，求它们的归结式，如果归结式为空，则算法结束，结论得证。如果归结式不为空，则将该归结式加入子句集中，继续以上过程。

假设 F 为前提公式集，Q为目标公式（结论），则用归结反演证明Q为真的步骤如下：①将已知前提表示为谓词公式集F。②将待证明结论表示为谓词公式Q，并否定Q，得到$\neg Q$。③把$\neg Q$并入公式集F，得到$\{F, \neg Q\}$。④把谓词公式集$\{F, \neg Q\}$化为子句集S。⑤应用归集原理对子句集S中的子句进行归结，并把每次归结得到的归结式都并入S中。如此反复，如果出现空子句，就停止

归结，证明Q为真。

例如，某单位招聘工作人员，A、B、C三人应试，经过面试后单位表示如下想法。

第一，三个人中至少录取一个人。

第二，如果录取 A 而不录取 B，则一定录取 C。

第三，如果录取 B，则一定录取 C。

求证：单位一定录取 C。

证明：设谓词$P(x)$表示录取x，则单位的想法用谓词公式表示如下。

$P(A) \vee P(B) \vee P(C)$。

$P(A) \vee \neg P(B) \rightarrow P(C)$。

$P(B) \vee P(C)$。

把要求证的结论用谓词公式表示出来并否定，得

$$\neg P(C) \tag{2-16}$$

将上述公式化成子句集

$$P(A) \vee P(B) \vee P(C) \tag{2-17}$$

$$\neg P(A) \vee P(B) \vee P(C) \tag{2-18}$$

$$\neg P(B) \vee P(C) \tag{2-19}$$

$$\neg P(C) \tag{2-20}$$

应用归结原理进行归结如下所述。

$P(B) \vee P(C)$（由（2-17）与（2-18）归结而得）。

$P(C)$（由（2-19）与（1）归结而得）。

NIL(由（2-20）与（2）归结而得）。

所以单位一定录取 C。

2.1.3.4　应用归结原理求解问题

应用归结原理求解问题的步骤：①已知前提F用谓词公式表示，并化为子句集S。②用谓词公式表示待求解的问题Q，并否定Q，再与$ANSWER$构成

析取式$(\neg Q \vee ANSWER)$，$ANSWER$是一个为了求解问题而设的谓词，其变元必须与问题公式的变元完全一致。③把$(\neg Q \vee ANSWER)$化为子句集，并加入子句集S中，得到子句集S'。④对S应用归结原理进行归结。⑤若得到归结式$ANSWER$，则答案就在$ANSWER$中。

例如，已知F_1：王先生（wang）是小李（li）的老师；F_2：小李（li）与小张（zhang）是同班同学；F_3：如果x与y是同班同学，则x的老师也是y的老师。求小张（zhang）的老师是谁？

解：定义谓词$T(x,y)$：x是y的老师；$C(x,y)$：x与y是同班同学。将已经知道前提及待求解的问题表示成谓词公式。

F_1：$T(wang,li)$。

F_2：$C(li,zhang)$。

F_3：$(\forall x)(\forall y)(\forall z)(C(x,y) \wedge T(z,x) \rightarrow T(z,y))$。

把待求解的问题表示成谓词公式，并把它否定后与$ANSWER$析取得

$$\neg(\exists x)T(x,zhang) \vee ANSWER(x) \tag{2-21}$$

将上述谓词公式化成子句集

$$T(wang,li) \tag{2-22}$$

$$C(li,zhang) \tag{2-23}$$

$$\neg C(x,y) \vee \neg T(z,x) \vee T(z,y) \tag{2-24}$$

$$\neg T(u,zhang)\, ANSWER(u) \tag{2-25}$$

应用归结原理进行归结如下所述。

$\neg C(li,y) \vee T(wang,y)$（由（2-22）与（2-24）归结而得）。

$\neg C(li,zhang) \vee ANSWER(wang)$（由（2-25）与（1）归结而得）。

$ANSWER(wang)$（由（2-23）与（2）归结而得）。

由$ANSWER(wang)$得知小张的老师是王先生。

2.2 不确定性推理

2.2.1 不确定性推理含义

不确定性推理又称不精确推理。在人类知识中有相当一部分属于人们的主观判断，是不精确的和含糊的，由这些知识归纳出来的推理规则往往是不确定的。基于这种不确定的推理规则进行推理，形成的结论也是不确定的，这种推理称为不确定性推理。所谓不确定性推理也即从不确定性初始化证据出发，通过运用不确定性的知识，最终推出具有一定程度不确定性但合理的结论的思维过程。

现实世界中，客观存在的随机性、模糊性、粗糙性以及某些事物或现象暴露的不充分性，反映到知识以及由观察所得到的证据上来，就分别形成了不确定性的知识及不确定性的证据。这些不确定性造成了推理的复杂性和难度。对不确定性问题进行快速、有效的求解正是人类智能的有力体现，不确定性推理是人工智能研究的核心和难题。

在不确定性推理中，除了解决在确定性推理过程中所提到的推理方向、推理方法、控制策略等基本问题外，一般还需要解决不确定性的表示与度量、不确定性的匹配、不确定性的传递算法以及不确定性的合成等问题。将不确定性问题用确定的数学公式表示出来，是不确定性推理研究的基础。事实和知识是构成推理的两个基本要素，而已知的事实又称为证据，用以指出推理的出发点和推理过程中所使用的知识。知识是保证推理前进，并逐步达到目标的依据。

2.2.2 不确定性推理的基本问题

2.2.2.1 不确定性知识

不确定性知识包括随机性知识、模糊性知识、经验性知识、不完全性知识。

（1）随机性知识。随机性是不确定性的一种重要表现形式，即已知一个事件发生后有多个可能性结果。虽然在某事件发生之前，无法确定具体哪个结果会出现，但是能预先知道每个结果发生的可能性，如抛硬币。概率理论建立起了严密的数学体系，具有丰富的工具和方法用以处理众多问题，其推理过程和结论相对比较客观和可靠。概率论是人工智能领域中解决不确定性问题较常用的理论和方法。

（2）模糊性知识。模糊性是另一种非常重要的不确定性表现形式。模糊性与概率性不同，概率性是指事件发生之前，其结果是不确定的，但如果事件已经发生，其结果则是明确的。模糊性是指即便事件已经发生，但也无法对事物（结论）本身进行精确的刻画，即无法用二值逻辑进行判断，如头疼程度。

（3）经验性知识。知识是人类通过对客观事实进行大量重复的观察和统计之后，经归纳推理获得的一些内容。经验性知识在没有经过严密的理论分析论证和基于演绎推理的预言验证之前，都不能保证其推理结果的绝对正确。

（4）不完全性知识。在对某事物还不完全了解，或者认识不够完整和深入的时候，就会产生很多不完全的知识。这些知识通常是部分正确，或者相关结论的覆盖范围很大，不能精确地限定两个事物间的联系。

2.2.2.2 不确定性表示

不确定性推理的不确定性分为不确定性知识和不确定性证据，都要求有相应的表示方式和量度标准。一般知识的不确定性由各领域专家给出或者通过实验统计的方法得到，通常是一个数值，表示相应知识的不确定性程度，称为知识的静态强度或者知识的可信度。静态强度可以是相应知识在应用中成功的概率，也可以是该条知识的可信程度、被支持的程度或者其他。其值的大小和范围因其意义与使用方法不同而各异。在讨论各种不确定性推理模型时，可具体地给出静态强度表示方法及其含义。证据就是已知事实。在推理中有两种不同来源的证据：用户在求解问题时提供的初始证据和当前推理过程中前面推出的结论用作证据。通常，证据不确定性的表示方法应该与知识不确定性的表示方法保持一致，以便在推理过程中对不确定性进行统一处理。证据的不确定性通常也由一个数值表示，代表相应事实的不确定性程度，称为动态程度。在同一个知识系统中，对于不同知识和不同证据，一般要采用相同的不确定性度量方法。对于不确定性度量要事先规定其取值范围，使每个数据都有明确的意义。

2.2.2.3 不确定性匹配算法

只有匹配成功的知识和证据才可能被应用到推理过程中。在确定性推理中，经过代换之后的字符串如果相同，则匹配成功。在不确定性推理中，一般采用不确定性匹配算法，该算法用来计算匹配双方相似的程度，然后另外指定一个相似的限度，用来衡量匹配双方相似的程度是否落在指定的限度内。在推理过程中，证据和知识相似的程度称为匹配度。确定主观匹配度（相似程度）的算法称不确定性算法，用来指出相似限度的值称为阈值。

2.2.2.4 组合证据的不确定性

在推理过程中，当知识前件有多个子条件，就会有多个证据与之相对应。对于不确定性推理，每个证据都有自己的不确定性。有时候需要把所有相关证据综合在一起作为一个整体考虑，这就需要把多个证据各自的不确定性综合为一个总的不确定性，称为组合证据的不确定性。关于组合证据不确定性的计算已经有了多种方法，如最大最小方法、概率方法、有界方法等。每种方法都有相应的适应范围和使用条件，如概率方法只能在事件完全独立时使用。

2.2.2.5 不确定性的传递算法

不确定性推理的根本目的是根据用户提供的初始证据，通过不确定性知识，最终推出不确定性的结论，并推算出结论的不确定性程度。要达到这个目的，还需要解决推理过程中的不确定性传递问题，先是在每一步推理中，把证据即知识的不确定性传递给结论，然后是在多步推理中，把初始证据的不确定性传递给最终结论。对于第一个问题，所采用的处理方法各不相同，对于第二个问题即把当前推出的结论及其不确定性作为新证据放入综合数据库，供后续的推理使用。

2.2.2.6 结论不确定性的合成

推理中经常会出现这种情况，用不同知识进行推理得到了相同的结论，但不确定性程度却不相同。一般系统在给出最终推理结论时，都是给出一个不确定性度量值，所以这时系统就需要将相同结论的多个不确定性综合起来，即对结论不确定性进行合成。结论不确定性合成的方法有很多，一些合成方法的思路与组合证据的不确定性算法的思路类似。

2.2.2.7 不确定性推理方法的分类

不确定性推理方法研究目前主要有两个方向：一是模型方法，与策略方法无关；二是控制方法，没有统一的模型，依赖控制策略。模型方法是对确定性推理框架的一种扩展。模型方法是把不确定性证据和不确定性知识分别与某种度量标准对应起来，并且给出更新结论不确定性的算法，从而构成相应的不确定性推理的模型。通常，模型方法与控制处理无关，即无论使用何种控制策略，推理的结果都是一致的。模型方法可分为数值方法和非数值方法两种。数值方法可以分为概率方法和模糊理论方法两种。纯概率法不足以描述不确定性，所以发展了新的理论和方法，如证据理论（也称 dempster-shafter，D-S 方法）、可信度方法（C-F 法）。控制方法主要在控制策略一级来处理不确定性，其特点是通过识别领域中引起不确定性的某些特征及相应的控制策略来限制或者减少不确定性系统产生的影响。这类方法没有处理不确定性的统一模型，其效果极大地依赖于控制策略，目前常用的控制方法有启发式搜索等。

2.2.3 可信度方法

可信度就是人们在实际生活中根据自己的经验或观察对某一现象为真的相信程度。可信度也叫确定性因子，具有较大的主观性和经验性，其准确性是难以把握的，但是却可以很好地解决人工智能中的难题。

在基于可信度的不确定性推理模型中，知识是以生产式规则的形式表示的。规则 $A \to B$ 的不确定性可以用可信度 $CF(B, A)$ 表示。$CF(B, A)$ 表示了增量 $P(B|A) - P(B)$ 相对 $P(B)$ 或 $P(\sim B)$ 的比值，即

$$CF(B, A) = \begin{cases} \dfrac{P(B|A) - P(B)}{1 - P(B)} & \text{当} P(B|A) \geqslant P(B) \\ \dfrac{P(B|A) - P(B)}{P(B)} & \text{当} P(B|A) < P(B) \end{cases} \qquad (2-26)$$

式中，$P(B)$ 为 B 的先验概率；$P(B|A)$ 为在前提条件 A 所对应的证据出现的情况下，结论 B 的条件概率。$CF(B, A)$ 表示如果 A 为真，相对于 $P(\sim B) = 1 - P(B)$ 来说 A 对 B 为真的支持程度($CF(B, A) \geqslant 0$)，或相对于 $P(B)$ 来说 A

对B为真的不支持程度($CF(B,A) < 0$)。这种定义形式保证了$-1 \leqslant CF(B,A) \leqslant 1$。显然，$CF(B,A) \geqslant 0$表示前提$A$真支持$B$真，$CF(B,A) < 0$表示前提$A$真不支持$B$真。不难看出，$CF(B,A)$的定义借用了概率，但它本身并不是概率。因为$CF(B,A)$可取负值，$CF(B,A) + CF(B,\sim A)$不必为1甚至可能为0。

在实际应用中，规则$A \to B$的$CF(B,A)$值是由专家主观确定的，并不是由$P(B|A)$、$P(B)$来计算的。需注意的是，$CF(B,A)$表示的是增量$P(B|A) - P(B)$对$1 - P(B)$或$P(B)$的比值，而不是绝对量的比值。

多个证据E_1、E、E_3同时支持一个结论时，多个证据可能是合取也可能是析取关系。合取时取最小值，$CF(E) = \min\{CF(E_1), CF(E_2), CF(E_3), \cdots\}$；析取时取最大值，$CF(E) = \max\{CF(E_1), CF(E_2), CF(E_3), \cdots\}$。

不确定性的推理计算是从不确定的初始证据出发，通过运用相关的不确定性知识，最终推出结论并求出结论的可信度值。

只有单条知识（规则）支持结论时，结论可信度的计算如下所述。

已知$CF(A), A \to B CF(B,A)$，则$CF(B) = CF(B,A) \max\{0, CF(A)\}$

多条知识（规则）支持同一结论时，结论可信度的合成计算如下所述。

假设有知识：$E_1 \to B$，$E_2 \to B$，则结论B的可信度可分两步算出。

利用公式分别计算每一条知识的可信度$CF(B)$，即

$$CF_1(B) = CF(B, E_1) \max\{0, CF(E_1)\} \qquad (2-27)$$

$$CF_2(B) = CF(B, E_2) \max\{0, CF(E_2)\} \qquad (2-28)$$

可信度合成，由$CF_1(B)$、$CF_2(B)$求$CF(B)$，即

$$CF(B) = \begin{cases} CF_1(B) + CF_2(B) - CF_1(B)CF_2(B) & \text{当} CF_1(B) \geqslant 0, CF_2(B) \geqslant 0 \\ CF_1(B) + CF_2(B) + CF_1(B)CF_2(B) & \text{当} CF_1(B) < 0, CF_2(B) < 0 \\ CF_1(B) + CF_2(B) & \text{当} CF_1(B)CF_2(B) < 0 \end{cases}$$

$$(2-29)$$

在已知结论原始可信度情况下，已知证据A对结论B有影响，且$CF(A)$、$CF(B, A)$、$CF(B)$都有原始值，如何求在证据A下的结论B的可信度的更新值$CF(B|A)$。根据$CF(A)$的取值不同分为三种情况考虑。

当A必然发生，$CF(A)=1$时，则

$$CF(B|A) = \begin{cases} CF(B) + CF(B,A)(1-CF(B)) & \text{当} CF(B) \geqslant 0, CF(B,A) \geqslant 0 \\ CF(B) + CF(B,A)(1+CF(B)) & \text{当} CF(B) < 0, CF(B,A) < 0 \\ CF(B) + CF(B,A) & \text{当} CF(B) \text{ 与} CF(B,A) \text{ 符号不同} \end{cases}$$

$$（2-30）$$

当A不必然发生，$0 < CF(A) < 1$，用$CF(A)CF(B,A)$代替$CF(A)=1$时的$CF(B, A)$即可，即

$$CF(B|A) = \begin{cases} CF(B) + CF(A)CF(B,A)(1-CF(B)) & \text{当} CF(B) \geqslant 0, CF(A)CF(B,A) \geqslant 0 \\ CF(B) + CF(A)CF(B,A)(1+CF(B)) & \text{当} CF(B) < 0, CF(A)CF(B,A) < 0 \\ CF(B) + CF(A)CF(B,A) & \text{当} CF(B) \text{ 与} CF(A)CF(B,A) \text{符号不同} \end{cases}$$

$$（2-31）$$

$CF(A) \leqslant 0$时，规则$A \rightarrow B$不可使用，即此计算不必进行。例如，MYCIN系统$CF(A) \leqslant 0.2$就认为是不可使用的，目的是使专家数据轻微扰动不影响最终结果。

可信度方法的宗旨不是理论上的严密性，而是处理实际问题时的可用性。可信度方法不可一成不变地用于任何领域，甚至也不能适用于所有科学领域。可信度方法推广至一个新领域时必须根据情况加以修改。

2.2.4 模糊推理

在日常生活、科学研究等情况下，人们常会遇到模糊知识表达，即客观事物存在差异，在过渡中的不分明性。例如，大与小、快与慢、轻与重、高与低等都包含着模糊的知识表达。要就这些模糊知识表达给出定量分析，需要利用模糊数学这一工具。模糊数学和模糊逻辑是由 Lotfi A. Zadeh 于 1965 年提出的，他提出用"隶属函数"来描述现象差异的中间过渡，从而突破了经典集合论中属于或不属于的绝对关系。

模糊表达的定义：设某概念A可表示为n个模糊度，当给出该概念A的值x时，可根据各模糊度的隶属函数$\mu_{A_i}(x)$，计算出概念A的各个隶属度$\mu_{A_i}(x), i=1,2,\cdots,n$，则概念$A$的模糊分布为$\{\mu_{A_1},\mu_{A_2},\cdots,\mu_{A_n}\}$。上述定义用多个模糊度表示某概念的值，比经典逻辑更为精确。

最常用的模糊度隶属函数是三角波函数，如图 2-1 所示，模糊度隶属函数表达概念A有 5 个模糊度，当变量X值为 0.75 时，隶属于模糊度 PS 的隶属度为0.5，隶属于模糊度 PL 的隶属度为 0.5，隶属于 NL、NS、Z 的隶属度均为 0。

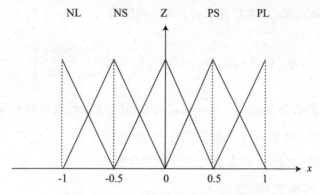

图 2-1　三角波模糊度隶属函数

2.2.4.1　隶属度关系的确立

将训练样本表示为$\{<s_1,s_2,\cdots,s_p>,d,\mathrm{Id}\}$。其中，$s_i(1 \leqslant i \leqslant p)$是样本在属性$F_i$上的值，$s_i \in V_i$，而$V_i$是$F_i$上所有可能取值的集合。$d$是样本的类别，Id 是样本的编号。规定所有的$V_i$都是有限集合，即所有属性都是离散型的或枚举型的，并且V_i中所有的有效元素（除"未知"以外的可能取值）可以按照一种可接受的准则进行排序，从而获得一个序列S_i，按照各元素在S_i中出现的次序赋予它们一个序号。

对每个属性进行数值化，具体做法是将S_i映射成一个整数序列。以"年纪"属性为例，可以按年龄从大到小的次序获得序列："老""中""青"（当然也可采用从小到大的次序），此时"老""中""青"的序号依次为 1、2、3，然后将上述序列映射成 1（"老"）、2（"中"）和 3（"青"），"未知"将被表示成 NULL。对每一个离散属性进行上述变换后，可以将 $\langle s_1, s_2, \cdots, s_p \rangle$ 数值化为 $\langle x_1, x_2, \cdots, x_p \rangle$。在后面可以看到，这种数值化处理的目的在于方便计算同一属性不同取值间的隶属度值。

数值化过程结束后，可以在同一属性不同取值间建立隶属关系。假设 V_i 至少含有一个有效元素，$\max_i$ 和 $\min_i$ 是将 V_i 数值化后的最大和最小取值，那么 $\max_i > \min_i$ 总是成立，采用以下方式确定 V_i 的第 k 个有效元素 s_{ik} （数值化为 v_{ik} ）对它第 j 个有效元素 s_{ij} （数值化为 v_{ij} ）的隶属度值

$$\mu_{is_{ij}}\left(s_{ik}\right) = \mu_{iv_{ij}}\left(v_{ik}\right) = \max\left(0, 1 - r\frac{\left|v_{ij} - v_{ik}\right|}{\max_i - \min_i}\right) \tag{2-32}$$

这里 r 控制着隶属度值，随 v_{ij} 和 v_{ik} 间差别的增大而减小的速度。仍以"年纪"属性为例，如果 $r = 1$，那么"老"（数值化为 1 ）和"中"（数值化为 2 ）对"青"（数值化为 3 ）的隶属度值分别为 0 和 0.5。

2.2.4.2 模糊规则

模糊规则一般为用 IF…THEN…表达的规则，如下所述。

IF F_1 in V_1' and F_2 in V_2' and $\cdots$ and F_p in V_p' THEN d。

这里 $V_i' \subset V_i (1 \leqslant i \leqslant p)$ 包含第 i 个属性可能取值中的一部分。模糊推理通常采用的规则为

$$\begin{aligned} m_{\text{rule\_no}}(\text{Sample}) &= \min_{i=1,2,\cdots,p}\left(\max_{e \in V_i'} \mu_{i,e}\left(s_i\right)\right)\\ &= \min_{i=1,2,\cdots,p}\left(\max_{e \in V_i'} \mu_{i,\text{numeric\_presentation\_of}(e)}\left(x_i\right)\right) \end{aligned} \tag{2-33}$$

式（2-33）的计算步骤如下所述。

（1）对模糊规则涉及的每一个属性，不失一般性，假设它是第 i 个属性，从 V_i'' 中找到一个 e，它与样本对应属性上的取值 s_i 最为接近，将 $\mu_{i,e}\left(s_i\right)$ 当作这个样本在该规则第 i 个属性上获得的最大隶属度值。

（2）在所有相关属性上获得最大隶属度值后，从中选择一最小值作

为该样本对这一规则的隶属度，这一过程中 $\mu_{i,e}(s_i)$ 的计算是通过 e 和 s_i 的数值化表示实现的。如果样本在规则涉及的第 i 个属性上取值为"未知"，那么 $\max_{e \in v_i} \mu_{i,e}(\text{NULL}) = 1$。

为进一步简化规则的表示，从规则中略去所有符合以下条件的判别属性 $F_i(1 \leqslant i \leqslant p)$：它对应的 $V_i' = V_i$。这是因为无论样本在第 i 个属性上取怎样的值 s_i，在这样的属性上 $\max_{e \in V_i} \mu_{i,e}(s_i)$ 总是返回 1，因而不会改变 $m_{\text{rule\_no}}(\text{Sample})$ 最终的值。

单一的模糊规则是不具备分类能力的，通常对样本类别的判决结果是在一组模糊规则上获得的。这需要计算同一个样本对所有模糊规则的隶属度值，然后由隶属度值最大的规则决定样本的类别。这一计算过程实质上遵循了模糊推理中的前件取小，后件取大的"极小极大"原则。

要实现智能控制，开始需对控制对象和控制器进行建模，然后再加以实现。对复杂对象进行控制时，高阶传递函数和非线性控制的数学建模是相当困难的，并且实现也非常复杂。采用分段阈值控制虽简便，但会使控制发生跳跃性变化，具体对电动机的控制则表现为噪声大、耗能高。模糊控制就是将模糊数学引入智能控制，既简化控制器设计的建模复杂性，又使得控制平滑过渡，具体对电动机的控制表现为噪声小、耗能低。模糊控制在国内外得到了极大重视，已应用于工业控制、汽车驾驶、电梯群控、家用电器等方面。

模糊控制是以模糊表达、模糊规则和模糊推理为基础的一种计算机数字控制技术。模糊控制与其他经典控制的重要区别是，它不必建立受控对象的精确数学模型，而把控制经验用模糊变量来表示成控制规则，再用这些模糊规则进行系统控制。模糊控制的优势是模糊控制的计算量小，控制精度不一定很高但控制过程平滑，已广泛应用于家用电器的智能控制，最有名的是模糊智能控制的电饭煲。

经典模糊控制器设计原理如图 2-2 所示。

图 2-2　经典模糊控制器设计原理

对于输入 / 输出控制器，每个变量分为 3 个模糊度，其模糊控制器结构如图 2-3 所示。

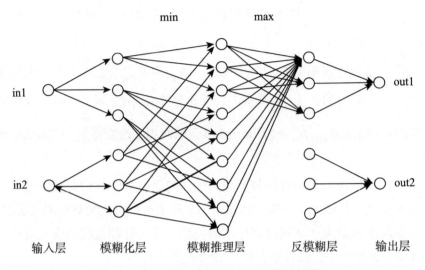

图 2-3　由五层前向网络组成的模糊神经网

控制器变量的模糊化包括模糊度的划分和隶属函数的确定。变量模糊度的划分是指将该变量的取值区间划分为若干个模糊集。变量模糊度的划分取决于模糊控制的精度和传感器的检测精度。显然变量模糊度划分得越多，变量的检测和控制精度越高，同时生成的模糊规则也越多，对模糊芯片的速度和存储容量要求也越高。例如，四输入的模糊控制器每个变量划分为 5 个模糊度，则将生成 625 条模糊规则。一般情况下为了尽量减少模糊规则数，可对于检测和控制精度要求高的变量划分更多（5～7）的模糊度，而对于检测和控制精度要求低的变量划分较少（3）的模糊度。

模糊化：将输入变量的精确数值根据其模糊度划分和隶属函数转换为模糊度描述。可采用最常用的"三角波"隶属函数来定义变量的模糊隶属度。

模糊规则推理：采用 IF…THEN…模糊规则来表示控制器输入与输出关系。模糊推理运算普遍采用的是极小—极大推理，主要步骤是分为 3 步。

①分别求出输入量的隶属度（即模糊化）。

②当有多个输入量时，同一规则中取输入量隶属度最小值作为前件部的隶属（即规则的强度）。

③前件部隶属度与后件部隶属度进行min运算，得到各规则的结论。

④对所有规则的结论取 max 运算，得到模糊推理的结果。

反模糊化：将经模糊规则推理得到的输出变量的模糊度转换为精确数值。最简单的方法是采用最大隶属度方法。在控制技术中最常用的方法则是面积重心法，面积重心法的计算式为

$$Z_0 = \frac{\sum \mu(Z_i) \times Z_i}{\sum \mu(Z_i)} \qquad (2-34)$$

2.2.4.3 三角波隶属函数的自动生成方法

（1）如果变量在取值区间的采样分布均匀，等值分布于各模糊度的中心（即各三角波的峰值点）。

（2）如果变量在取值区间的采样分布不均匀，对于相同的模糊度划分，通常希望在变量采样密集区域模糊隶属函数分布相对紧密些，在变量采样稀疏区域模糊隶属函数分布相对稀疏些，从而使得变量模糊隶属函数在采样密集区域对于数值的变化相对更敏感些。实现方法是：已知变量的取值区间、模糊度划分以及表征其采样分布的数据训练样本，对该数据训练样本进行聚类（聚类数为模糊度划分数），使得数据训练样本对于各聚类中心的均方差之和最小，聚类后的聚类中心即为各模糊度的中心（即各三角波的峰值点）。

随着模糊控制的广泛应用，控制对象越来越复杂，而模糊控制器的开发周期则最好越来越短。模糊规则的设定是模糊控制器开发的核心，但对于两个以上输入或每个输入超过 3 个模糊度的控制对象，人工设定模糊规则显然是很困难的。人工神经网、遗传算法可用于模糊规则的自动生成。

由图 2-3 所示的五层模糊神经网结构来看，当已知条件变量和目标变量的数值训练集，并且确定了模糊隶属函数和模糊方法时，模糊映射关系学习实际上就是学习五层模糊神经网中模糊推理层与反模糊层之间的权值 w_{ij}。因此，可以根据条件变量和目标变量的数值训练集和误差反向传播算法来进行权值学习。

模糊规则自动生成可看作模式分类，就是对于模糊控制器输入变量的各种模糊度的组合对其模糊控制器输出变量的模糊度做出最佳的分类。当模糊控制器各输入变量的各种模糊度及其隶属函数（三角波函数）确定以后，各输入变量的各种模糊度可选择其三角波隶属函数的峰值点作为对应值。运用多层前向网络及反向传播学习算法实现的数据拟合可求出对于模糊控制器输入变量的各种模糊度的组合对应的模糊控制器输出变量的期望输出，对于模

糊控制器输出变量的期望输出值，根据该输出变量各种模糊度及其隶属函数（三角波函数），选择模糊度三角波隶属函数的峰值点与期望输出值最相近的模糊度作为该输出变量的模糊输出。

模糊规则的自动生成也可看作是关于输入、输出模糊度的组合优化问题，遗传算法作为一种有效的优化技术可应用于模糊规则自动生成。一组模糊规则可看作一种排列组合，模糊规则自动生成就是寻找最佳的排列组合。

2.3　搜索策略

搜索是人工智能的一个基本问题，是推理不可分割的一部分。一个问题的求解过程就是搜索过程，所以搜索实际上是求解问题的一种方法。

在利用搜索的方法求解问题时，涉及两个方面：一方面是该问题的表示，如果一个问题找不到一个合适的表示方法，就谈不上对它求解；另一方面则是针对该问题，分析其特征，选择一种相对合适的方法来求解。在人工智能中，搜索策略分为盲目搜索和启发式搜索。以下将先讨论搜索的基本概念，然后着重介绍状态空间的盲目搜索和启发式搜索等。

2.3.1　基本概念

2.3.1.1　搜索定义

人工智能所研究的对象大多是结构不良或非结构化问题。对于这些问题，人们一般很难获得其全部信息，更没有现成的算法可供求解使用。因此，只能依靠经验，利用已有知识逐步摸索求解。像这种根据问题的实际情况，不断寻找可利用知识，从而构造一条代价最小的推理路线，使问题得以解决的过程称为搜索。搜索包含两层含义：找到从初始事实到问题最终答案的一条推理路线；找到的这条路线是时间和空间复杂度最小的求解路线。简单地说，搜索就是利用已知条件（知识）寻求解决问题的办法的过程。

2.3.1.2　搜索的分类

根据在问题求解过程中是否使用启发式信息，搜索可分为盲目搜索和启发式搜索。

盲目搜索又称无信息搜索，即在搜索求解过程中，只按预定的控制策略进行，在搜索过程中所获得的信息并不改变控制策略。由于盲目搜索总是按预定的路线进行，不考虑问题本身的特性，缺乏问题求解的针对性，而且需要进行全方位的搜索，而没有选择最优的搜索途径，因此这种搜索效率不高。

启发式搜索又称有信息搜索，即在搜索求解过程中，根据问题本身的特性或搜索过程中产生的一些信息来不断地改变或调整搜索方向，使搜索朝着最有希望的方向前进，加速问题的求解并找到最优解。

2.3.1.3 搜索算法的评价标准

在搜索过程中，主要的工作是找到正确的搜索算法。对于搜索算法，一般可以基于下面 4 个标准进行评价。

（1）完备性。如果存在一个解答，该策略是否保证能够找到？

（2）时间复杂性。需要多长时间可以找到解答？

（3）空间复杂性。执行搜索需要多少存储空间？

（4）最优性。如果存在不同的几个解，该算法是否可以发现最高质量的解？

2.3.2 状态空间搜索

状态空间图用状态和算子来表示问题，是表示问题及问题求解过程中一种常用的表示方法。在状态空间图中，每个节点表示一个状态，用来描述问题求解过程中不同时刻的状态；图中的弧表示一个或多个算子（可并行或可连续操作的算子），算子表示对状态的操作，每一次使用算子可使问题由一种状态变换为另一种状态。当达到目标状态时，由初始状态到目标状态所用算子的序列就是问题的一个解，因此问题的求解过程也就成了状态空间的搜索过程。

状态空间搜索的基本思想是：先把问题的初始状态（即初始节点）作为当前状态，选择可应用的算子对其进行操作，生成一组子状态（或称后继节点、子节点），然后检查目标状态是否出现在这些状态中，若出现，则搜索成功，找到了问题的解；若不出现，则按某种搜索策略从已生成的状态中再选一个状态作为当前状态。重复上述过程，直到目标状态出现或者不再有可供选择的状态或操作为止。

状态空间搜索策略可以分为两类：盲目搜索和启发式搜索。盲目搜索按事先规定好的路线进行搜索，不使用与问题有关的启发性信息，适用于状态空间图是树状结构的一类问题。它包括宽度优先搜索、深度优先搜索、等代价搜索等。启发式搜索在搜索过程中使用与问题有关的启发性信息，并以启发性信息指导搜索过程，可以高效地求解结构复杂的问题。它包括局部择优搜索、全局择优搜索和 A* 算法。

2.3.2.1 状态空间的盲目搜索

无须重新安排 OPEN 表的搜索叫作无信息搜索或盲目搜索，它包括宽度优先搜索、深度优先搜索、代价树的搜索等。盲目搜索只适用于求解比较简单的问题。

（1）一般搜索过程。在状态空间的搜索过程中，要建立两个数据结构：OPEN 表和 CLOSED 表，其形式分别如表 2-1 和 2-2 所示。

表2-1　OPEN表

节点	父节点编号

表2-2　CLOSED表

编号	节点	父节点编号

OPEN 表用于存放刚生成的节点。对于不同的搜索策略，节点在 OPEN 表中的排列顺序是不同的。CLOSED 表用于存放将要扩展或者已经扩展的节点。

状态空间的一般搜索过程如下所述。

①把初始节点 S_0 放入 OPEN 表，并建立目前只包含 S_0 的图，记为 G。

②检查 OPEN 表是否为空，若为空则问题无解，退出。

③把 OPEN 表的第一个节点取出放入 CLOSED 表，并记该节点为n。

④判断节点n是否是目标节点，如果是，则说明得到了问题的解，成功退出，并返回从节点n逆向回溯到S_0得出的路径。

⑤考察节点n，生成一组子节点。把其中不是节点n先辈的那些子节点记作集合M，并把这些子节点作为节点n的子节点加入G中。

⑥针对M中子节点的不同情况，分别进行如下处理：

对于那些未曾在G图中出现过的M成员设置一个指向父节点（即节点n）的指针，并把它们加入 OPEN 表；对于那些先前已在G图中出现过的M成员，确定是否需要修改它指向父节点的指针；对于那些先前已在G图中出现并且已经扩展了的M成员，确定是否需要修改其后继节点指向父节点的指针。

⑦按某种搜索策略对 OPEN 表中的节点进行排序。

⑧转步骤②。

（2）宽度优先搜索。如果搜索是以接近起始节点的程度依次扩展节点的，那么这种搜索算法就叫作宽度优先搜索（breadth-first search, BFS），又称为广度优先搜索。这种搜索是逐层进行的，在对下一层的任一节点进行搜索之前，必须搜索完本层的所有节点。

宽度优先搜索的基本思想是：从初始节点S_0开始，逐层对节点进行扩展并考察它是否为目标节点，在没有对第n层全部节点进行扩展并考察之前，不对第$n+1$层的节点进行扩展。OPEN 表中节点总是按进入的先后顺序排列，先进入的节点排在前面，后进入的排在后面。搜索过程如下所述。

①把起始节点S_0放到未扩展节点表（OPEN 表）中（如果该起始节点为一目标节点，则求得一个解）。

②如果 OPEN 表是个空表，则问题无解，失败退出，否则继续。

③把第一个节点（记为节点n）从 OPEN 表移出，并把它放入已扩展节点表（CLOSED 表）中。

④考察节点n是否为目标节点。若是，则得到问题的解，退出。

⑤若节点n不可扩展，则转步骤②。

⑥扩展节点n，将其子节点放入 OPEN 表的尾部，并为每一个子节点配置指向父节点n的指针，然后转向步骤②。

（3）深度优先搜索。另一种盲目搜索叫作深度优先搜索（depth-first dearch, DFS）。深度优先搜索所遵循的搜索策略是尽可能"深"地搜索图。深度优先搜索在访问图中某一个起始节点后，由此点出发，访问它的任一邻接节点，再从这个邻接节点出发，访问与其邻接但还没有访问过的节点，如此进行下去。在不断重复上述步骤的过程中，图中所有的节点都被访问过就可以结束了。其基本思想是：从初始节点S_0开始，在其子节点进行考察，若不是目标节点，则再在该子节点的子节点中选择一个节点进行考察，一直如此向下搜索。当到达某个子节点时，若该子节点既不是目标节点又不能继续扩展，则选择其兄弟节点进行考察。搜索过程如下所述。

①把初始节点S_0放入 OPEN 表。

②如果 OPEN 表为空，则问题无解，失败退出，否则继续。

③把第一个节点（记为节点n）从 OPEN 表移出，并把它放入已扩展节点表（CLOSED 表）中。

④考察节点n是否为目标节点。若是，则得到问题的解，退出。

⑤若节点n不可扩展，则转步骤②。

⑥扩展节点n，将其子节点放入 OPEN 表的首部，并为其配置指向父节点的指针，然后转向步骤②。

该过程与宽度优先搜索的唯一区别是：宽度优先搜索是将节点n的子节点放入 OPEN 表的尾部，而深度优先搜索是把节点n的子节点放入 OPEN 表的首部。仅此区别就使搜索的线路完全不一样。

从深度优先搜索的算法中可以看出，搜索一旦进入某个分支，就将沿着该分支一直向下搜索。如果目标节点恰好在次分支上，则可较快地得到解。但是，如果目标节点不在此分支上，而该分支又是一个无穷分支，则就不可能得到解。所以深度优先搜索是不完备的，即使问题有解，它也不一定能求得解。显然，用深度优先搜索求得的解，也不一定是路径最短的解。

（4）有界深度优先搜索。宽度优先搜索和深度优先搜索各有不足，为了弥补各自的不足，可以采用有界深度优先搜索算法。顾名思义，就是对深度优先搜索算法设定搜索深度界限（设为d_m），当搜索深度达到界限而尚未出现目标节点时，就换一个分支进行搜索。其搜索过程如下所述。

①把初始节点S_0放入 OPEN 表中，设置S_0的深度$d(S_0)=0$。

②如果 OPEN 表为空，则问题无解退出。

③把 OPEN 表中的第一个节点（记为节点n）取出，放入 CLOSED 表。

④考察节点n是否为目标节点。若是，则求得了问题的解，退出。

⑤如果节点n的深度d（节点n）$=$dm，则转步骤②。

⑥若节点n不可扩展，则转步骤②。

⑦扩展节点n，将其子节点放入 OPEN 表的首部，并为其配置指向父节点n的指针，然后转步骤n。

（5）代价树的搜索。在一般树搜索过程中，实际上进行了一种假设，认为状态空间中各边的代价都相同，且都为一个单位量，从而可用路径长度来代替路径的代价。但是，对于许多实际问题，这种假设是不现实的，它们的状态空间中各个边的代价不可能完全相同。例如，城市的交通问题，各城市之间的距离是不同的。因此，实际需要考虑具有不同边代价的树的搜索问题。

通常，把每条边都标上代价的树称为代价树。

在代价树中，可以用$g(n)$表示从初始节点S_0到节点n的代价，用$c(n_1, n_2)$表示从父节点n到其子节点n的代价。这样，对于子节点n的代价有

$$g(n_2) = g(n_1) + c(n_1, n_2) \tag{2-35}$$

通常，在代价树中最小代价的路径和最短路径（即路径长度最短）是有可能不同的。代价搜索的目的是找到最优解，即找到一条代价最小的解路径。

前面所讨论的宽度优先搜索策略和深度优先搜索策略都可应用到代价树的搜索上来，因此代价树搜索也分为代价树的宽度优先搜索和代价树的深度优先搜索。

代价树的宽度优先搜索的基本思想是：每次从 OPEN 表中选择节点或往 CLOSED 表中存放节点时，总是选择代价最小的节点，也就是说，OPEN 表中节点的顺序是按照其代价从小到大排序的，代价小的节点排在前面，代价大的节点排在后面，与节点在树中的位置无关。其搜索过程如下所述。

①把初始节点S_0放入 OPEN 表中，令S_0的代价$g(S_0)=0$。

②如果 OPEN 表为空，则问题无解，退出。

③把 OPEN 表的第一个节点（记为节点n）取出，放入 CLOSED 表中。

④判断节点n是否为目标节点。若是，则成功求得了问题的解，退出。

⑤若节点n不可扩展，则转步骤②，否则转步骤⑥。

⑥扩展节点n，生成其子节点$n_i(i=1,2,\cdots)$，将这些子节点放入OPEN表中，并为每一个子节点设置指向父节点的指针。按公式$g(n_i)=g(n)+c(n_1,n_2)(i=1,2,\cdots)$，计算各子节点的代价，并根据各子节点的代价将OPEN表中的全部节点按从小到大的顺序重新进行排序。

⑦转步骤②。

代价树的深度优先搜索和代价树的宽度优先搜索的区别在于每次选择最小代价节点的方法不同。代价树的宽度优先搜索每次都是从OPEN表的全体节点中选择一个代价最小的节点，而代价树的深度优先搜索则是从刚扩展的子节点中选择一个代价最小的节点。其搜索过程如下所述。

①把初始节点S_0放入OPEN表中，令S_0的代价$g(S_0)=0$。

②如果OPEN表为空，则问题无解，退出。

③把OPEN表的第一个节点（记为节点n）取出，放入CLOSED表中。

④判断节点n是否为目标节点。若是，则成功求得问题的解，退出。

⑤若节点n不可扩展，则转步骤②否则，转步骤⑥。

⑥扩展节点n，生成其子节点$n_i(i=1,2,\cdots)$，将这些子节点按边代价从小到大的顺序放入OPEN表的首部，并为每一个子节点设置指向父节点的指针。

⑦转步骤②。

2.3.2.2 状态空间的启发式搜索

状态空间的启发式搜索是能够利用搜索过程中诸多问题自身的一些特性信息来引导搜索实践，以尽快达到目标的一种搜索方法。其中的特性信息也称为启发性信息，它具有较强的针对性，因此有助于缩小搜索范围，提高搜索效率。

（1）估价函数与启发性信息。启发式搜索算法由启发信息来引导，而启发性信息又是通过估价函数计算出来的，因此在讨论启发式搜索算法之前，需要先给出启发性信息与估价函数的概念。

启发性信息是指那些与具体问题求解过程相关的，并可指导搜索朝着最有希望的方向前进的控制信息。启发性信息一般有以下三种：①有效地帮助确定扩展节点的信息。②有效地帮助决定哪些后继节点应被生成的信息。

③能决定在扩展节点时哪些节点应从搜索树上删除信息。一般来说，搜索过程中所使用启发性信息的启发能力越强，扩展的无用节点就越少。

估价函数是一种用于估计节点重要性的函数，它通常被定义为从初始节点S_0出发，约束经过节点x到达目标节点S_0的所有路径中最小路径的估价值。估价函数$f(x)$的一般形式为：$f(x)=g(x)+h(x)$。其中$g(x)$为从初始节点S_0到约束节点x的实际代价；$h(x)$是从约束节点x到目标节点S_0的最优路径的估计代价。可以按指向父节点的指针，从约束节点x反向跟踪到初始节点S_0，得到一条从初始节点S_0到约束节点x的最小代价路径，然后把这条路径上的所有有向边的代价相加，就得到$g(x)$的值。对于$h(x)$的值，则需要根据问题自身的特性来确定，它体现的是问题自身的启发性信息，因此也称$h(x)$为启发函数。

（2）局部择优搜索。局部择优搜索是一种启发式搜索方法，是对深度优先搜索方法的一种改进。其基本思想是：当一个节点被扩展以后，按$f(x)$对每一个子节点计算估价值，并选择最小者作为下一个要考察的节点。由于它每次都只是在子节点的范围内选择下一个要考察的节点，范围比较狭窄，所以称为局部择优搜索。其搜索过程如下所述。

①把初始节点S_0放入 OPEN 表中，计算$f(S_0)$。

②如果 OPEN 表为空，则问题无解，退出。

③把 OPEN 表的第一个节点（记为节点n）取出，放入 CLOSED 表中。

④考察节点n是否为目标节点。若是，则求得了问题的解，退出。

⑤若节点n不可扩展，则转步骤②。

⑥扩展节点n，用估价函数$f(x)$计算每个子节点的估价值，并按估价值从小到大的顺序将子节点按次放入 OPEN 表的首部，为每个子节点配置指向父节点n的指针，然后转步骤②。

（3）全局择优搜索。每当要选择一个节点进行考察时，局部择优搜索只是从刚生成的子节点中进行选择，选择的范围比较窄，因而又提出了全局择优搜索方法。按这种方法搜索时，每次总是从 OPEN 表的全体节点中选择一个估价值最小的节点。其搜索过程如下所述。

①把初始节点S_0放入 OPEN 表中，计算$f(S_0)$。

②如果 OPEN 表为空，则搜索失败，退出。

③把 OPEN 表中的第一个节点（记为节点n）从表中移出，放入 CLOSED 表中。

④考察节点n是否为目标节点。若是，则求得了问题的解，退出。

⑤若节点n不可扩展则转步骤②。

⑥扩展节点n，用估价函数$f(x)$计算每个子节点的估价值，并为每个子节点配置指向父节点的指针，把这些子节点都送入 OPEN 表中，然后对 OPEN 表中的全部节点按估价值从小到大的顺序进行排序。

⑦转步骤②。

（4）A*算法。满足以下条件的搜索过程称为 A*算法。

①把 OPEN 表中的节点按估价函数$f(x) = g(x) + h(x)$计算，并按从小到大的顺序进行排序。

②代价函数$g(x)$是对$g^*(x)$的估计，且$g^*(x) > 0$。

③$h(x)$是$h^*(x)$的下界，即对所有的节点x均有：$h(x) \leqslant h^*(x)$。

其中，$g^*(x)$是从初始节点S_0到节点x的最小代价；$h^*(x)$是从节点x到目标节点的最小代价。若有多个目标节点，则$h^*(x)$为其中最小的一个。

A*算法的搜索步骤如下所述。

①把初始节点S_0放入 OPEN 表中，记$f = h$，令 CLOSED 表为空表。

②如果 OPEN 表为空，则宣告失败，退出。

③选取 OPEN 表中未设置过的具有最小f值的节点记为最佳节点 BESTNODE，并把它放入 CLOSED 表中。

④若 BESTNODE 是目标节点，则成功求得了问题的解并退出。

⑤若 BESTNODE 不是目标节点，则扩展它，产生子节点 SUCCSSOR。

⑥对每个 SUCCSSOR 进行下列活动。

第一，建立从 SUCCSSOR 返回 BESTNODE 的指针。

第二，计算$g(SUC) = g(BES) + g(BES, SUC)$。

第三，如果 SUCCSSOR ∈ OPEN，则此节点记为 *OLD*，并把它添入 BESTNODE 的后继节点表中。

第四，比较 $g(SUC)$ 与 $g(OLD)$，如果 $g(SUC) < g(OLD)$，则重新确定 *OLD* 的父节点为 BESTNODE，记下较小代价 $g(OLD)$，并修正 $f(OLD)$。

第五，如果到 *OLD* 节点的代价较低或者与其他节点一样，则停止扩展节点。

第六，如果 SUCCSSOR 不在 OPEN 表中，则看其是否在 CLOSED 表中。

第七，如果 SUCCSSOR 在 OPEN 表中，则转向步骤③。

第八，如果 SUCCSSOR 既不在 OPEN 表中，又不在 CLOSED 表中，则把它放入 OPEN 表中，并添入 BESTNODE 的子节点表中，然后转向步骤⑦。

⑦计算 f 值，然后转向步骤②。

了解了 A* 算法的概念和搜索步骤，接下来讨论 A* 算法的特性。

可纳性：对于任意一个状态空间图，当从初始节点到目标节点有路径存在时，如果搜索算法能在有限步骤内终止，并且能找到最优解，则称该搜索算法是可纳的。A* 算法是可纳的，即它能在有限步骤内终止并找到最优解。

最优性：A* 算法的效率在很大程度上取决于 $h(x)$。一般来说，在满足 $h(x) \leqslant h^*(x)$ 的前提下，$h(x)$ 的值越大越好。$h(x)$ 的值越大，表明它携带的启发性信息越多，搜索时扩展的节点数越少，搜索的效率越高。A* 算法的这一特性称为最优性，也称为信息性。

$h(x)$ 的单调性限制：在 A* 算法中，每当要扩展一个节点时，都需要先检查其子节点是否已在 OPEN 表或 CLOSED 表中，对于那些已在 OPEN 表中的子节点，需要决定是否调整其指向父节点的指针；对于那些已在 CLOSED 表中的子节点，除了需要决定是否调整其指向父节点的指针外，还需要决定是否调整子节点后继节点的父指针，这就增加了搜索的代价。如果能保证每当扩展一个节点时都能找到通往这个节点的最佳路径，就没有必要再去检查其后继节点是否已在 CLOSED 表中，原因是 CLOSED 表中的节点都已经找到了通往该节点的最佳路径。为满足这一要求，需要对启发函数 $h(x)$ 加上单调性限制，这样就可减少检查及调整的工作量，从而减少搜索代价。

2.4　自然语言理解

2.4.1 基本原理

这里的自然语言主要指的是汉语，而关于汉字自然语言理解的研究对象是汉字串，即汉字文本。

面对一个汉字串，使用自然语言理解的方法最终可以得到计算机中的多个知识模型，这主要是由汉语言的歧义性所造成的。对汉字串的理解与上下文有关，也与不同的场景或不同的语境有关。另外，在理解自然语言时还需运用大量的有关知识，同时需要基于知识进行推理。有的知识是人们已经知道的，而有的知识则需要通过专门学习去获取。这些都属于人工智能技术。因此，在自然语言理解过程中必须使用人工智能技术才能消除歧义性，使最终获得的理解结果与自然语言的原意保持一致。具体会用到的人工智能技术包括知识表示、知识库、知识获取等，而重点使用的是知识推理、机器学习及深度学习等方法。

综上，关于汉字自然语言理解的研究对象是汉字串，研究的结果是计算机中具有语法结构与语义内涵的知识模型，研究所采用的技术是人工智能。

自然语言理解中的基本理解单位是词，由词或词组所组成的句子，以及由句子所组成的段、节、章、篇等。其中，关键是词与句。对词与句的理解可从语法结构与语义内涵等两方面入手，具体按序可分为词法分析、句法分析及语义分析三部分内容。

2.4.2 具体实施

2.4.2.1 词法分析

词法分析（lexical analysis）包括分词和词性标注两部分。

（1）分词。在汉语中，词是最基本的理解单位，与其他种类语言不同，汉语中词间是无任何标识符区分的，因此词是需要切分的。故而，自然语言理解的第一步是按顺序将汉字串切分成若干个词，生成词串。

词的定义是非常灵活的，它不仅仅和词法、语义相关，也和应用场景、使用频率等其他因素相关。

中文分词的方法有很多，常用的有下面几种。

①基于词典的分词方法：这是一种最原始的分词方法，先要建立一个词典，然后按照词典逐个匹配机械切分，此方法适用涉及专业领域小、汉字串简单情况下的切分。

②基于字序列标注的方法：对句子中的每个字进行标记，如四符号标记｛B, I, E, S｝，分别表示当前字是一个词的开始、中间、结尾，以及独立成词。

③基于深度学习的分词方法：深度学习方法为分词技术带来了新的思路，直接以最基本的向量化原子特征作为输入，经过多层非线性变换，输出层就可以很好地预测当前字的标记或下一个动作。在深度学习的框架下，仍然可以采用基于字序列的标注方式。深度学习的主要优势是可以通过优化最终目标，有效学习原子特征和上下文的表示，同时深度学习可以更有效地刻画长距离句子信息。

（2）词性标注。词性标注是为每个词赋予一个类别，这个类别称为词性标记，如名词、动词、形容词等。一般来说，属于相同词性的词，在句法中承担类似的角色。

词性标注极为重要，它为后续的句法分析及语义分析提供必要的信息。

中文词性标注难度较大，主要是词缺乏形态变化，不能直接从词的形态变化上来判别词的类别，并且大多数词具有多义、兼类现象。中文词性标注要更多地依赖语义，相同词在表达不同义项时，其词性往往是不一致的。因此，通过查词典等进行词性标注的方法效果较差。

目前，有效的中文词性标注方法可以分为基于规则的方法和基于统计学习的方法两大类。

①基于规则的方法：这是通过建立规则库以规则推理方式实现的一种方法。此方法需要大量的专业知识和很高的人工成本，因此仅适用于简单情况下的应用。

②基于统计学习的方法：词性标注是一个非常典型的序列标注问题，由于人们可以通过较低成本获得高质量的数据集，因此基于统计学习的词性标注方法取得了较好的效果，并逐渐成为主流方法。常用的学习算法有隐马尔

科夫模型、最大熵模型、条件随机场等。

随着深度学习技术的发展，出现了基于深层神经网络的词性标注方法。传统词性标注方法的特征抽取过程主要是对固定上下文窗口的词进行人工组合，而深度学习方法能够自动利用非线性激活函数完成这一目标。

2.4.2.2 句法分析

在经过词法分析后，汉字串就成了词串，句法分析就是在词串中按顺序组织句子或短语，并对句子或短语结构进行分析，以确定组织句子的各个词、短语之间的关系，及其各自在句子中的作用，然后要用一种层次结构形式表示这些关系，并进行规范化处理。在句法分析过程中常用树结构形式，此种树称为句法分析树。

句法分析是由专门的句法分析器进行的，该分析器的输入端是一个句子，输出端是一个句法分析树。

句法分析的方法有两种：一种是基于规则的方法；另一种是基于学习的方法。

（1）基于规则的句法分析方法。这是早期的句法分析方法，最常用的是短语结构文法及乔姆斯基（Chomsky）文法。这种方法因规则的固定性与句子结构的歧义性，产生的效果并不理想。

（2）基于学习的句法分析方法。从20世纪80年代末开始，随着语言处理机器学习算法的引入，以及大数据"语料库"的出现，自然语言处理发生了革命性变化。最早使用的机器学习算法，如决策树、隐马尔科夫模型在句法分析中得到应用。早期许多值得注意的成功案例发生在机器翻译领域。例如，IBM公司开发出了统计机器学习模型，该系统利用加拿大议会和欧洲联盟制作的"多语言文本语料库"，将所有政府诉讼程序翻译成相应政府系统的官方语言。最近相关研究越来越多地关注无监督和半监督学习算法。这样的算法有助于人们从手工注释（没有答案）的数据中学习，并使用深度学习技术在句法分析中获取最有效的结果。

2.4.2.3 语义分析

语义分析指运用机器学习方法，学习与理解一段文本所表示的语义内容，同时根据理解对象的语言单位不同，又可进一步将其分解为词汇级语义分析、句子级语义分析以及篇章级语义分析。词汇级语义分析关注的是如何获取或区别单词的语义，句子级语义分析则试图分析整个句子所表达的语义，而篇章语义分析旨在研究自然语言文本的内在结构并理解文本单元间的语义关系。

目前，语义分析主流方法是基于统计的方法，运用此方法可以信息论和数理统计为理论基础，以大规模语料库为驱动，通过机器学习技术自动获取语义知识。下面先介绍语言表示的相关知识，然后从词汇级、句子级语义分析两个层次做介绍。

（1）语言表示。人类语言具有一定的语法结构，蕴含相应语义信息，同时在语法和语义上充满了歧义性，需要结合一定的上下文和知识进行理解。这使得理解、表示以及生成自然语言变得极具挑战性。

语言表示是自然语言处理以及语义计算的基础。语言具有一定的层次结构，具体表现为词、短语、句子、段落以及篇章等不同的语言粒度。为了让计算机可以理解语言，需要将不同粒度的语言都转换成计算机可以处理的数据结构。

早期的语言表示方法是符号化的离散表示。为了方便计算机进行计算，一般将符号或符号序列转换为高维的稀疏向量。比如，词可以表示为one-hot向量（一维为1、其余维为0的向量），句子或篇章可以通过词袋模型，TF-IDF模型、N元模型等方法进行转换。离散表示的缺点是词与词之间没有距离的概念，如"电脑"和"计算机"被看作两个不同的词，这和语言的特性并不相符。因此，离散的语言表示需要引入知识库，如同义词词典、上下位词典等，才能有效地进行后续的语义计算。一种改进的方法是基于聚类的词表示，如Brown聚类算法，通过聚类得到词的类别簇来改进词的表示；对于句子或篇章可以通过K-means等方法进行转换表示。

离散表示无法解决"多词一义"问题，为了解决这一问题，可以将语言单位表示为连续语义空间中的一个点，这样的表示方法称为连续表示。基于连续表示，词与词之间就可以通过欧氏距离或余弦距离等来计算相似度。常用的连续表示有两种。

①一种是应用比较广泛的分布式表示。分布式表示是基于Harris的分布式假设，即如果两个词的上下文相似，那么这两个词也是相似的。上下文的类型称为相邻词（句子或篇章也有相应的表示），这样就可以通过词与其上下文的共现矩阵来进行词的表示，即把共现矩阵的每一行看作对应词、句子或篇章的向量表示。基于共现矩阵，有很多方法可得到连续的词表示，如潜

在语义分析模型、潜在狄利克雷分配模型、随机索引等。如果所取上下文为词所在的句子或篇章，那么共现矩阵的每一列则是该句子或篇章的向量表示。结合不同的模型，很自然就得到句子或篇章的向量表示。

②另外一种是近年来在深度学习中使用的表示，即分散式表示。分散式表示是将语言的潜在语法或语义特征分散地存储在一组神经元中，可以用稠密、低维的向量来表示，又称嵌入。不同的深度学习技术通过不同的神经网络模型对字、词、短语、句子以及篇章进行建模。除了可以更有效地进行语义计算之外，分散式表示也可以使特征表示和模型变得更加紧凑。

（2）词汇级语义分析。词汇层面上的语义分析主要体现在如何理解某个词汇的含义上，主要包含两方面：一是在自然语言中，一个词具有多个含义的现象非常普遍，如何根据上下文确定其含义，这是词汇级语义研究的内容，称为词义消歧；二是如何表示并学习一个词的语义，以便计算机能够有效地计算两个词之间的相似度。

①词义消歧。词义消歧即根据一个多义词在文本中出现的上下文环境来确定词义，是自然语言处理的基础步骤。词义消歧包含两方面内容：在词典中描述词语的意义；在语料中进行词义自动消歧。

例如，"苹果"在词典中的描述有两个不同的意义：一种常见的水果；美国一家科技公司。对于"她的脸红得像苹果""最近几个月苹果营收出现下滑"这两个句子，词义消歧的任务是自动将第一个苹果归为"水果"，将第二个苹果归为"公司"。

首先，应有语义词典的支持。词义消歧研究通常需要语义词典的支持，因为词典描述了词语的义项区分。在英语词义消歧研究中使用的词典主要是WordNet，中文使用的词典有HowNet，以及北京大学的"现代汉语语义词典"等。除词典外，词义标注语料库标注了词的不同义项在真实文本中的使用状况，为开展有监督的词义消歧研究提供了数据支持。常见的英文词义标注语料库包括普林斯顿大学标注的Semcor语料库、新加坡国立大学标注的DSO语料库以及用于Senseval评测的语料库等。在中文方面，哈尔滨工业大学和北京大学分别基于HowNet词典和"现代汉语语义词典"标注了词义消歧语料库。

其次，词义自动消歧。词义自动消歧方法分为以下三类。

第一，基于词典的词义消歧。基于词典的词义消歧方法研究的早期代表是Lesk。该方法给定某个待消解词及其上下文，其思想是计算语义词典中各个词义的定义与上下文之间的覆盖度，选择覆盖度最大的作为待消解词在其上下文中的正确词义。词典中词的定义通常比较简洁，这使得消歧性能不高。

第二，有监督词义消歧。有监督的消歧方法使用机器学习方法，用词义标注语料来建立消歧模型，研究的重点在于特征的表示。常见的上下文特征可以归纳为三个类型。

其一，词汇特征通常指待消解词上下窗口内出现的词及其词性。

其二，句法特征利用待消解词在上下文中的句法关系特征，如动—宾关系、是否带主 / 宾语、主 / 宾语组块类型、主 / 宾语中心词等。

其三，语义特征在句法关系的基础上添加了语义类信息，如主 / 宾语中心词的语义类，甚至还可以是语义角色标注类信息。

随着深度学习在自然语言处理领域的应用，基于深度学习方法的词义消歧成为这一领域的一大热点。深度学习算法自动地提取分类需要的低层次或者高层次特征，避免了很多特征工程方面的工作量。

第三，无监督和半监督词义消歧。虽然有监督的消歧方法能够取得较好的消歧性能，但需要大量的人工标注语料，费时费力。为了克服对大规模语料的需要，半监督或无监督方法仅需要少量或不需要人工标注语料。一般来说，虽然半监督或无监督方法不需要大量的人工标注数据，但依赖于一个大规模数量的未标注语料库，以及在该语料库上的句法分析结果。另外，待消解词的覆盖度可能会受影响。例如，Resnik 模型仅考察某部分特殊结构的句法，只能对动词、动词的主 / 宾语、形容词修饰的名词等少数特定句位置上的词进行消歧，而不能覆盖所有歧义词。

②词义表示和学习。随着机器学习算法的发展，目前更流行的词义表示方式是词嵌入。其基本思想是通过训练将某种语言中的每一个词映射成一个固定维数的向量，将所有这些向量放在一起形成一个词向量空间，每一向量可视为该空间中的一个点，在这个空间引入"距离"的概念，根据词之间的距离来判断它们之间的（词法、语义上的）相似性。

自然语言由词构成，深度学习模型需要先将词表示为词嵌入。词嵌入向量的每一维都表示词的某种潜在的语法或语义特征。

（3）句子级语义分析。句子级的语义分析试图根据句子的句法结构和句中词义等信息，推导出能够反映这个句子意义的某种形式化表示。根据句子级语义分析的深浅，可以进一步将其划分为浅层语义分析和深层语义分析。

类似于词义表示和学习，句子也有其表示和学习方法。

①句子表示和学习。在自然语言处理中，很多任务的输入是变长的文本序列，传统分类器的输入需要固定大小。因此，需要将变长的文本序列表示成固定长度的向量。

以句子为例，一个句子的表示可以看成是句子中所有词的语义组合。因此，句子编码方法近两年也受到广泛关注。句子编码主要研究如何有效地从词嵌入通过不同方式的组合得到句子表示。其中，比较有代表性的方法有四种。

第一，神经词袋模型。神经词袋模型是简单对文本序列中每个词嵌入进行平均，作为整个序列的表示。这种方法的缺点是丢失了词序信息。对于长文本，神经词袋模型比较有效，但是对于短文本，神经词袋模型很难捕获语义组合信息。

第二，递归神经网络。递归神经网络是按照一个给定的外部拓扑结构（如成分句法树），不断递归得到整个序列的表示。递归神经网络的一个缺点是需要给定一个拓扑结构来确定词和词之间的依赖关系，因此要限制其使用范围。

第三，循环神经网络。循环神经网络是将文本序列看作时间序列，不断更新，最后得到整个序列的表示。

第四，卷积神经网络。卷积神经网络是通过多个卷积层和下采样层，最终得到一个固定长度的向量。

在上述四种基本方法的基础上，很多研究者结合具体的任务，已经提出了一些更复杂的组合模型，如双向循环神经网络、长短时记忆模型等。

②浅层语义分析。语义角色标注是一种浅层的语义分析。给定一个句子，它的任务是找出句子中谓词的相应语义角色成分，包括核心语义角色（如施事者、受事者等）和附属语义角色（如地点、时间、方式、原因等）。根据谓词类别的不同，可以将现有的浅层语义分析分为动词性谓词浅层语义分析和名词性谓词浅层语义分析。

目前浅层语义分析的实现通常都是基于句法分析结果，即对于某个给定的句子，先得到其句法分析结果，然后基于该句法分析结果，再实现浅层语义分析。这使得浅层语义分析的性能严重依赖于句法分析的结果。

同时，在同样的句法分析结果中，名词性谓词浅层语义分析的性能要低于动词性谓词浅层语义分析。因此，提高名词性谓词浅层语义分析性能也是研究的一个关键问题。语义角色标注的任务明确，即给定一个谓词及其所在的句子，找出句子中该谓词的相应语义角色成分。

语义角色标注的研究内容包括基于成分句法树的语义角色标注和基于依存句法树的语义角色标注。同时，根据谓词的词性不同，可进一步分为动词性谓词和名词性谓词语义角色标注。尽管各任务之间存在着差异，但标注框架类似。以下以基于成分句法树的语义角色标注为例，任务的解决思路是以句法树的成分为单元，判断其是否担当给定谓词的语义角色。系统通常可以由三部分构成。

第一，角色剪枝。通过制定一些启发式规则，过滤掉那些不可能担当角色的成分。

第二，角色识别。在角色剪枝的基础上，构建一个二元分类器，即识别其是或不是给定谓词的语义角色。

第三，角色分类。对那些是语义角色的成分，进一步采用多元分类器，判断其角色类别。

在以上框架下，语义角色标注的研究内容是如何构建角色识别和角色分类的分类器。常用的方法有基于特征向量的方法和基于树核的方法。

在基于特征向量的方法中，最具有代表性的七个特征是成分类型、谓词子类框架、成分与谓词之间的路径、成分与谓词的位置关系、谓词语态、成分中心词和谓词本身。这七个特征随后被当作基本特征广泛应用于各类基于特征向量的语义角色标注系统中，同时后续研究也提出了其他有效的特征。

作为对基于特征向量方法的有益补充，核函数方法挖掘隐藏于句法结构中的特征。例如，可以利用核函数PAK来抓取谓词与角色成分之间的各种结构化信息。此外，传统树核函数只允许"硬"匹配，不利于计算相似成分或近义的语法标记，相关研究提出了一种基于语法驱动的卷积树核用于语义角色标注。

在角色识别和角色分类过程中，无论是采用基于特征向量的方法，还是基于树核的方法，其目的都是尽可能准确地计算两个对象之间的相似度。基于特征向量的方法将结构化信息转化为平面信息，方法简单有效，缺点是在制定特征模板的同时，丢弃了一些结构化信息。同样，基于树核的方法有效解决了特征维数过大的问题，缺点是在利用结构化信息的同时会包含噪声信息，计算开销远大于基于特征向量的方法。

2.5 模式识别

2.5.1 模式识别概述

2.5.1.1 定义

什么是模式？从广义上讲，模式是对存在于时空中的某种客观事物的描述。例如，"水"是一种无色无味且透明的液体，"玻璃"是一种能透光且易碎的固体。这种对事物特征的描述是人在认识客观世界的过程中，在对同类事物的多次感知经验中形成的，人将这种对事物的描述存储、记忆在大脑中，并以此为依据，对当下感知的事物进行判断，这实际就是一个模式识别的过程。

我们可以这样给（人的）模式识别下一个定义：模式识别是对感知信息进行分析，并对感兴趣的对象进行判别的过程。人在日常生活、工作学习和社会活动中几乎无时、无处不在进行着模式识别，人们阅读是在进行文字模式识别，听收音机是在进行语音模式识别，看电影是同时在进行视觉模式识别和语言模式识别。医生工作时要根据自己掌握的有关疾病的专业知识和经验，结合病人的实际情况和症状，判断病人患的是何种疾病，并采取相应的治疗措施，整个过程就是对疾病的模式识别过程。

作为高级智慧生物，人具有非凡的模式识别能力。一个人能在多人说话的声音中准确地分辨熟人的声音；面对复杂的视觉场景，能在不经意的一瞥之中准确判断"这里是一辆汽车"，"那里有一个行人"。可是，这些模式识别工作要让机器或计算机来完成，却会变得非常困难。如何让机器具有或部分具有人的识别能力？机器能在多大程度上拥有人的识别能力？这些问题关乎"智能"的本质，也是模式识别和人工智能探讨的主要问题。在模式识别中，人们通常并不研究"人是如何进行模式识别的"，尽管这方面的知识可以帮助和启发设计有效的机器模式识别方法，但是在一般模式识别研究中人们关心的主要是"机器该如何去判别"。为了让机器进行识别，必须将表征模式的信息输入机器（或计算机）。

在模式识别中，模式的表征通常用反映其特征的一组数组成的向量来表示，称为特征向量。表征模式信息的特征向量输入机器（或计算机）后，（机器）模式识别要完成的工作就是判断输入的模式是什么，即输入的模式属于哪类模式，这种判断模式类别属性的问题本质上是一个分类问题，因此机器模式识别就是根据一定的规则（或算法），对模式特征向量进行合理的分类。其中的规则可以是人事先赋予的（如各种专家系统），也可以是机器通过对大量样本数据学习后获得的。

总而言之，模式识别就是通过计算机用数学技术方法来研究模式的自动处理和判读。人们把环境与客体统称为"模式"。随着计算机技术的发展，人类有可能研究复杂的信息处理过程。信息处理过程的一个重要形式是生命体对环境及客体的识别。

人们在观察事物或现象的时候，常常要寻找它与其他事物或现象的不同之处，并根据一定的目的把各个相似的但又不完全相同的事物或现象组成一类，字符识别就是一个典型的例子。例如，数字"4"可以有各种写法，但都属于同一类别。更为重要的是，即使对于某种写法从未见过的"4"，也能把它分到"4"所属的这一类别。在上述例子中，模式和集合的概念未分开，只要认识这个集合中有限数量的事物或现象，就可以识别属于这个集合的任意事物或现象。为了强调从一些个别的事物或现象推断出事物或现象的总体，可把这样一些个别的事物或现象叫作各个模式。还可以把整个类别叫作模式，这样的"模式"是一种抽象化的概念，如"房屋"等都是"模式"，把具体的对象，如人民大会堂，叫作"房屋"就是这类模式中的一个样本。这种名词上的不同含义是容易从上下文中弄清楚的。

综上所述，模式识别是指对表征事物或现象的各种形式的（数值的、文字的和逻辑关系的）信息进行处理和分析，以对事物或现象进行描述、辨认、分类和解释的过程，是信息科学和人工智能的重要组成部分。

2.5.1.2　问题分类

模式识别又常称作模式分类，从处理问题的性质和解决问题的方法等角度看，模式识别分为有监督的分类和无监督的分类两种，两者的主要差别在于各实验样本所属的类别是否预先已知。一般说来，有监督的分类往往需要提供大量已知类别的样本，但在实际问题中，这是存在一定困难的，因此研究无监督的分类就变得十分有必要了。

模式还可分成抽象的和具体的两种形式。前者，如意识、思想、议论等，属于概念识别研究的范畴，是人工智能的另一研究分支。一般模式识别主要是对语音波形、地震波、心电图、脑电图、图片、照片、文字、符号、生物传感器等对象的具体模式进行辨识和分类。

2.5.1.3 简史

早期的模式识别研究着重在数学方法上。20世纪50年代末，罗森布拉特提出了一种简化的模拟人脑进行识别的数学模型——感知器，便于通过给定类别的各个样本的识别系统进行训练，使系统在学习完毕后具有对其他未知类别的模式进行正确分类的能力。1957年，周绍康提出用统计决策理论方法求解模式识别问题，促进了从20世纪50年代末开始的模式识别研究工作的迅速发展。1962年，纳拉西曼提出了一种基于基元关系的句法识别方法。付京孙在相关理论及应用两方面进行了系统的卓有成效的研究，并于1974年出版了一本专著《句法模式识别及其应用》。在1982年和1984年，荷甫菲尔德发表了两篇重要论文，深刻揭示出人工神经元网络所具有的联想存储和计算能力，进一步推动了模式识别的研究工作，启发了模式识别人工神经元网络方法新的学科方向。

2.5.1.4 进展

模式识别研究主要集中在两方面，一是研究生物体（包括人）是如何感知对象的，属于认识科学的范畴；二是在给定的任务下，用计算机实现模式识别的理论和方法。前者是生理学家、心理学家、生物学家和神经生理学家的研究内容，后者经数学家、信息学专家和计算机科学工作者近几十年来的努力，已经取得了系统的研究成果。

应用计算机对一组事件或过程进行辨识和分类，所识别的事件或过程可以是文字、声音、图像等具体对象，也可以是状态、程度等抽象对象。这些对象与数字形式的信息相区别，称为模式信息。

模式识别所分类别数目由特定的识别问题决定。有时，开始时无法得知实际的类别数，需要识别系统反复观测被识别对象以后确定。

模式识别与统计学心理学、语言学、计算机科学、生物学、控制论等都有关系，而且与人工智能、图像处理研究有交叉关系。例如，自适应或自组织的模式识别系统包含了人工智能的学习机制；人工智能研究的景物理解、自然语言理解也包含模式识别问题。又如，模式识别中的预处理和特征抽取环节应用图像处理技术；图像处理中的图像分析也应用模式识别技术。

2.5.2 模式识别的理论方法与分类

2.5.2.1 模式识别系统

一个完整的模式识别系统由原始数据获取与预处理、特征提取和选择、分类器设计或聚类、后处理四部分组成。下文就其中几项进行详细分析。

数据获取是指利用各种传感器把被研究对象的各种信息转化为计算机可以接受的数值或者符号串集合，习惯上将这种数值或字符串称为模型空间，而这一步的关键是传感器的选取。为了从这些字符串或数字中抽取有效的信息，必须进行数据预处理。

数据预处理是为了消除输入数据或信息中的噪声，排除不相关的信号，只留下与被研究对象的性质和采用的识别方法密切相关的特征。

特征提取是指从滤波数据中衍生出有用的信息，从许多特征中提取出最有效的特征，以降低后续处理实践的难度。对滤波提取后的诸多特征进行必要的计算后，可通过特征选择和提取得到模式的特征空间。一般情况下，候选特征种类越多，得到的结果应该越好，但这样可能会引发维数灾难，使计算机难以求解。因此可知，数据处理阶段的关键内容是利用滤波算法，特征提取方法对提取出来的不同特征进行计算。

2.5.2.2 模式识别方法与分类

（1）统计模式识别。统计模式识别方法是受决策理论启发而产生的一种识别方法。统计模式识别要先了解待识别对象所包含的原始数据信息，从中提取出若干能够反映该类对象某方面性质的相应特征参数，并根据识别的实际需要从中选择一些参数的组合作为特征向量，然后根据某种相似性测度，设计一个能够对该向量组表示的模式进行区分的分类器，就可把特征向量相似的对象分为一类。统计模式识别过程主要由 4 个部分组成，分别是信息获取、预处理、特征提取和选择及构造分类器。构造分类器即对特征向量进行区分的分类器设计，用设计好的分类器进行最终的分类决策。统计模式识别适用于用较少特征就能描述观察对象的场合，在相关活动中能够通过一定的统计方法从个数有限的样本集中找出某种类别的特有规律或模式，这种规律被描述为数学形式，往往为有限特征参数组成的向量，用该特征向量去构造分类器并用这些样本的特征向量值对分类器进行训练，进而去对更多、更广泛的客观对象进行分析，也可以对未知数据或无法观测的数据进行分类识别或预测。现实世界中存在大量尚无法确认但可以进行观测的事物，运用统计模式识别方法就可对许多观测值进行分析处理。统计模式识别在现代科学、技术、社会、经济等各领域中都有着很广泛的应用。

（2）结构模式识别。结构模式识别是对统计模式识别的补充。当需要对待识别对象各部分之间的联系进行精确识别时，就需要使用结构模式识别方法。结构模式识别是根据识别对象的结构特征，将复杂的模式结构分解，划分为多个相对更简单的且更容易区分的子模式，若得到的子模式仍有识别难度，则继续对其进行分解，直到最终得到的子模式具有容易表示且容易被识别的结构为止。通过这些子模式就可以复原原先比较复杂的模式结构，这些最终的子模式通常被称为模式基元。模式基元的选择原则：基元应该是基本的模式元素，能够通过一定的结构关系（如连接关系）紧凑、方便地对数据加以描述；基元应该容易用现有的非句法方法加以抽取或识别，因为基元被认为是简单的和紧凑的模式。模式基元中常用的有信号基元和图像基元，通常随时间变化的信号可被认为是一维数据，时间信号随时间的变化可以用分段折线来近似表示，这种分段的折线就是信号基元。图像基元较为复杂，一般二值图像的轮廓可以考虑为邻接方式集合与图像基元的符号集合。其中邻接方式集合可以考虑为以当前点为起点至下一点邻接的 8 个方向，图像基元集合则可以考虑为像素黑白位置的 10 个基元。结构模式识别方法主要是通过模式的结构特征来描述一个模式对象，而不是从统计学的观点来描述模式对象。另外从分类方法上看，传统的模式识别方法是通过各种距离准则的计算来实现模式对象的分类，而结构模式识别是基于模式结构的相似度来实现模式对象的分类。结构模式识别的优点是它类似于形式语言逻辑，而形式语言逻辑在有限规则集合的约束下具有相当的自由性，因此该方法明显与众不同，能够对被识别对象的结构特征进行很好的描述和识别，以其独到之处在模式识别方法中占据独到的地位。结构模式识别方法的不足之处在于，它对模式对象的描述难以实现统一，就某种研究获得的结果难以扩展到其他的应用中，因此使得结构模式识别不易获得推广应用。

（3）模糊模式识别的理论基础是模糊数学。模糊集理论认为，模糊集合中的某个元素可以不是百分之百确定属于该集合，可以以一定的比例属于该集合，不同于传统集合理论中某元素的定义方式，更符合现实当中许多模糊的实际问题，描述起来更加简单合理。在用机器模拟人类智能时模糊数学就可以更好地描述现实当中具有模糊性的问题，进而更好地进行处理。模糊模式识别就以模糊集理论为基础，根据一定的判定要求建立合适的隶属度函数来对识别对象进行分类。正是因为模糊模式识别能够很好地解决现实当中许多具有模糊性的概念，所以其成了一种重要的模式识别方法。在进行模糊识别时，也需要建立一个类似于统计模式识别的识别系统，需要按照一定的比例对实际识别对象的特征参数进行分类。之后，要建立相应能够处理模糊性问题的分类器，对不同类别的特征向量进行判别。模糊模式识别方法处理的对象一般是带有模糊性的模式识别问题，即模糊模式识别问题。在进行模式识别的过程中，模式的模糊性主要来自两个方面：待识别对象自身具有的模糊性和识别要求上的模糊性。比如，遥感图像中的一个像元，它表示 $0.45hm^2$ 的土地上各种地物的光谱综合，要指明某个地区所代表的事物，回答的结果肯定是模糊的概念，如"以松树为主的林地""以山地为主的山区"等，因此对于遥感图像的识别是具有模糊性的。又如，要对人群中的脸型进行区分，有的是"瓜子脸"型，有的是"鸭蛋脸"型，有的是"国字脸"型，这也是一个关于模糊模式识别的问题，虽然每个待识别的人都是具体的，但是识别的结果是模糊的。因此，模糊模式识别便应用于模式识别对象与识别要求（结果）有一方是模糊的情况下。但模糊模式识别问题有时并不一定用模糊数学方法来处理，也可以用统计方法来处理。因此，模糊模式识别模糊的含义，主要反映在实现模式识别的方法上，即采用的识别器是模糊的，也就是依据模糊数学的原理与方法来设计和工作的分类器。

（4）人工神经网络。人工神经网络起源于对生物神经系统的研究。它从信息处理角度对人脑神经元网络进行抽象，建立简单模型，按照不同的研究方式组成不同的网络。人工神经网络作为模式识别技术当中最重要的方法之一，相对于传统的模式识别方法，人工神经网络属于自适应能力很强的方法。对于任意给定的函数，人工神经网络都能够无限逼近，这是因为在分类的整个过程中，人工神经网络通过调整权值不断地明确分类所依据的精确关系。人工神经网络属于非线性模型，这使得它能够灵活地模拟现实世界中数据之间的复杂关系。人工神经网络是由大量神经元经过一定的连接形成的网络系统。它的组成与人脑中神经细胞形成的网络结构很相似，就是为了像人脑那样功能强大，不管是学习新知识还是识别旧事物都具有很强的判断能力和适应能力。根据网络神经元之间连接方式的不同，人工神经网络的种类也不同，连接越复杂，往往功能越强大。它是一种模拟人类大脑功能的数学工具，在模式识别、智能控制等领域有着广泛而吸引人的应用前景。模式识别主要是利用计算机的计算能力来实现人的各种不同的辨识能力，与计算机不同，人通过各种感官来感知外在世界，并由大脑对感知到的信息进行处理。因此，依据人脑的生理结构形成的人工神经网络是具有用来进行模式识别所依据的理论以及结构基础的。实际上，模式识别就是人工神经网络最成功的一个应用领域。用人工神经网络进行模式识别时，利用神经网络中神经元的记忆能力进行特征信息的存储，通过外接激励修改神经元之间的权值进行特定模式学习，就会形成一个功能强大的神经网络。实际先用一定量的训练样本对分类器进行训练，之后则利用该分类器对新的识别对象进行识别分类。

3 物联网通信技术研究

3.1 无线网络技术

3.1.1 无线网络概述

3.1.1.1 无线网络的特点及分类

（1）无线网络的特点。相对于有线网络而言，无线网络具有安装便捷、使用灵活、利于扩展和经济节约等优点。具体可归纳为以下几点。

①移动性强。无线网络摆脱了有线网络的束缚，可以在网络覆盖范围内的任何位置上网。无线网络完全支持自由移动，持续连接，可实现移动办公。

②带宽流量大。适合进行大量双向和多向多媒体信息传输。在速度方面，802.11b 的数据传输率可达 11 Mb/s，而标准 802.11g 无线网速提升五倍，其数据传输率将达到 54 Mb/s，可充分满足用户对网速的要求。

③有较高的安全性和较强的灵活性。由于采用直接序列扩频、跳频、跳时等一系列无线扩展频谱技术，其高度安全可靠；无线网络组网灵活，增加和减少移动主机相当容易。

④维护成本低。无线网络尽管在搭建时投入成本高些，但后期维护方便，维护成本比有线网络低 50% 左右。

（2）无线网络的分类。无线网络是无线设备之间，以及无线设备与有线网络之间的一种网络结构。无线网络的发展可谓日新月异，新的标准和技术不断涌现。

①按覆盖范围分类。由于覆盖范围不同，无线网络可以分为4类：无线局域网、无线个域网、无线城域网和无线广域网。

第一，无线局域网。无线局域网一般用于区域间的无线通信，其覆盖范围较小。代表技术是 IEEE 802.11 系列。数据传输速率为 11 ～ 56 Mbps，甚至更高。

第二，无线个域网。无线个域网的无线传输距离在 10 m 左右，典型的技术是 IEEE 802.15 和 Bluetooth，数据传输速率在 10 Mbps 以上。

第三，无线城域网。无线城域网主要是通过移动电话或车载装置进行的移动数据通信，可以覆盖城市中大部分地区。代表技术是 2002 年提出的 IEEE802.20，主要研究移动宽带无线接入技术和相关标准的制定。该标准更加强调移动性，它是由 IEEE 802.16 的宽带无线接入发展而来的。

第四，无线广域网。无线广域网主要是通过移动通信卫星进行数据通信的网络，其覆盖范围最大。代表技术有 3G、4G 等，数据传输速率在 2 Mb/s 以上。由于 3GPP 和 3GPP2 的标准化工作日趋成熟，一些国际标准化组织（如 ITU）将目光瞄准了能提供更高无线传输速率和灵活统一的全 IP 网络平台的下一代移动通信系统，一般称为后 3G、增强型 IMT- 2000（enhanced IMT-2000）、后 IMT-2000（system beyond IMT- 2000）或 4G。

②按应用分类。从无线网络的应用角度看，其还可以划分为无线传感器网络、无线 Mesh 网络、无线穿戴网络、无线体域网等，这些一般是基于已有的无线网络技术，针对具体的应用而构建的无线网络。

第一，无线传感器网络。无线传感器网络是当前在国际上备受关注的、涉及多学科高度交叉、知识高度集成的前沿热点研究领域。它综合了传感器技术、嵌入式计算技术、现代网络及无线通信技术、分布式信息处理技术等，能够通过各类集成化的微型传感器实时监测、感知和采集各种环境或监测对象的信息，这些信息通过无线方式被发送，并以自组多跳的网络方式传送到用户终端，从而实现物理世界、计算世界以及人类社会三元世界的连通。

无线传感器网络以最少的成本和最大的灵活性，连接任何有通信需求的终端设备，采集数据，发送指令。若把无线传感器网络中各个传感器或执行单元设备视为"种子"，将一把"种子"（可能100粒，甚至上千粒）任意抛撒开，经过有限的"种植时间"，就可从某一粒"种子"那里得到其他任何"种子"的信息。作为无线自组双向通信网络，传感网络能以最大的灵活性自动完成不规则分布的各种传感器与控制节点的组网，同时具有一定的移动能力和动态调整能力。

第二，无线 Mesh 网络。无线 Mesh 网络（无线网状网络）也称为"多跳"网络，它是一种与传统无线网络完全不同的新型无线网络，由无线 Ad Hoc 网络顺应人们无处不在的互联网（Internet）接入需求演变而来。

在传统的无线局域网（WLAN）中，每个客户端均通过一条与 AP 相连的无线链路来访问网络，用户想要相互通信，必须先访问一个固定的接入点（AP），这种网络结构被称为单跳网络。在无线 Mesh 网络中，任何无线设备节点都可以同时作为 AP 和路由器，网络中的每个节点都可以发送和接收信号，每个节点都可以与一个或者多个对等节点直接通信。这种结构的最大好处在于：如果最近的 AP 流量过大，从而导致壅塞的话，那么数据可以自动重新路由到一个通信流量较小的邻近节点进行传输。以此类推，数据包还可以根据网络的情况，继续路由到与之最近的下一个节点进行传输，直到到达最终目的地为止。

实际上，Internet 就是一个 Mesh 网络的典型例子。例如，当人们发送一份 E-mail 时，电子邮件并不是直接到达收件人的信箱中，而是通过路由器从一个服务器转发到另外一个服务器，最后经过多次路由转发才到达用户的信箱。在转发的过程中，路由器一般会选择效率最高的传输路径，以便使电子邮件能够尽快到达用户的信箱。因此，无线 Mesh 网络也被形象地称为无线版本的 Internet。

与传统的交换式网络相比，无线 Mesh 网络去掉了节点之间的布线需求，但仍具有分布式网络所提供的冗余机制和重新路由功能。在无线 Mesh 网络里，如果要添加新的设备，只需要简单地接上电源就可以了，它可以自动进行配置，并确定最佳的多跳传输路径。添加或移动设备时，网络能够自动发现拓扑变化，并自动调整通信路由，可以获取最有效的传输路径。

第三，无线穿戴网络。无线穿戴网络是以短距离无线通信技术（蓝牙和 ZigBee 技术等）与可穿戴式计算机技术为基础，穿戴在人体上，智能收集人体和周围环境信息的一种新型个域网（PAN）。可穿戴计算机为可穿戴网络提供核心计算技术，以蓝牙和 ZigBee 等短距离无线通信技术作为其底层传输手段，结合其优势组建一个无线、高度灵活、自组织，甚至是隐蔽的微型PAN。可穿戴网络具有移动性、持续性和交互性等特点。

第四，无线体域网。无线体域网是由依附于身体的各种传感器构成的网络。通过远程医疗监护系统提供及时现场护理（POC）服务是提升健康护理手段的有效途径。在远程健康监护中，将宽带接入网（BAN）当作信息采集和及时现场护理（POC）的网络环境，可以取得良好的效果，赋予家庭网络以新的内涵。借助 BAN，家庭网络可以为远程医疗监护系统及时有效地采集监护信息，可以对医疗监护信息预读，发现问题，直接通知家庭其他成员，达到及时救护的目的。

3.1.1.2 无线网络的拓扑结构

（1）点到点连接。构成不同拓扑结构的基本元素是简单的点到点连接，这些基本元素的重复可以得到有线网络两种最简单的拓扑结构——总线型拓扑结构和环型拓扑结构。

在总线型拓扑结构中，物理介质是由所有终端设备所共享的。其特点包括费用低、数据端用户接入灵活、安全性高、可靠性强、扩展性强等，因此总线型网络是一种比较普遍的网络拓扑结构，也是应用最为广泛的一种网络拓扑结构。

根据节点间的连接是单向的还是双向的，环形拓扑结构可以分为两种：单向环形拓扑结构和双向环形拓扑结构。在单向环形拓扑结构中，相连的节点一端是发送机，另一端是接收机，消息在环内单向传播；在双向环形拓扑结构中，每个相连的节点既是发送机也是接收机（亦称为收发信机），消息可以在两个方向上传播。

总线和环形拓扑都易于受到单点错误的影响，单个连接故障会使总线网络的部分节点与网络隔断，或者使环形网络的所有通信中断。

解决上述问题的办法是引入一些特殊的网络硬件节点，这些网络硬件设计旨在控制其他网络设备间的数据流。其中，最简单的一种是无源集线器。有源集线器即中继器，是无源集线器的一种变形，它可以放大数据信号以改善较长距离网络连接时信号强度衰减的问题。

与有线网络相比，点到点连接在无线网络中更为常见，如端到端（P2P）、AdHoc Wi-Fi 连接、无线 MAN 回程装置、蓝牙等。

（2）无线网络的星型拓扑结构。在星型拓扑结构中，每个站由点到点链路连接到公共中心，任意两个站点之间的通信均要通过公共中心，星型拓扑结构不允许两个站点直接通信。因为所有通信都要通过中央节点，所以中心节点一般都比较复杂，各个站的通信处理负担比较小。无线网络星型拓扑的中心节点可以是 WIMAX 基站、Wi-Fi 接入点、蓝牙主设备或者 ZigBee PAN协调器，其作用类似于有线网络中的集线器。

无线媒体本质上的不同意味着，交换式和非交换式集线器的差别对无线网络中的控制节点来说并没有太大影响，因为并没有相应的无线媒体能够替代连接到每个设备的单独缆线。无线 LAN 交换机或控制器是一种有线网络设备，用来将数据交换到接入点（AP），接入点负责为每个数据包寻址。

这种通用规则也有例外情况，如基站或接入点设备能够将单独的站点或者一组使用扇形或阵列天线的站点在空间上分开。

在无线 LAN 的情况下，可以使用一种新型的称为接入点阵列的设备来实现类似的空间分割。这种设备将无线 LAN 控制器和扇形天线阵列结合在一起，使网络容量加倍。通过空间上分离的区域或传播路径来进行传输，使网络吞吐量加倍的技术称为空分复用，主要应用于 MIMO 无线通信中。

（3）无线网状网络。无线网状网络也称为移动 AdHoc 网络（MANET），是局域网或者城域网的一种，网络中的节点是移动的，而且可以直接与相邻节点通信而不需要中心控制设备。由于节点可以进入或离开网络，因此无线网状网络的拓扑结构不断变化。数据包从一个节点到另一个节点直至到达目的地的过程称为"跳"。

数据由路由功能分布到整个网状网络，而不是由一个或多个专门的设备控制。这与数据在 Internet 上传送的方式类似，数据包从一个设备跳到另外一个设备直到目的地，然而在网状网络中路由功能包含在每个节点中而不是由专门的路由器实现。

动态路由功能要求每个设备向与其相连接的所有设备通告其路由信息，并且在节点移动、进入和离开网状网络时更新这些信息。

在分布式控制和不断重新配置的背景下，可在超负荷、不可靠或者路径故障时快速重新找到路由。如果节点的密度高到可以选择其他路径时，无线网状网络可以自我修复，而且非常可靠。设计这种路由协议的主要难题是，不断地重构路由需要比较大的管理开销，或者说数据带宽有可能都被这些路由消息给占据了。与有线网络路由相比，无线网状网络中的多重路径对整个网络的吞吐量也有类似的影响。无线网状网络的容量将随着节点数目的增加而增加，而且可选择路径的数目也会增加，所以容量的增加可以通过简单地在无线网状网络中增加更多的节点来实现。

3.1.2 无线局域网技术

无线局域网（WLAN）是指以无线信道来代替传统线传输介质所构成的局域网络。无线局域网是在有线网络的基础上发展而来的，WLAN 的出现能够使网络上的各种终端设备摆脱有线连接介质的束缚，使其具有更多的移动性，并能够实现与有线网络的互联和互通。

3.1.2.1 无线局域网的优点

与传统有线局域网相比，WLAN 具有以下几个优点。

（1）安装便捷。在网络建设中，施工周期最长、对周边环境影响最大的是网络布线施工工程。在施工过程中，往往需要破墙掘地、穿线架管。而 WLAN 最大的优势就是免去或减少了网络布线的工作量，一般只要安装一个或多个访问接入点设备，就可建立覆盖整个建筑或地区的局域网络。

（2）易于进行网络规划和调整。对于有线网络来说，办公地点或网络拓扑的改变通常意味着重新建网、布线，费时、费力且需要较大的资金投入。而无线网络设备可以随办公环境的变化而轻松转移和布置，有效提高了设备的利用率，并可保护用户的设备资产。

（3）易于扩展。WLAN 可以以一种独立于有线网络之外的形式存在，在需要时随时建立临时网络，而不依赖有线骨干网。WLAN 组网灵活，可以满足具体的应用和安装需要。WLAN 与传统有线局域网相比提供了更多可选的配置方式，既有适用于小数量用户的对等网络，也有适用于几千名移动用户的完整基础网络。在 WLAN 中增加或减少无线客户端都非常容易，通过增加无线 AP 就可以增大用户数量和覆盖范围，可以很快从只有几个用户的小型局域网扩展到支持上千用户的大型网络，并且能够实现节点间"漫游"等。

（4）移动性和灵活性。WLAN 利用无线通信技术在空中传输数据，摆脱了有线局域网的地理位置束缚，用户可以在网络覆盖范围内的任何位置接入网络，并且可在移动过程中对网络进行不间断的访问，体现出极大的灵活性。

目前的 WLAN 技术可以支持最远 50 km 的传输距离和最高 90 km/h 的移动速度，足以让用户在网络覆盖区域内享受视频点播、远程教育、视频会议、网络游戏等一系列宽带信息服务。

（5）网络覆盖范围广。WLAN 具体的通信距离和覆盖范围视所选用的天线不同而有所不同：定向天线可达到 5～50 km；室外的全向天线可覆盖 15～20 km 的半径范围；室内全向天线可覆盖 250 m 的半径范围。

3.1.2.2 无线局域网的缺点

WLAN 并非完美无缺，也有许多面临的问题需要解决，这些局限性实际上也是 WLAN 必须克服的技术难点。这些局限性有些是低层技术方面的问题，需要 WLAN 设计者在研发过程中加以考虑；有些则是应用层面的问题，需要使用者在应用时加以克服和注意。

（1）可靠性。WLAN 采用无线信道进行通信，而无线信道是一个不可靠信道，存在着各种各样的干扰和噪声，可引起信号的衰落和误码，进而导致网络吞吐性能的下降和不稳定。此外，由于无线传输的特殊性，实际还可能产生"隐藏终端""暴露终端"和"插入终端"等现象，影响系统的可靠性。

（2）安全性。WLAN 的安全性涉及两方面的内容：一个是信息安全，即保证信息传输的可靠性、保密性、合法性和不可篡改性；另一个是人员安全，即避免电磁波的辐射对人体健康造成损害。因为信道的封闭性，在有线网络中存在固有的安全保障，但在 WLAN 中，鉴于无线电波不能局限于网络设计的范围内，因此有被偷听和被恶意干扰的可能性。目前，WLAN 系统中存着一些安全漏洞。无线电管理部门应规定 WLAN 能够使用的频段，规定发射功率和带外辐射等各项技术指标。

（3）移动性。WLAN 虽然可以支持站的移动，但对大范围移动的支持机制还不完善，也不能支持高速移动。另外，即使在小范围的低速移动过程中，其性能也会受到影响。

（4）带宽与系统容量。由于频率资源有限，WLAN 的信道带宽远小于有线网的带宽；由于无线信道数有限，即使可以复用，WLAN 的系统容量通常也要比有线网的容量小。因此，WLAN 的一个重要发展方向就是提高系统的传输带宽和系统容量。

（5）覆盖范围。WLAN 的低功率和高频率限制了其覆盖范围。为了扩大覆盖范围，需要引入蜂窝或微蜂窝网络结构，或者通过中继与桥接等其他措施来实现。

（6）干扰。外界干扰可对无线信道和 WLAN 设备形成干扰，WLAN 系统内部也会形成自干扰。同时，WLAN 系统还会干扰其他无线系统。因此，在 WLAN 的设计与使用中，要综合考虑电磁兼容性能和抗干扰性能，并采用相应的措施。

（7）多业务与多媒体。现有的 WLAN 标准和产品主要面向突发数据业务，而对语音业务、图像业务等多媒体业务适宜性很差，因此需要开发保证多业务和多媒体服务质量的相关标准和产品。

尽管 WLAN 技术仍有许多不足之处，但其先天的优势和良好的发展前景是不容置疑的。

3.1.2.3　无线局域网的物理结构

无线局域网的物理组成或物理结构主要包括以下几个部分：站、无线介质、无线接入点、分布式系统等。

（1）站（STA）。站（点）也称为主机或终端，是 WLAN 最基本的组成单元。网络进行站间数据传输，通常把连接在 WLAN 中的设备称为站。站在 WLAN 中通常为客户端，而且它是具有无线网络接口的计算设备，主要包括以下几个部分。

①终端用户设备。终端用户设备是站与用户的交互设备。终端用户设备可以是台式计算机、便携式计算机和掌上电脑，也可以是其他智能终端设备，如 PDA 等。

②无线网络接口。无线网络接口是站的重要组成部分，它负责处理从终端用户设备到无线介质间的数字通信，一般采用调制技术和通信协议的无线网络适配器（无线网卡）或调制解调器（Modem）。无线网络接口与终端用户设备之间通过计算机总线（如 PCI）或接口（如 RS 232、USB）等相连。

③网络软件。网络操作系统（NOS）、网络通信协议等网络软件运行于无线网络的不同设备上。客户端的网络软件运行在终端用户设备上，而基于此，用户可向本地设备软件发出命令，并接入无线网络。当然，这对 WLAN 的网络软件有特殊的要求。

WLAN 中的站之间可以直接相互通信，也可以通过基站或接入点进行通信。在 WLAN 中，站之间的通信距离由于天线的辐射能力有限和应用环境的不同而受到限制。

通常把 WLAN 所能覆盖的区域范围称为服务区域，而把由 WLAN 中移动站的无线收发信机及地理环境所确定的通信覆盖区域称为基本服务区（BSA）。考虑到无线资源的利用率和通信技术等因素，BSA 不可能太大，通常在 100 m 以内，也就是说同一 BSA 中移动站之间的距离应小于 100 m。

（2）无线介质。无线介质是无线局域网中站与站之间、站与接入点之间通信的媒介。这里所说的介质为空气。空气是无线电波和红外线传播的良好介质。

（3）无线接入点（AP）。无线接入点（简称接入点）类似蜂窝结构中的基站，是 WLAN 的重要组成单元。无线接入点是一种特殊的站，它通常处于 BSA 的中心，固定不动。作为接入点，完成其他非 AP 的站对分布式系统的接入访问和同一基站子系统（BSS）中不同站间的通信关联；作为无线网络和分布式系统的桥接点，完成 WLAN 与分布式系统间的桥接；作为 BSS 的控制中心，完成对其他非 AP 的站的控制和管理。

无线接入点是具有无线网络接口的网络设备，至少要包括与分布式系统的接口（至少一个），无线网络接口（至少一个）和相关软件、桥接软件、接入控制软件、管理软件等 AP 软件和网络软件。

无线接入点可以作为普通站使用，称为 AP Client。WLAN 中的接入点可以是各种类型的，如 IP 型的和无线 ATM 型的。无线 ATM 型的接入点与 ATM 交换机的接口为移动网络与网络接口（MNNI）。

（4）分布式系统（DS）。环境和主机收发信机的特性能够限制一个基本服务区所能覆盖区域的范围。为了能覆盖更大的区域，就需要通过分布式系统把多个基本服务区连接起来，形成一个扩展业务区，而通过 DS 互相连接起来的属于同一个 BSA 的所有主机构成了一个扩展业务组。

用分布式系统连接不同基本服务区的通信通道，称为分布式系统媒体。分布式系统媒体可以是有线信道，也可以是频段多变的无线信道，这样的灵活性有助于无线局域网的组织。

通常，有线 DS 系统与骨干网都采用有线局域网，而无线分布式系统使用 AP 间的无线通信（通常为无线网桥）将有线电缆取而代之，从而实现不同 BSS 的连接。分布式系统通过人口与骨干网相连。无线局域网与骨干网（通常是有线局域网，如 IEEE802.3）之间相互传送的数据都必须经过门户（portal），通过门户就可以把无线局域网和骨干网连接起来。

3.1.2.4 无线局域网的拓扑结构

WLAN 的拓扑结构有多种，按照物理拓扑分类，可分为单区网和多区网；按照逻辑结构分类，可分为对等式、基础结构式和线形、星形、环形等；按照控制方式分类，可分为无中心分布式和有中心集中控制式两种；从与外网的连接性来分类，可分为独立 WLAN 和非独立 WLAN。

BSS 也称为一个无线局域网工作单元。它有两种基本拓扑结构或组网方式，分别是分布对等式拓扑和基础结构集中式拓扑。单个 BSS 称为单区网，多个 BSS 通过 DS 互联构成多区网。当一个 BSS 内部站点可以直接通信并且没有与其他 BSS 连接时，我们称该 BSS 为独立 BSS（independent BSS），简称 IBSS。

（1）分布对等式拓扑。分布对等式网络是一种独立的 BSS，是一种典型的、以自发方式构成的单区网。对于 IBSS，需要分清以下两个问题：IBSS 是一种单区网，而单区网并不一定就是 IBSS；IBSS 不能接入 DS。

在可以直接通信的范围内，IBSS 中任意站之间可直接进行通信而不需要 AP 进行转接，因此站之间的关系是对等的、分布式的或无中心的。IBSS 工作模式又被称为特别网络或自组织网络，主要是因为 IBSS 网络不需要预先计划，可以在需要的时候随时构建。

采用这种拓扑结构的网络，各站点竞争公用信道。当站点数过多时，信道竞争成为限制网络性能的要害。因此，在小规模、小范围的 WLAN 系统中适合采用这种网络。

这种网络的显著特点是受时间与空间的限制较大，也正是这些限制使得 IBSS 的构造与解除非常方便简单，为网络设备中非专业用户的操作提供了很大的便利。也就是说，除了网络中必备的 STA 之外，不需要任何专业的技能训练或花费更多的时间及其他额外资源。IBSS 具有结构简单、组网迅速、使用方便、抗毁性强的优点，多用于临时组网和军事通信。

（2）基础结构集中式拓扑。在 WLAN 中，基础结构是扩展业务组的分布和开发综合业务功能的逻辑位置，它包括分布式系统媒体、AP 和端口实体。

一个基础结构除 DS 外，还包含一个或多个 AP 及零个或多个端口。因此，在基础结构 WLAN 中，至少要有一个 AP。AP 是 BSS 的中心控制站，网络中站在该中心站的控制下与其他站进行通信。

与 IBSS 相比，基础结构 BSS 的抗毁性较差，AP 一旦遭到破坏，整个

BSS 就会瘫痪。此外，作为中心站的 AP 具有较高的复杂度，同时实现成本也比较高。

在一个基础结构 BSS 中，一个站与同一 BSS 内的另一个站通信，必须经过源站到 AP 和 AP 到宿站的两跳过程，并由 AP 进行转接。显然这样需要较多的传输容量，并且增加了传输时延，但与各站直接通信相比，AP 决定着基础结构 BSS 的覆盖范围或通信距离。一般情况下，两站可进行通信的最大距离是进行直接通信时的两倍。BSS 内的所有站都需在 AP 的通信范围之内，而对各站之间的距离没有限制，即网络中站点的布局受环境的限制较小。由于各站不需要保持邻居关系，其路由的复杂性和物理层的实现复杂度较低。

AP 作为中心站，控制着所有站点对网络的访问，当网络业务量增大时，网络的吞吐性能和时延性能并不会剧烈恶化。AP 可以很方便地对 BSS 内的站点进行同步管理、移动管理和节能管理等，即具有极好的可控性。其为骨干网提供了一个逻辑接入点，具有较强的可伸缩性。

在一个 BSS 中，AP 只能管理有限的站。为了扩展无线基础结构网络，可以采用增加 AP 数量、选择 AP 合适位置等方法，从而扩展覆盖区域并增加系统容量，即将一个单区的 BSS 扩展成为一个多区的扩展业务组。

最后需要说明的是，在一个基础结构 BSS 中，如果 AP 没有通过 DS 与其他网络（如有线骨干网）相连接，则此种结构的 BSS 即是独立的。

（3）中继或桥接型网络拓扑。采用中继或桥接型网络拓扑是拓展 WLAN 覆盖范围的一种有效方法。

两个或多个网络（LAN 或 WLAN）或网段可以通过无线中继器、无线网桥或无线路由器等无线网络互联设备连接起来。如果中间只通过一级无线互联设备，称为单跳网络。如果中间需要通过多级无线互联设备，则称为多跳网络。

3.2 蓝牙技术

蓝牙的实质是为固定设备或移动设备之间的通信环境，建立通用的短距离无线接口，将通信技术与计算机技术进一步结合起来，它是各种设备在无电线或电缆相互连接的情况下，能在短距离范围内实现相互通信或操作的一种技术。

3.2.1 蓝牙技术概述

3.2.1.1 蓝牙技术的定义

蓝牙（Bluetooth）是一种支持设备短距离（一般在 10 m 以内）通信的无线电技术，有助于移动电话、掌上电脑（PDA）、无线耳机、笔记本电脑等众多设备之间进行无线信息交换。利用蓝牙技术，能够有效地简化移动通信终端设备之间、设备与互联网之间的通信，从而让数据传输变得更加迅速高效，它扩大了无线通信的应用范围。

蓝牙技术是一种无线数据与语音通信的开放性全球规范，它以低成本的近距离无线连接为基础，为固定与移动设备通信环境建立一个特别连接，完成数据通信的短距离无线传输。蓝牙采用分散式网络结构，支持点对点及点对多点通信，使用 IEEE 802.15 协议，采用全球通用的 2.4 GHz ISM（即工业、科学、医学）频段，传输速率为 1 Mbps，采用时分双工传输方案，实现全双工传输。

3.2.1.2 蓝牙技术的发展

"蓝牙"的名称来自 10 世纪丹麦国王哈拉尔德（Harald Gormsson）的外号，因为国王喜欢吃蓝莓，以至于牙齿每天都是蓝色的，所以叫蓝牙。当时蓝莓因为颜色怪异，被认为是不适合食用的东西，因此这位爱尝新的国王也成为创新与勇于尝试的象征。

蓝牙是一种无线个人局域网，最初由爱立信创制，后来由蓝牙技术联盟（Bluetooth SIG）制定了技术标准。蓝牙技术联盟创建于 1998 年，成员有爱立信、英特尔（Intel）、IBM、诺基亚、东芝等。他们共同的目标是建立一个全球性的小范围无线通信技术，将计算、通信设备及附加设备通过短程、低耗、低成本的无线电波连接起来，即现在的蓝牙。

后来朗讯、微软、摩托罗拉等公司相继加入，如今该组织的成员已经超过 10 000 家公司，涉及电信、计算机、汽车制造、工业自动化和网络行业等多个领域。2006 年 10 月，联想公司取代 IBM 在该组织中的创始成员位置，与其他业界领导厂商一样拥有蓝牙技术联盟董事会中的一席，并积极推动蓝牙标准的发展。

截至目前，蓝牙共推出了多个版本，分别是 V1.0、V1.1、V1.2、V2.0、V2.1、V3.0、V4.0、V4.1、V4.2 和 Bluetooth5。V1.0 规格推出以后，蓝牙并未立即受到广泛的应用，除了当时对应蓝牙功能的电子设备种类少的原因，还因蓝牙装置也十分昂贵。2001 年的 VI.1 版正式被列入 IEEE 标准，Bluetooth1.1 即为 IEEE802.15.1。

为了拓宽蓝牙的应用层面并提升其传输速度，蓝牙技术联盟先后推出了 V1.2、V2.0 版及其他附加新功能，如蓝牙音频传输模型协定（advanced audio distribution profile, A2DP）、音频／视频远程控制规范（audio/video remote control profile, ACRCP）等。V2.0 是 V1.2 的改良版，传输速率约在 1.8 ～ 2.1 Mbps，支持双工工作模式。随后的 V2.1 版本的芯片，加入了 Stereo 译码芯片，具备了短距离内传输高保真音乐的条件。

蓝牙 V3.0 的数据传输速率提高到了大约 24 Mbps，可以轻松用于录像机至高清电视、PC（个人电脑）至 PMP（便携式媒体播放器）、UMPC（超便携移动 PC）至打印机的资料传输。

蓝牙 V4.0 是 V3.0 的升级版本，其改进之处主要体现在 3 个方面：电池续航时间、节能和设备种类。蓝牙 V4.0 较 V3.0 更省电、成本更低、延迟更低（3 ms 延迟）、有效连接距离更长，同时加入了 AES−128 加密机制。蓝牙 V4.1 是对蓝牙 V4.0 的一次软件更新，而非硬件更新。蓝牙 V4.1 减少了其他信号对蓝牙的干扰，提升了设备之间的连接速度，并且更加智能化，提高了数据传输效率。蓝牙 V4.2 让蓝牙网关更智能、更快速，成为物联网理想的无线技术。

3.2.1.3 蓝牙技术的特点

蓝牙是一种短距离无线通信的技术规范，它最初的目标是取代掌上电脑、移动电话等各种数字设备上的有线电缆连接。从目前的应用来看，由于蓝牙体积小、功率低，其应用已不局限于计算机外设，几乎可以被集成到任何数字设备之中，特别是那些对数据传输速率要求不高的移动设备和便携式设备。蓝牙技术具有以下主要特点。

（1）全球范围适用。工作在 2.4 GHz 的 ISM 频段，全球大多数国家科学适用的 ISM 频段的范围是 2.42 ～ 2.483 5 GHz，使用该频段无需向各国的无线电资源管理部门申请许可证。

（2）成本低，集成成本少。蓝牙产品刚刚面世的时候，价格昂贵，但随着市场需求的扩大，各个供应商纷纷推出自己的蓝牙芯片和模块，集成蓝牙技术的产品成本增加很少，使得蓝牙产品价格飞速下降。

（3）同时可传输语音和数据。蓝牙采用电路交换和分组交换技术，支持异步数据通道、三路语音信道，以及异步数据与同步语音同时传输的信道。每个语音信道速率为 64 Kbps，语音信号编码采用脉冲编码调制（PCM）或连续可变斜率增量调制（CVSD）方法。

当采用非对称信道传输数据时，单向最大传输速率为 72 Kbps，反向为 57.6 Kbps；当采用对称信道传输数据时，速率最高为 342.6 Kbps。

蓝牙有两种链路类型：异步无连接 (ACL) 链路和面向同步连接（SCO）链路。其中，ACL 链路支持对称或非对称、分组交换和多点连接，适用于传输数据；SCO 链路支持对称、电路交换和点到点连接，适用于传输语音。

（4）具有很好的抗干扰能力。工作在 ISM 频段的无线电设备有很多种，如家用微波炉等产品。为了很好地抵抗来自这些设备的干扰，蓝牙采用了跳频方式来扩展频谱，将 2.402 ~ 2.48 GHz 频段分成 79 个频点，相邻频点间隔 1 MHz。蓝牙设备在某个频点发送数据之后，再跳到另一个频点发送，而频点的顺序排列则是伪随机的，每秒钟频率改变 1 600 次，每个频率持续 625 μs。

（5）蓝牙模块体积很小，便于集成。由于个人移动设备的体积较小，嵌入其内部的蓝牙模块就应更小，如爱立信公司的蓝牙模块 ROK104001 的外形尺寸仅为 15.5 mm×10.5 mm×2.1 mm。

（6）低功耗。蓝牙设备的输出功率很小，一般情况下只有 1 mW。它在通信连接状态下有 4 种工作模式，即激活（active）模式、呼吸（sniff）模式、保持（hold）模式和休眠（park）模式。激活模式是正常的工作状态，另外 3 种模式是为了节能所规定的低功耗模式。

（7）可以建立临时性的对等连接。蓝牙设备根据在网络中的角色，可分为主设备（master）与从设备（slave）。主设备是组网连接中主动发起连接请求的蓝牙设备，而连接响应方则为从设备。几个蓝牙设备连接成一个微微网（piconet）时，其中只有一个主设备，其他的均为从设备。微微网是蓝牙最基本的一种网络形式，最简单的微微网是一个主设备和一个从设备组成点对点的通信连接。

　　多个微微网在时间和空间上相互重叠而构成的更加复杂的网络拓扑结构称为散射网（scatternet）。散射网中的蓝牙设备既可以是某个微微网的从设备，也可以是另一个微微网的主设备。每个微微网的跳频序列各自独立，互不相关，同一微微网的所有设备跳频序列同步。通过时分复用技术，一个蓝牙设备便可以同时与几个不同的微微网保持同步。具体来说，就是该设备按照一定的时间顺序参与不同的微微网，即某一时刻参与某一个微微网，而下一个时刻参与另一个微微网。

　　蓝牙设备在规定的范围内和规定的数量限制下，可以自动建立联系，而不需要一个接入点或者服务器，这种网络称为 AdHoc 网络。由于这种网络是由某些蓝牙设备临时构成的，所以 AdHoc 网络又称临时网。由于网络中的每台设备在物理上都是完全相同的，因此其又称为对等网。

　　（8）开放的接口标准。蓝牙技术联盟为了推广蓝牙技术应用，将蓝牙的技术标准全部公开，全世界范围内的任何单位和个人都可以进行蓝牙产品的开发，且只要最终通过联盟的蓝牙产品兼容性测试，就可以推向市场。这样一来，蓝牙技术联盟就可以通过提供技术服务和出售芯片等业务获利，同时大量的蓝牙应用程序也可以得到大规模推广。

3.2.2　蓝牙系统组成及工作原理

3.2.2.1　蓝牙系统的组成

　　蓝牙系统由天线单元、链路控制（硬件）单元、链路管理（软件）单元和软件结构（协议栈）4 个单元组成。

　　（1）天线单元。蓝牙天线体积十分小巧、重量轻，属于微带天线。空中接口是建立在天线电平为 0 dBm 的基础上的，遵从美国联邦通信委员会（FCC）有关 0 dBm 电平的 ISM 频段的标准。

　　（2）链路控制（硬件）单元。链路控制（硬件）单元描述了基带链路控制器的数字信号处理规范。蓝牙产品的链接控制硬件包括链路控制器、基带处理器和射频传输 / 接收器 3 个集成器件，此外还使用了 3 ～ 5 个单独调谐元件。链路控制器负责处理基带协议和其他一些低层常规协议，蓝牙基带协议是电路交换和分组交换的结合。

　　（3）链路管理（软件）单元。链路管理器（LM）软件模块设计了链路的数据设置、鉴权、链路硬件配置和其他一些协议。它能够发现其他远端 LM，并通过链路管理协议（LMP）与之通信。

（4）软件结构（协议栈）。蓝牙的软件结构（协议栈）单元是一个独立的操作系统，不与任何操作系统捆绑。它必须符合已经制定好的蓝牙规范。蓝牙规范是为个人区域内无线通信制定的协议，它包括两部分：第一部分为核心（core）部分，用以规定诸如射频、基带、连接管理、业务搜寻、传输层及与不同通信协议间的互用、互操作性等组件；第二部分为协议子集（profile）部分，用以规定不同蓝牙应用（也称使用模式）所需的协议和过程。

蓝牙规范的协议栈仍采用分层结构，分别完成数据流的过滤和传输、跳频和数据帧传输、连接的建立和释放、链路的控制、数据的拆装、协议的复用和分用等。在设计协议栈，特别是设计高层协议时的原则就是最大程度地重用现存的协议，而且其高层应用协议（协议栈）垂直层都使用公共的数据链路和物理层。

3.2.2.2 蓝牙的工作原理

（1）蓝牙通信的主从关系。蓝牙技术规定每一对设备之间进行蓝牙通信时，必须一个为主角色，另一个为从角色。通信时，必须由主端进行查找，发起配对，连接成功后，双方即可收发数据。理论上，一个蓝牙主端设备可同时与 7 个蓝牙从端设备进行通信。一个具备蓝牙通信功能的设备，可以在两个角色间切换，平时工作在从模式，等待其他主设备来连接，需要时转换为主模式，向其他设备发起呼叫。一个蓝牙设备以主模式发起呼叫时，需要知道对方的蓝牙地址、配对密码等信息，配对完成后，可以直接发起呼叫。

（2）蓝牙的呼叫过程。蓝牙主端设备发起呼叫，要先进行查找，找出周围可被查找的蓝牙设备。主端设备找到从端蓝牙设备后，与从端蓝牙设备进行配对，此时需要输入从端设备的 PIN 码，也有设备不需要输入 PIN 码。配对完成后，从端蓝牙设备会记录主端设备的信任信息，此时主端即可向从端设备发起呼叫，已配对的设备在下次呼叫时，不再需要重新配对。已配对的设备，作为从端的蓝牙设备也可以发起建链请求，但作为数据通信的蓝牙模块一般不发起呼叫。链路建立成功后，主从两端之间即可进行双向的数据或语音通信。在通信状态下，主端和从端设备都可以发起断链，断开蓝牙链路。

（3）蓝牙一对一的串口数据传输应用。在蓝牙数据传输应用中，一对一串口数据通信是最常见的应用之一，蓝牙设备在出厂前即提前设好两个蓝牙设备之间的配对信息，主端预存有从端设备的 PIN 码、地址等，两端设备加电即自动建链，通过透明串口传输，无需外围电路干预。在一对一应用中，从端设备可以设为两种类型：一是静默状态，即只能与指定的主端通信，不被别的蓝牙设备查找；二是开发状态，既可被指定主端查找，也可被别的蓝牙设备查找建链。

3.2.3 蓝牙技术的应用

蓝牙技术的应用非常广泛而且极具潜力，具体可应用到各种领域。

3.2.3.1 在无线设备上的应用

蓝牙最普及的应用是替代计算机与打印机、鼠标、键盘、扫描仪、投影设备等外设的连接电缆，以及使无线设备（如 PDA、智能手机、笔记本电脑等）实现无线互联互通。

例如，在家中拥有数台电脑后，蓝牙的存在使得用户可以只使用一部手机对任意一台电脑进行操控，或进行文件传输、局域网访问、同步。并且，耳机音响等外围设备可由蓝牙操控，避免了有线连接带来的麻烦。内置蓝牙芯片的手机，可以在家中当作无绳电话使用，同时它又可以被拥有蓝牙的计算机控制。这样，家庭中的各种家电被蓝牙连成一个无线的网络，使用某一个蓝牙终端，如手机，便可以对整个网络进行控制。

3.2.3.2 在医疗方面的应用

蓝牙设备可以嵌入现代医疗设备，取代原有的有线连接方式，使得各医疗设备之间互联，提高医疗设备使用的灵活性，为病人的检查、护士的监护提供便利。同时借此，医生可以无线遥控部分检查和进行治疗，动态获取病人的生理数据，为治疗提供依据。

在病房监护的应用中，由各类便携式小型探测器采集的原始数据，通过蓝牙技术传递到病房探测器，房间探测器采用通信总线与计算机系统相连，由计算机分时采集各房间及床位参数，以帮助护理人员做好病人护理工作。

此外，护理人员还可以为重症病人随身佩戴能连续记录相关生理参数的便携式记录盒，动态监测病人的生理数据，为病人的生理护理提供依据。常见的动态监测方法有动态心电监护、动态血压监护、脑电动态监护和消化道生理参数的动态监护等。

3.2.3.3 在电子钱包和电子锁中的应用

蓝牙构成的无线电子锁相比其他非接触式电子锁或 IC 锁具有更高的安全性和适用性，各种无线电遥控器（特别是汽车防盗和遥控）比红外线遥控器的功能更强大。

例如，在超市购物时，顾客走向收银台，蓝牙电子钱包会发出一个信号，证明其信用卡或现金卡上有足够的余额，而且其不必掏出钱包便可自动为所购物品付款。然后收银台会向电子钱包发回一个信号，更新现金卡余额。利用这种无线电子钱包，人们可轻松地接入航空公司、饭店、剧场、零售商店和餐馆的网络，自动办理入住、点菜、购物和电子付账。

3.2.3.4 在传统家电中的应用

在现实生活中，可将蓝牙系统嵌入微波炉、洗衣机、电冰箱、空调等传统家用电器，使之智能化并具有网络信息终端的功能，即能够主动发布、获取和处理新信息，赋予传统电器以新的内涵。

网络微波炉应该能够存储许多微波炉菜谱，同时还应该能够通过生产厂家的网络或烹调服务中心自动下载新菜谱；网络冰箱能够知道自己存储的食品种类、数量和存储日期，可以发出提醒存储到期的信息，还可发出存量不足的警告，甚至自动从网络上订购；网络洗衣机可以从网络上获得新的洗衣程序。

带蓝牙的信息家用电器还能主动向网络提供本身的一些有用信息，如向生产厂家提供有关故障及要求维修的反馈信息等。蓝牙信息家用电器是网络上的家用电器，不再是计算机的外设，可提示主人如何操作。人们可以设想通过一个遥控器来控制所有的蓝牙信息家用电器，而这个遥控器不但可以控制电视、计算机、空调，而且可以用作无绳电话或者移动电话，甚至可以使蓝牙信息家用电器之间共享有用的信息，如把电视节目或者电话语音录制下来存储到电脑中。

3.2.3.5 在车载电话中的应用

蓝牙车载电话专为行车安全和舒适性而设计，乘车者只需要拥有一部带有蓝牙功能的手机，便可与车载蓝牙连接，从而通过车载蓝牙来接打电话。

蓝牙车载电话的主要功能为：自动辨识移动电话，不需要电缆或电话托架便可与手机联机；使用者不需要触碰手机（双手保持在方向盘上）便可控制手机，用语音指令控制接听或拨打电话。使用者可以通过车上的音响或蓝牙无线耳麦进行通话。若选择通过车上的音响进行通话，当有来电或拨打电话时，车上音响会自动静音，通过音响的扬声器 / 麦克风进行话音传输。若选择蓝牙无线耳麦进行通话，只要耳麦处于开机状态，当有来电时按下接听按钮就可以实现通话。

3.3 ZigBee 技术

3.3.1 ZigBee 技术概述

3.3.1.1 ZigBee 技术定义

ZigBee 是基于 IEEE 802.15.4 标准的低功耗局域网协议，是一种近距离、低复杂度、低功耗、低速率、低成本的双向无线通信技术。ZigBee 技术主要用于距离短、功耗低且传输速率不高的各种电子设备之间的数据传输以及典型周期性数据、间歇性数据和低反应时间数据的传输应用。

3.3.1.2 ZigBee 技术发展

ZigBee 名称的由来与蜜蜂相关，蜜蜂会通过一种特殊的肢体语言来告知同伴新发现的食物的位置等信息，这种肢体语言就是"之"字形舞蹈，是蜜蜂之间一种简单的传达信息方式。在通信技术领域，鉴于上述寓意，可用 ZigBee 来命名新一代无线通信技术。

ZigBee 是一种开放式的基于 IEEE 802.15.4 协议的无线个人局域网标准。IEEE802.15.4 标准定义了 ZigBee 协议栈的物理层和数据链路层，而 ZigBee 联盟则定义了网络层及应用层。简单而言，ZigBee 是一种无线自组网技术标准，ZigBee 技术有自己的无线电标准，在数千个微小的传感器之间相互协调实现网络通信。这些传感器只需要很低的功耗，以接力的方式通过无线电波传输数据，因此它们的通信效率非常高。

ZigBee 联盟是一个非营利物联网产业标准化国际组织，联盟成立的目的在于制定基于 IEEE 802.15.4 标准的、可靠的、高性价比的、低功耗的

ZigBee 网络应用技术。生产商可以利用 ZigBee 标准化无线网络平台,设计简单、可靠、便宜又省电的各种无线产品。ZigBee 联盟的成员包括国际著名半导体生产商、技术提供者、代工生产商以及最终使用者。

ZigBee 是以 IEEE 802.15.4 标准为基础发展起来的无线通信技术。在 ZigBee 技术的发展过程中,经历了几个重要的发展阶段,见表 3-1。

表3-1　ZigBee技术的发展历程

时间	事件
2000 年 12 月	成立工作小组,起草 IEEE 802.15.4 标准
2001 年 8 月	ZigBee 联盟成立
2004 年 12 月	ZigBee1.0 标准敲定(又称 ZigBee 2004)
2005 年 9 月	公布 ZigBee1.0 标准并提供下载
2006 年 12 月	进行标准修订,推出 ZigBee1.1 版(又称 ZigBee 2006)
2007 年 10 月	ZigBee 标准完成再次修订(又称 ZigBee 2007/Pro)
2009 年 3 月	ZigBee RF4CE 推出,具备更强的灵活性和远程控制能力

ZigBee 的前身是 1998 年由 Intel、IBM 等产业巨头发起的 HomeRF 技术,其在 2000 年 12 月成立工作小组,起草 IEEE802.15.4 标准。2001 年 8 月 ZigBee 联盟成立。在 2002 年下半年,英国英维斯公司、日本三菱电气公司、美国摩托罗拉公司以及荷兰飞利浦半导体公司四大巨头共同宣布加盟 "ZigBee 联盟",研发下一代无线通信标准,这一事件成为该项技术发展过程中的里程碑。

2004 年 12 月,ZigBee1.0 标准敲定,这使 ZigBee 有了自己的发展基本标准。2005 年 9 月,ZigBee1.0 标准公布并提供下载,在这一年里,华为技术有限公司和 IBM 公司加入了 ZigBee 联盟。虽然基于 ZigBee1.0 标准的应用很少,而且该版本与后续的其他版本也不兼容,但其确定仍是 ZigBee 技术发展中的标志事件。2006 年 12 月,推出了 ZigBee1.1 版本,其对原有 ZigBee1.0 版本进行了若干修改,如新增 ZCL 历能库、群化式装置、多播功效、直接通过无线方式进行组态配置等。

2007 年 10 月,ZigBee 标准完成再次修订,推出 ZigBee Pro Feature Set

（简称 ZigBee Pro）新标准，新标准能够兼容之前的 ZigBee2006 版本。此时，ZigBee 联盟更加专注于家庭自动化、建筑 / 商业大楼自动化、先进抄表基础建设三个方面。随着 RF4CE 标准的推出，联盟采用了 IETF 的 IPv6 6LoWPAN 作为新一代智能电网的标准，致力于构建全球统一的易于与互联网集成的网络，实现端到端的网络通信。

3.3.1.3 ZigBee 技术的特点

与同类通信技术相比，ZigBee 技术具备如下特点。

（1）数据传输率低。ZigBee 网络的数据传输率为 20 ～ 250 Kb/s。例如，在频率为 2.4 GHz 的波段，数据传输率为 250 Kb/s，在频率为 915 MHz 的波段，数据传输率为 40 Kb/s，而在频率为 868 MHz 的波段其数据传输率则为 20 Kb/s。

（2）网络容量大。ZigBee 网络中的一个主节点最多可管理 254 个子节点，同时主节点还可由上一层网络节点管理，最多可组成 65 000 个节点的大网。例如，一个星状结构的 ZigBee 网络最多可以容纳 254 个从设备和 1 个主设备，一个区域内可以同时存在最多 100 个 ZigBee 网络，而且网络组成灵活。

（3）成本低、功耗低。早期的 ZigBee 模块初始成本在 6 美元左右，目前已经降到 1.5 ～ 2.5 美元，并且 ZigBee 协议免专利费。由于 ZigBee 的传输速率低，发射功率仅为 1mW，而且其又因采用了休眠模式功耗较低，因此 ZigBee 设备非常省电。据估算，ZigBee 设备仅靠两节 5 号电池就可以维持长达 6 个月到 2 年的使用时间，这是其他无线设备望尘莫及的。

（4）安全、可靠。ZigBee 网络提供了基于循环冗余校验的数据包完整性检查功能，支持鉴权和认证，并采用了 AES-128 的加密算法。ZigBee 网络采取了碰撞避免策略，同时为需要固定带宽的通信业务预留了专用时隙，避开了发送数据的竞争和冲突。此外，ZigBee 技术还采用了完全确认的数据传输模式，每个发送的数据包都必须等待接收方的确认信息，如果传输过程中出现问题可以进行重发。

（5）网络速度快、时延短。ZigBee 网络的通信时延以及从休眠状态激活的时延都非常短，典型的搜索设备时延为 30 ms,休眠激活的时延是 15 ms，活动设备信道接入的时延为 15 ms。因此，ZigBee 技术适用于对时延要求苛刻的无线控制应用。

3.3.2 ZigBee 网络的拓扑结构

ZigBee 技术具有强大的组网能力，基于 ZigBee 技术的无线传感器网络适用于网点多、体积小、数据量小、传输可靠、低功耗等场合，在环境监测、无线抄表、智能小区、工业控制等领域已取得一席之地。由于网络拓扑是网络形状，或者是它在物理上的连通性，ZigBee 技术可以形成星状、树状和网状网络，具体由 ZigBee 协议栈的网络层来管理。

3.3.2.1 设备类型

ZigBee 网络中包括两种无线设备：全功能设备（full function device, FFD）和精简功能设备（reduced funetion device, RFD）。

FFD 具备控制器的功能，可设置网络。FFD 可以和 FFD、RFD 通信，而 RFD 只能和 FFD 通信，RFD 之间需要通信时只能通过 FFD 转发。FFD 不仅可以发送和接收数据，还具备路由器的功能。

RFD 的应用相对简单，如在无线传感器网络中，只负责将采集的数据信息发送给协调器，并由于不具备数据转发、路由发现和路由维护等功能，采用极少的存储容量就可实现。因此，RFD 相对于 FFD 具有较低的成本。

3.3.2.2 节点类型

从网络配置上来讲，ZigBee 网络中有三种类型的节点，分别是 ZigBee 协调器节点、ZigBee 路由器节点和 ZigBee 终端节点。

ZigBee 协调器节点在 IEEE 802.15.4 标准中也称作 PAN 协调器节点，在无线传感器网络中可以作为汇聚节点而存在。ZigBee 协调器节点必须是全功能设备，而且在一个 ZigBee 网络中只能有一个 ZigBee 协调器节点，相比网络中其他节点其功能更强大，是整个网络的主控节点，主要负责发起建立新的网络、设定网络参数、管理网络中的节点以及存储网络中节点信息等，网络形成后也可以执行路由器的功能。ZigBee 协调器节点是三种类型 ZigBee 节点中最为复杂的一种，一般由交流电源持续供电。

ZigBee 路由器节点也必须是全功能设备，路由器节点可以参与路由发现、消息转发、通过连接别的节点来扩展网络的覆盖范围等。此外，ZigBee 路由器节点还可以在它的操作空间中充当普通协调器节点，但普通协调器节点与 ZigBee 协调器节点不同，它仍然受 ZigBee 协调器节点的控制。

ZigBee 终端节点可以是全功能设备或者精简功能设备，通过 ZigBee 协调器节点或者 ZigBee 路由器节点连接到网络，不允许其他任何节点通过终端节点加入网络，ZigBee 终端节点能够以非常低的功率运行。协调器在 ZigBee 系统中的作用是建立并管理网络，自动允许其他节点加入网络的请求，收集终端节点传来的数据，并可以通过串口同上位机进行通信。在 ZigBee 系统中路由器节点的主要作用是路由选择和数据转发。终端节点在 ZigBee 系统中的作用是采集数据，并通过与协调器建立"绑定"将数据发送给协调器，同时接收协调器发来的控制命令。终端节点以终端的身份启动并加入网络后，即开始与协调器建立绑定，而一旦一个绑定被创建，终端节点就可以在不需要知道明确目的地址的情况下发送数据。

3.3.2.3 拓扑结构类型

ZigBee 网络层主要支持三种拓扑结构，分别是星状（star）拓扑结构、树状（tree）拓扑结构和网状（mesh）拓扑结构。

（1）星状拓扑结构。星状拓扑结构网络由一个 ZigBee 协调器节点和一个或多个 ZigBee 终端节点组成。ZigBee 协调器节点位于网络的中心，负责发起、建立和维护整个网络。其他的节点一般为 RFD，也可以为 FFD，它们分布在 ZigBee 协调器节点的覆盖范围内，直接与 ZigBee 协调器节点进行通信。如果需要在两个终端节点之间进行通信，必须通过协调器节点转发。星状拓扑结构具有结构简单、成本低、不需要路由功能、网络管理和维护方便等优点，但是由于网络中的终端节点必须要布置在协调器的通信范围之内，因而限制了星状网络的覆盖距离，而且由于网络中的终端节点均向协调器发送数据，容易形成网络壅塞，影响网络性能。

（2）树状拓扑结构。树状网络由星状网络连接形成，而多个星状网络的连接可使网络覆盖范围更大。树状网络中枝干末端的叶子节点一般为 RFD，协调器节点和路由器节点可包含子节点，而终端节点不能有子节点。树状拓扑的通信规则是每一个节点都只能和它的父节点或子节点进行通信，如果需要从一个节点向另一个节点发送数据，那么信息将沿着树的路径向上传递到最近的祖先节点然后再向下传递到目标节点。树状网络具有结构比较固定、覆盖范围大、可实现网络范围内多跳信息服务、路由算法比较简单等优点，但当网络中的某个节点发生故障脱离网络时，与该节点相连的子节点都将脱离网络，而且信息的传输时延会增大，同步也会变得比较复杂。

（3）网状拓扑结构。网状网络是三种拓扑结构中最复杂的一种，网络一般由若干个 FFD 连接在一起，组成骨干网，网络中的节点均具有路由功能且采用点对点的连接方式。网络中的节点不仅可以和其通信覆盖范围内的邻居节点直接通信，还可以通过中间节点的转发，经由多条路径将数据发送给其覆盖范围之外的节点。网状网络具有高可靠性、"自恢复"能力、灵活的信息路由规则，可为传输的数据包提供多条路径，一旦一条路径出现故障还有另一条或多条路径可供选择，但也正是由于两个节点之间存在多条路径，其即为一种"高冗余"的网络。网状网络的不足之处在于，需要复杂的路由算法来实现多跳通信和路径重选等功能，对网络中节点的计算处理能力要求也较高。

3.3.3　ZigBee 网络的组建

任何一个 ZigBee 网络其实质都是由若干个终端节点、一定数量的路由器节点及协调器节点按照一定的拓扑结构组建而成。通常组建一个完整的 ZigBee 网络主要包括两个步骤，一是网络的初始化，二是节点入网。

3.3.3.1　ZigBee 网络的初始化

ZigBee 网络的建立由协调器发起，组建网络的 ZigBee 节点须满足两个条件：一是初始组建网络的节点必须是全功能设备，也即要求该节点具备 ZigBee 协调器的功能；二是要求该节点未与其他网络连接。具体网络初始化流程包括以下三个步骤。

（1）确定网络协调器。在一个 ZigBee 网络中，哪个节点作为协调器一般由上层规定，不在 ZigBee 协议规定的范围内，比较简单的做法是让先启动的 FFD 节点成为网络协调器。因此，对于初始加入的节点需要先判断其是否为 FFD 节点，然后判断此 FFD 节点是否在其他网络里或者网络里是否已经存在协调器。节点可以通过主动扫描的形式发送一个信标请求命令，并且设置一个扫描期限，如果在扫描期限内没有检测到信标，则表明在其指定区域内没有协调器，该节点可作为网络的协调器组建 ZigBee 网络。

建立一个新的网络路由器节点，通过网络层的"网络形成请求原语"发起。发起原语的节点必须具备两个条件：一是这个节点具有 ZigBee 协调器功能；二是这个节点没有加入其他网络。任何不满足这两个条件的节点发起建立一个新网络的进程都会被网络层管理实体终止。

（2）进行信道扫描。协调器发起建立一个新网络的进程后，网络层管理实体将请求 MAC 子层对信道进行扫描。信道扫描包括能量扫描和主动扫描两个过程。

能量扫描的目的是避免可能的干扰。节点通过对指定的信道或物理层所有默认的信道进行能量扫描，以排除干扰。网络层管理实体将根据信道能量测量值对信道进行递增排序，并且抛弃能量超过允许能量值的信道，保留允许能量值内的信道，等待进一步处理。

在主动扫描阶段，节点搜索通信半径内的网络信息，捕获网络中广播的信标帧，寻找一个最好的、相对安静的信道，该信道应存在最少的 ZigBee 网络，最好没有 ZigBee 设备。网络层管理实体通过审查返回的 PAN 描述符列表，确定一个用于建立新网络的信道，网络层管理实体将优先选择没有网络的信道。如果没有扫描到一个合适的信道，进程将被终止。

（3）设置网络 ID。如果扫描到一个合适的信道，网络层管理实体将为新网络选择一个网络标识符，也即网络 ID，网络 ID 可以由设备随机选择，也可以在网络形成的请求原语里指定，但必须保证这个 ID 在所使用信道中的唯一性，不能和其他 ZigBee 网络冲突。如果没有符合条件的 ID 可选择，进程将被终止。

网络参数配置好后，网络层管理实体通过 MAC 层的“开启超帧请求原语”通知 MAC 层启动并运行新网络。启动状态通过“开启超帧的确认原语”通知网络层，网络层管理实体再通过“网络形成的确认原语”通知上层协调器初始化。只有 ZigBee 协调器或路由器才能通过“允许设备连接请求原语”来设置节点处于允许设备加入网络的状态。

3.3.3.2 设备节点加入 ZigBee 网络

（1）协调器允许设备加入网络。在协调器允许设备加入网络的过程中，先是由设备的应用层向网络层提出执行“允许设备加入网络的请求原语”；然后设备的网络层和 MAC 层之间通过执行“属性设置请求原语和确认原语”，完成设备的属性设置；最后网络层向应用层回复一个“允许设备入网的确认原语”，至此网络允许设备加入。

节点入网时将选择检测范围内信号最强的父节点加入网络，当然父节点也包括协调器节点，成功后将得到一个网络短地址并通过这个地址进行数据的发送和接收。

（2）节点通过协调器加入网络。节点先主动扫描，查找周围网络的协调器，如果在扫描期限内没有检测到信标，则间隔一段时间后重新发起扫描。若检测到信标即表明有协调器存在，节点可向协调器发送关联请求命令。协调器收到后立即回复一个确认帧，表示已经收到节点的连接请求。当节点收到协调器的确认帧后，节点将处于等待状态，在设置的等待响应时间内等待协调器对其加入请求命令的处理。

如果协调器在响应时间内同意节点加入，协调器会给节点分配一个16位的短地址，产生包含新地址和连接成功状态的连接响应命令，并存储这个命令。当响应时间过后，节点发送数据请求命令给协调器，协调器收到后立即回复一个确认帧，然后将存储的关联响应命令发给节点。节点收到关联响应命令后，再立即向协调器回复一个确认帧，以确认接收到连接响应命令，表明入网成功。

（3）节点通过已有节点加入网络。当靠近协调器的全功能节点和协调器关联成功后，处于这个网络范围内的其他节点就能以该全功能节点作为父节点加入网络。具体加入网络有两种方式：一种是通过关联方式，即由待加入的节点发起加入网络；另一种是直接方式，即指定将待加入的节点加入某个节点下，作为该节点的子节点。其中，关联方式是 ZigBee 网络中新节点加入网络的主要途径。

在申请入网的节点中，有些是曾经加入过网络，但却与其父节点失去联系的节点，这样的节点称为孤儿节点。虽然是孤儿节点，但在其相应的数据结构中仍存有原父节点的信息，因此孤儿节点可以直接给原父节点发送入网请求。若父节点同意其加入，即可直接获得以前分配的网络地址，入网成功；若此时原来父节点的网络中，子节点数已达到最大值，父节点便无法批准其加入，则该节点只能以新节点身份重新申请入网。

对于新节点来说，应先在预先设定的一个或多个信道上通过主动或被动扫描查找其周围的网络，寻找有能力批准自己加入网络的父节点，并对找到的父节点的信息进行存储，然后在所有的父节点中选择一个深度最小的节点，对其发出入网请求。如果出现最小深度相同的多个父节点，则可随机选取。如果发出的请求被批准，那么父节点同时会分配一个16位的网络地址给该节点，此时入网成功，子节点可以开始通信。如果没有找到合适的父节点，表示入网失败，则需继续发送请求信息，直到加入网络。

3.4 超宽带技术

3.4.1 超宽带技术概述

3.4.1.1 超宽带技术定义

超宽带技术，采用 500 MHz 至几赫兹的带宽进行高速数据传输。在 10 m 距离内提供高达 100 Mb/s 以上，甚至达到 1 Gb/s 的传输速率。同时与现有窄带无线系统很好地共存。

3.4.1.2 超宽带技术的发展

超宽带技术的发展有以下几个阶段。

（1）20 世纪 60 年代，出现了主要用于军事目的的高功率雷达和保密通信技术，当时称为"脉冲无线电"技术。

（2）1989 年，美国国防部提出"超宽带"这一术语。

（3）2002 年 2 月，美国联邦通信委员会（FCC）批准将该技术应用于民用系统，并划分了免授权使用频段。

3.4.1.3 超宽带技术的特点

根据《FCC Part15》规定，可以看出超宽带技术（UWB）通信系统具有以下特征。

（1）超宽带信号的带宽。UWB 系统可使用的免授权频段为 3.1 ～ 10.6 GHz，共 7.5 GHz 的带宽。

（2）极低的发射功率谱密度。为保证现有系统（如 GPS 系统、移动蜂窝系统等）不被 UWB 系统干扰，FCC 规定 UWB 系统的辐射信号最高功率谱密度必须低于美国放射噪声的规定值 −41.3 dBm/MHz。就其他通信系统而言，UWB 信号所产生的干扰仅相当于一个宽带白噪声。基于以上两个特征，进一步具体分析 UWB 通信系统的技术特点。

①传输速率高。UWB 系统使用高达 0.5 ～ 7.5 GHz 的带宽，根据香农信道容量公式，即使发射功率很低，也可以在短距离上实现高达几百兆至 1Gb/

s 的传输速率。在计算机网络中，带宽通常指最大信息传输速率（信道容量），因此常有以太网的带宽是 100 Mb/s、1 000 Mb/s 等说法。其实，在通信领域，带宽是频率范围，其单位是赫兹。两者之所以混用，正是因为香农公式给出了在一定信噪比下最大信息传输速率与信号带宽之间成正比的对应关系。

②通信距离短。随着传输距离的增加，高频信号衰落更快，这导致 UWB 信号严重失真。研究表明：当收发信机之间距离小于 10 m 时，UWB 系统的信道容量高于传统的窄带系统；当收发信机之间距离超过 12 m 时，UWB 系统在信道容量上的优势将不复存在。

③系统共存性好，通信保密度高。从香农公式中还可以推论出：在信道量 C 不变的情况下，带宽 B 和信噪比 S/N 是可以互换的。也就是说，从理论上完全有可能在恶劣环境（噪声和干扰导致极低的信噪比）中采用提高信号带宽 B 的方法来维持或提高通信的性能，甚至可以使信号的功率低于噪声基底。简言之，就是可以用扩频方法以宽带传输信息来换取信噪比上的好处，这就是扩频通信的基本思想和理论依据。UWB 系统具有极低的功率谱密度（上限仅为 -41.3 dBm/MHz），信号谱密度低至背景噪声电平以下，UWB 信号对同频带内工作的窄带系统的干扰可以看成是宽带白噪声，因此与传统的窄带系统有着良好的共存性。这对于提高无线频谱资源的利用率，缓解日益紧张的无线频谱资源大有好处。所以说，UWB 系统具有很强的隐蔽性，不易被截获，保密性好。

④定位精度极高，抗多径能力强。UWB 系统脉冲宽度一般在亚纳秒级，一般在 $0.20 \sim 1.5$ ns 之间，具有很强的穿透力、高精度测距和定位能力。UWB 系统抗多径能力强。由于 UWB 技术采用持续时间极短的窄脉冲，经多径反射的延时信号与直达信号在时间上可以分离（不会造成多径分量交叠），接收机通过分集可以获得很强的抗多径衰落能力，同时在进行测距、定位、跟踪时也能达到更高的精度。

⑤体积小、功耗低。传统的 UWB 技术无须采用正弦载波，收发信机不需要复杂的载频调制解调电路和滤波器等，因此可以大大降低系统复杂度，减小收发信机体积和功耗，简化系统结构，使其适合于便携型无线应用。在高速通信时，系统的耗电量仅为几百微瓦至几十毫瓦。民用 UWB 设备功率一般是传统移动电话所需功率的 1/100 左右，是蓝牙设备所需功率的 1/20 左右。

3.4.2 超宽带技术的应用

由于 UWB 系统利用了一个相当宽的带宽，就好像使用了整个频谱，并且它能够与其他应用共存，因此 UWB 技术可以应用在很多领域，如无线个域网、智能交通系统、无线传感器网络、成像应用。UWB 技术的应用范围包括但不限于以下几种。

3.4.2.1 UWB 技术在个域网中的应用

UWB 技术可以在限定的范围内（如 4 m）以很高的数据速率（如 480 Mb/s）、很低的功率（如 200 μW）传输信息。蓝牙的数据速率是 1 Mb/s，功率是 1 mW。UWB 技术能够提供快速的无线外设访问来传输照片、文件、视频，因此 UWB 技术特别适合个域网。通过 UWB 技术，可以在家里和办公室里方便地以无线方式将视频摄像机中的内容下载到 PC 中进行编辑，然后送到 TV 中浏览，轻松地以无线的方式实现个人数字助理（PDA）、手机与 PC 数据同步、装载游戏和音频/视频文件到 PDA 的传输、音频文件在 MP3 播放器与多媒体 PC 之间传送等。

3.4.2.2 UWB 技术在智能交通系统中的应用

利用 UWB 技术的定位和搜索能力，可以制造防撞和防障碍物的雷达。装载了这种雷达的汽车会非常容易驾驶，当汽车的前方、后方、旁边有障碍物时，该雷达会提醒司机。在停车的时候，这种基于 UWB 技术的雷达是司机强有力的助手。

利用 UWB 技术还可以建立智能交通管理系统，这种系统是由若干个站台装置和一些车载装置组成的无线通信网，两种装置之间通过 UWB 技术进行通信，以发挥各种功能。例如，实现不停车的自动收费、汽车方的随时定位测量、道路信息和行驶建议的随时获取、站台方对移动汽车的定位搜索和速度测量等。

3.4.2.3 传感器联网

利用 UWB 低成本、低功耗的特点，可以将 UWB 技术用于无线传感器网络。在大多数应用中，传感器被用在特定的局域场所。传感器通过无线的方式而不是有线的方式传输数据将特别方便。作为无线传感器网络的通信技术，它必须是低成本的，同时它应该是低功耗的，以免频繁地更换电池。

3.4.2.4 UWB 技术应用于成像系统

利用 UWB 技术，可以制造穿墙雷达、穿地雷达。穿墙雷达可以用在战场上和警察的防暴行动中，定位墙后和角落的敌人，地面穿透雷达可以用来探测矿产，在地震或其他灾难后搜寻幸存者。基于 UWB 技术的成像系统也可以用于替代使用 X 射线的医学系统。

3.4.3 超宽带技术标准

2002 年 FCC 规定了 UWB 通信的频谱使用范围和功率限制后，全球各大消费电子类公司及其研究人员从传统窄带无线通信的角度出发，提出了有别于无载波脉冲方案的载波调制超宽带方案。

UWB 系统的完整架构最下层为物理层和 MAC 层，在其上为汇聚层，汇聚层的上面就是应用层的无线 USB 接口、无线 1394 接口和其他的应用环境。应用层的基础是协议适应层（protocol adaption layer,PAL）。下面提到的 MB-OFDM（multi band-OFDM）和 DS-CDMA（direct Sequence-CDMA）均属于物理层和 MAC 层的技术方案。

MBOA 是多频带 OFDM 联盟的缩写（multi band OFDM alliance），DS-UWB 组建的联盟是 UWB 论坛（UWB forum）。

计算机接口 IEEE1394，俗称火线接口，主要用于视频的采集，在 Intel 高端主板与数码摄像机（DV）上可见。IEEE1394 是由苹果公司领导的开发联盟开发的一种高速度传送接口，数据传输率一般为 800 Mb/s。火线（firewire）是苹果公司的商标。索尼公司产品的这种接口被称为 iLink。

IEEE1394 原来的设计初衷，是以其高速传输率，容许用户在电脑上直接通过 IEEE1394 接口来编辑电子影像档案，以节省硬盘空间。在未有 IEEE1394 以前，编辑电子影像必须利用特殊硬件，把影片下载到硬盘上进行编辑。但随着硬盘价格越来越低，加上 USB2.0 开发成本低，速度也不太慢，其慢慢取代了 IEEE1394，成为外接电脑硬盘及其他周边装置的常用接口。

数字生活网络联盟（digital living network alliance, DLNA）由索尼、Intel、微软等公司发起成立，旨在解决包括个人 PC、消费电器、移动设备在内的无线网络和有线网络的互联互通，使得数字媒体和内容服务的无限制共享和增长成为可能。目前，成员公司约 280 多家。DLNA 并不是创造技术，而是探索一种解决方案，一种大家可以遵守的规范。所以，其选择的各种技术和协议目前都应用广泛。

UPnP 的全称是通用即插即用（universal plug and play）。UPnP 规范是基于 TCP/IP 协议，并针对设备彼此间通信而制定的新的 Internet 协议。实际上，UPnP 可以和任何网络媒体技术（有线或无线）协同使用。具体包括 5 类以太网电缆、Wi-Fi 或 802.1b 无线网络、IEEE1394、电话线网络或电源线网络。当这些设备与 PC 互连时，用户即可充分利用各种具有创新性的服务和应用程序。

UPnP 并不是周边设备即插即用模型的简单扩展。在设计上，它支持零设置、网络连接过程"不可见"和自动查找众多供应商提供的多如繁星的设备的类型。换言之，一个 UPnP 设备能够自动跟一个网络连接上，能自动获得一个 IP 地址、传送出自己的权能并获悉其他已经连接上的设备及其权能。最后，此设备能自动顺利地切断网络连接，并且不会引起意想不到的问题。

2003 年，在 IEEE 802.15.3a 工作组征集提案时，Intel、TI 和 Xtreme Spectrum 分别提出了多频带（multiband）、正交频分复用（orthogonal frequency division multiplexing,OFDM）和直接序列扩频码分多址（DS-CDMA）三种方案，后来多频带方案与正交频分复用方案融合，从而形成了多频带 OFDM（MB-OFDM）和 DS-CDMA 两大方案。

MB-OFDM 和 DS-CDMA 方案的技术特征：MB-OFDM 的核心是把频段分成多个 528 MHz 的子频带，每个子频带采用 TFI-OFDM 方式，数据在每个子带上传输。传统意义上的 UWB 系统使用的是周期不足 1ns 的脉冲，而 MB-OFDM 通过多个子带来实现带宽的动态分配，增加了符号的时间。长符号时间的好处是抗符号间干扰能力较强。但是，这种性能的提高是以收发设备的复杂性为代价的。另外，由于 OFDM 技术能使微弱信号具有近乎完美的能量捕获，因此它的通信距离也会较远。

DS-CDMA 最早是由 XtremeSpectrum 公司提出的。它采用低频段（3.1～5.15 GHz）、高频段（5.825～10.6 GHz）和双频带（3.1～5.15 GHz 和 5.825～10.6 GHz）三种操作方式。低频段方式提供 28.5 M～400 Mb/s 的传输速率，高频段方式提供 57 M～800 Mb/s 的传输速率。DS-CDMA 在每个超过 1 GHz 的频带内用极短时间脉冲传输数据，采用 24 个码片的直接序列扩频实现编码增益，纠错方式采用 RS 码和卷积码。

UWB 标准化现状：从以上两种技术方案提出之日起，IEEE802.15.3a

工作组中就一直不能达成一致意见。从技术上讲，MB-OFDM 和 DS-CDMA 是无法彼此妥协的，DS-UWB 曾提出一个通用信令模式，希望与 MB-OFDM 兼容，但被 MB-OFDM 拒绝。经过三年没有结论的争辩竞争，IEEE 802.15.3a 工作组宣布放弃对 UWB 标准的制定，工作组随即解散。

IEEE 802.15.3a 工作组解散后，MB-OFDM 的支持者无线多媒体（WiMedia）论坛转而取道 ECMA/ISO 想要激活标准。2005 年 12 月，WiMedia 与欧洲计算机制造商协会（ECMA）合作制定并通过了 ECMA368/369 标准。ECMA368/369 标准基于 MB-OFDM 技术，支持的速率高达 480 Mb/s 以上。上述标准于 2007 年通过 ISO 认证，正式成为第一个 UWB 的国际标准。

ECMA368 协议规定了用于高速短距离无线网络的 UWB 系统物理层与 MAC 层的特性，使用频段为 3.1G～10.6 GHz，最高速率可以达到 480 Mb/s。

在 UWB 相关应用方面，MB-OFDM 已被 USB-IF（USB 开发者论坛）采纳为无线 USB 的技术。同时，2007 年 3 月，蓝牙特别兴趣小组宣布将结合 MB-OFDM 技术和现有蓝牙技术，实现新的高速传输应用。相比之下，DS-CDMA 的发展就略逊一筹。为了抢占庞大的 USB 市场，2007 年 1 月，UWB 论坛提出了无电缆 USB 倡议，开发其自有的无线 USB 规范。

在尚未明朗的无线 1394 领域，就两大联盟的参与者来看，UWB 论坛中有索尼公司的参与，而索尼公司在家电等相关企业中有相当程度的影响力，所以在无线 1394 的发展上，UWB 论坛的实力仍不可小觑。

3.5　移动通信技术

3.5.1 移动通信技术的发展历程

移动通信以 1986 年第一代通信技术的（1G）发明为标志，经过三十多年的爆发式增长，已经成为推动产业更新换代和社会发展的重要动力。移动通信技术发展经历了五个发展阶段。

3.5.1.1 1G 时代

1986 年，第一代移动通信系统（1G）在美国芝加哥诞生，采用模拟信号传输，即将电磁波进行频率调制后，将语音信号转换到载波电磁波上，载有信息的电磁波被发布到空间中，由接收设备接收，并从载波电磁波上还原语音信息，完成一次通话。但各个国家的 1G 通信标准并不一致，使得第一代移动通信并不能"全球漫游"，这大大阻碍了 1G 的发展。同时，由于 1G 采用模拟信号传输，所以其容量非常有限，一般只能传输语音信号，且存在语音品质低、信号不稳定、涵盖范围不够全面、安全性差和易受干扰等问题。

3.5.1.2 2G 时代

从 1994 年开始，出现第二代移动通信系统（2G），2G 采用的是数字调制技术。因此，第二代移动通信系统的容量也有所增加，随着系统容量的增加，2G 时代人们可以通过网络进行通信，虽然数据传输的速度很慢（每秒 9.6～14.4 kbit），但文字信息的传输由此开始了，这成为当今移动互联网发展的基础。2G 时代也是移动通信标准争夺的开始，主要有以诺基亚为代表的 GSM 欧洲标准。

3.5.1.3 3G 时代

2009 年，随着日益增长的图片和视频传输需要，人们对于数据传输速度的要求日趋高涨，2G 时代的网速显然不能支撑满足这一需求，于是进行高速数据传输的蜂窝移动通信技术——3G 应运而生。3G 依然采用数字数据传输，但通过开辟新的电磁波频谱、制定新的通信标准，使得传输速度可达每秒 384 kbit，在室内稳定环境下甚至可达每秒 2 Mbit，是 2G 时代的 140 倍。由于采用更宽的频带，传输的稳定性也大大提高。速度的大幅提升和稳定性的提高，使大数据的传送更为普遍，移动通信有了更多样化的应用，因此 3G 被视为开启移动通信新纪元的关键。

3.5.1.4 4G 时代

2013 年 12 月，移动互联网进入 4G 时代。4G 是在 3G 基础上发展起来的，是采用更加先进通信协议的第四代移动通信网络。4G 网络作为新一代通信技术，在传输速度上有着非常大的提升，理论上网速是 3G 的 50 倍，实际体验也都在 10 倍左右，上网速度可以媲美 20 M 家庭宽带，因此用 4G 网络传输大数据的速度也非常快。4G 已经成为人们生活中不可缺少的基本资源，使人类进入了移动互联网的时代。

3.5.1.5 5G 时代

进入 2019 年，移动网络的速率飞速提升，从 2G 时代的每秒 10 kbit，发展到 4G 时代的每秒 1 Gbit，足足增长了 10 万倍。5G 将不同于传统的几代移动通信，5G 不再由某项业务能力或者某个典型技术特征所定义，它不仅是更高速率、更大带宽、更强能力的技术，而且是一个多业务、多技术融合的网络，更是面向业务应用和用户体验的智能网络，5G 将最终打造以用户为中心的信息生态系统。

3.5.2 5G 移动通信技术

第五代移动通信技术（5th generation mobile networks 或 5th generation wireless systems、5th-Generation，简称 5G）是最新一代蜂窝移动通信技术，是 4G（LTE-A、WiMax）、3G（UMTS、LTE）和 2G（GSM）系统的延伸。5G 的性能目标是高传输数据速率、减少延迟、节省能源、降低成本、提高系统容量和大规模设备连接。5G 的发展主要有两个驱动力。一方面，以长期演进技术为代表的第四代移动通信系统 4G 已全面商用，对下一代技术的讨论提上日程；另一方面，移动数据的需求爆炸式增长，现有移动通信系统难以满足未来需求，急需研发新一代 5G 系统。5G 网络的主要优势在于，数据传输速率远远高于以前的蜂窝网络，最高可达 10 Gbit/s，比当前的有线互联网要快，比先前的 4G LTE 蜂窝网络快 100 倍。另一个优点是较低的网络延迟（更快的响应时间），延迟时间低于 1 ms，而 4 G 为 30 ～ 70 ms。由于数据传输更快，5G 网络将不仅仅为手机提供服务，还将成为一般性的家庭和办公网络提供商，与有线网络提供商竞争。

3.5.2.1 网络特点

（1）峰值速率需要达到 Gbit/s 的标准，以满足高清视频、虚拟现实等大数据量传输需求。

（2）空中接口时延水平需要在 1 ms 左右，满足自动驾驶、远程医疗等实时应用。

（3）超大网络容量，提供千亿设备的连接能力，满足物联网通信。

（4）频谱效率要比 LTE 提升 10 倍以上。

（5）连续广域覆盖和高移动性下，用户体验速率达到 100 Mbit/s。

（6）流量密度和连接数密度大幅度提高。

（7）系统协同化、智能化水平提升，表现为多用户、多点、多天线、多摄取的协同组网，以及网络间灵活地自动调整。

以上是 5G 区别于前几代移动通信的关键，是移动通信从以技术为中心逐步向以用户为中心转变。

3.5.2.2 关键技术

（1）超密集异构网络。5G 网络正朝着多元化、宽带化、综合化、智能化的方向发展。随着各种智能终端的普及，面向 2020 年及以后，移动数据流量将呈现爆炸式增长。在未来，减小小区半径、增加低功率节点数量，是保证 5G 网络支持 1 000 倍流量增长的核心技术之一。因此，超密集异构网络成为未来 5G 网络提高数据流量的关键技术。未来无线网络将部署超过现有站点 10 倍以上的各种无线节点，在宏站覆盖区内，站点间距离将保持 10 m 以内，并且支持在每 1 km^2 范围内为 25 000 个用户提供服务。同时，也可能出现活跃用户数和站点数的比例达到 1∶1 的现象，即用户与服务节点一一对应。密集部署的网络拉近了终端与节点间的距离，使得网络的功率和频谱效率大幅度提高，同时也扩大了网络覆盖范围，扩展了系统容量，增强了业务在不同接入技术和各覆盖层次间的灵活性。虽然超密集异构网络架构在 5G 中有很大的发展前景，但是节点间距离的减少，越发密集的网络部署将使得网络拓扑更加复杂，从而容易出现与现有移动通信系统不兼容的问题。在 5G 移动通信网络中，干扰是一个必须解决的问题。网络中的干扰主要有同频干扰、共享频谱资源干扰、不同覆盖层次间的干扰等。现有通信系统的干扰协调算法只能解决单个干扰源问题，而在 5G 网络中，相邻节点的传输损耗一般差别不大，这将导致多个干扰源强度相近，进一步恶化网络性能，使得现有协调算法难以应对。

准确有效地感知相邻节点是实现大规模节点协作的前提条件。在超密集网络中，密集的部署使得小区边界数量剧增，加之形状的不规则，最终导致频繁复杂的切换。为了满足移动性需求，势必出现新的切换算法。另外，网络动态部署技术也是研究的重点。用户部署的大量节点的开启和关闭具有突发性和随机性，从而使得网络拓扑和干扰具有大范围动态变化特性，而各小站中较少的服务用户数也容易导致业务的空间和时间分布出现剧烈的动态变化。

①自组织网络。传统移动通信网络中，主要依靠人工方式完成网络部署及运维，既耗费大量人力资源，又增加运行成本，而且网络优化也不理想。在未来 5G 网络中，将面临网络部署、运营及维护挑战，这主要是因为网络存在各种无线接入技术，且网络节点覆盖能力各不相同，它们之间的关系错综复杂。因此，自组织网络（self-organizingnetwork, SON）的智能化将成为 5G 网络必不可少的一项关键技术。

自组织网络技术解决的关键问题主要为网络部署阶段的自规划、自配置及网络维护阶段的自优化、自愈合。自配置即新增网络节点的配置可实现即插即用，具有低成本、安装简易等优点。自优化的目的是减少业务工作量，达到提升网络质量及性能的效果，其方法是通过 UE 和 eNodeB 测量，在本地 eNodeB 或网络管理方面进行参数自优化。自愈合指系统能自动检测问题、定位问题和排除故障，大大减少维护成本并避免对网络质量和用户体验的影响。自规划的目的是动态进行网络规划并执行，同时满足系统的容量扩展、业务监测或优化结果等方面的需求。

②内容分发网络。在 5G 中，面向大规模用户的音频、视频、图像等业务急剧增长，网络流量的爆炸式增长会极大地影响互联网的服务质量。如何有效地分发大流量的业务内容，降低用户获取信息的时延，成为网络运营商和内容提供商面临的一大难题。仅仅依靠增加带宽并不能解决问题，它还受到传输中路由阻塞和延迟、网站服务器的处理能力等因素的影响，这些问题的出现与用户服务器之间的距离有密切关系。内容分发网络（content distributin network，CDN）会对未来 5G 网络的容量与用户访向产生重要的支撑作用。

内容分发网络在传统网络中添加新的层次，即智能虚拟网络。CDN 系统综合考虑各节点连接状态、负载情况以及用户距离等信息，通过将相关内容分发至靠近用户的 CDN 代理服务器上，便于用户就近获取所需的信息，使得网络壅塞状况得以缓解，减少响应时间，提高响应速度。CDN 网络架构在用户侧与源服务器之间构建多个 CDN 代理服务器，可以降低延迟、提高服务质量（quality of service, QoS）。当用户对所需内容发送请求时，如果源服务器之前接收到相同内容的请求，则该请求被 DNS 定向到离用户最近的 CDN 代理服务器上，由该代理服务器发送相应内容给用户。因此，源服务器只需要将内容发给各个代理服务器，便于用户从就近的带宽充足的代理服务器上获取内容，降低网络时延并提高用户体验。随着云计算、移动互联网及动态网络内容技术的推进，内容分发技术逐步趋向专业化、定制化，在内容路由、管理、推送以及安全性方面都面临新的挑战。

（2）D2D 通信。在 5G 网络中，网络容量、频谱效率需要进一步提升，更丰富的通信模式以及更好的终端用户体验也是 5G 的演进方向。设备到设备通信（device-to-deviceommunication, D2D）具有潜在的提升系统性能、增强用户体验、减轻基站压力、提高频谱利用率的前景。因此，D2D 是未来 5G 网络中的关键技术之一。

D2D 通信是一种基于蜂窝系统的近距离数据直接传输技术。D2D 会话的数据直接在终端之间进行传输，不需要通过基站转发，而相关的控制信令，如会话的建立、维持、无线资源分配以及计费、鉴权、识别、移动性管理等仍由蜂窝网络负责。蜂窝网络引入 D2D 通信，可以减轻基站负担，降低端到端的传输时延，提升频谱效率，降低终端发射功率。当无线通信基础设施损坏，或者在无线网络的覆盖盲区时，终端可借助 D2D 实现端到端通信，甚至接入蜂窝网络。在 5G 网络中，既可以在授权频段部署 D2D 通信，也可在非授权频段部署。

（3）M2M 通信。机器到机器（machine to machine, M2M）作为物联网常见的应用形式，在智能电网、安全监测、城市信息化、环境监测等领域实现了商业化应用。第三代合作伙伴计划（3rd Genertion Partnership Project, 3GPP）已经针对 M2M 网络制定了一些标准，并已立项开始研究 M2M 关键技术。M2M 的定义主要有广义和狭义两种。广义的 M2M 主要是指机器对机器之间、人与机器之间以及移动网络和机器之间的通信，它涵盖了所有实现人、机器、系统之间通信的技术。从狭义上说，M2M 仅仅指机器与机器之间的通信。智能化、交互式是 M2M 有别于其他应用的典型特征，这一特征下的机器也被赋予了更多的"智慧"。

（4）信息中心网络。随着实时音频、高清视频等服务的日益激增，基于位置通信的传统 TCP/IP 网络逐渐无法满足数据流量分发的要求。网络呈现出以信息为中心的发展趋势。信息中心网络（ICN）的思想最早是 1979 年由 Nelson 提出来的，后来被 Baccala 强化。作为一种新型网络体系结构，ICN 的目标是取代现有的 IP。

ICN 所指的信息包括实时媒体流、网页服务、多媒体通信等，而信息中心网络就是这些片段信息的总集合。因此，ICN 的主要概念是信息的分发、查找和传递，不再是维护目标主机的可连通性。不同于传统的以主机地址为中心的 TCP/IP 网络体系结构，ICN 采用的是以信息为中心的网络通信模型，忽略 IP 地址的作用，甚至只是将其作为一种传输标识。全新的网络协议栈能够实现网络层解析信息名称、路由缓存信息数据等功能，从而较好地解决计算机网络中存在的扩展性、实时性以及动态性等问题。ICN 信息传递流程是一种基于发布订阅方式的信息传递流程。首先，内容提供方向网络发布自己所拥有的内容，网络中的节点就明白当收到相关内容的请求时应如何响应。然后，当第一个订阅方向网络发送内容请求时，节点将请求转发到内容发布方，内容发布方将相应内容发送给订阅方，带有缓存的节点会将经过的内容缓存。其他订阅方对相同内容发送请求时，邻近带缓存的节点直接将相应内容响应给订阅方。因此，信息中心网络的通信过程就是请求内容的匹配过程。传统 IP 网络中，采用的是"推"传输模式，即服务器在整个传输过程中占主导地位，忽略了用户的地位，从而导致用户端接收过多的垃圾信息。ICN 网络正好相反，采用"拉"模式，整个传输过程由用户的实时信息请求触发，网络则通过信息缓存的方式，快速响应用户。此外，信息安全只与信息自身相关，而与存储容器无关。针对信息的这种特性，ICN 网络采用有别于传统网络安全机制的基于信息的安全机制。和传统的 IP 网络相比，ICN 具有高效性、高安全性且支持客户端移动等优势。

3.5.2.3 移动通信技术应用

目前移动通信技术的应用，已经影响到产业的发展和人们生活的丰富。1G 实现了移动通话；2G 实现了短信、数字语音和手机上网；3G 带来了基于图片的移动互联网；4G 则推动了移动视频的发展；5G 通信技术则被视为未来物联网、车联网等万物互联的基础。同时，5G 通信技术的普及将使得包括虚拟现实和增强现实这些技术成为主流。5G 技术为物联网提供了超大带宽。5G 可以应用于自动驾驶、超高清视频、虚拟现实、万物互联的智能传感器。

5G 网络主要有三大特点：极高的速率、极大的容量、极低的时延。相对 4G 网络，其传输速率提升 10 ～ 100 倍，峰值传输速率达到 10 Gbit/s，端到端时延达到 ms 级，连接设备密度增加 10 ～ 100 倍，流量密度提升 1 000 倍，频谱效率提升 5 ～ 10 倍，能够在 500 km/h 的速度下保证用户体验。5G 在设计之时，就考虑了人与物、物与物的互联，全球电信联盟接纳的 5G 指标中，除了对原有基站峰值速率提出要求，还就 5G 提出了八大指标：基站峰值速率、用户体验速率、频谱效率、流量空间容量、移动性能、网络能效、连接密度和时延。5G 将真正帮助整个社会构建"万物互联"。比如，5G 可应用于无人驾驶、云计算、可穿戴设备、智能家居、远程医疗等海量物联网。在 5G 发展足够成熟的阶段，其能够实现真正意义上的物物互联、人物互联。新的技术革命如人工智能、新的智能硬件平台 VR、新的出行技术无人驾驶、新的场景万物互联等颠覆性应用，在 5G 的助力下，才可飞速发展。

5G 的技术特点：万物互联、开放架构、无限接入；5G 的到来不仅仅可解决基础通信的问题，还可实现人与人、人与物、物与物直接的互联；若 1G－2G－3G－4G 是一条直线演进路线的话，那么到了 5G，就是从"直线"向"面"的横向扩张；5G 的目标是提供无限的信息接入，并且能够让任何人和物随时随地共享数据，使个人、企业和社会受益；5G 是万物互联的开放式、软件可定义的架构，在此架构上有不同的虚拟网络切片，适应成千上万的 5G 应用场景，5G 除了人与人之间的通信，还将提供物联网（internet of things,IoT）的平台，以用户为中心构建全方位信息生态系统，提供各种可能和跨界整合。

4　物联网感知与识别技术分析

4.1　传感器技术

随着新技术革命的到来，世界开始进入工业互联网时代。在利用信息的过程中，先要解决的问题就是如何获取准确可靠的信息，而传感器是获取自然和生产领域中信息的主要途径与手段。在现代工业生产，尤其是在自动化生产过程中，要用各种传感器来监视和控制生产过程中的各个参数，使设备工作在正常状态或最佳状态，并使产品达到最好的质量。因此可以说，没有众多优良的传感器，现代化生产也就失去了基础。

4.1.1　传感器技术概述

4.1.1.1　定义

传感器是一种检测装置，能感受到被测量的信息，并能将感受到的信息按一定规律变换成为电信号或其他所需形式的信息输出，以满足信息的传输、处理、存储、显示、记录和控制等要求。它是实现自动检测和自动控制的首要环节，也是工业互联网获取物理世界信息的基本手段。

《国家标准GB7665—87》对传感器的定义是："能感受规定的被测量并按照一定的规律转换成可用信号的器件或装置，通常由敏感元件和转换元件组成。"

4.1.1.2 组成

传感器的组成如图 4-1 所示，敏感元件直接感受被测量，并输出与被测量有确定关系的物理量信号；转换元件将敏感元件输出的物理量信号转换为电信号；变换电路负责对转换元件输出的电信号进行放大调制；转换元件和变换电路一般还需要辅助电源供电。

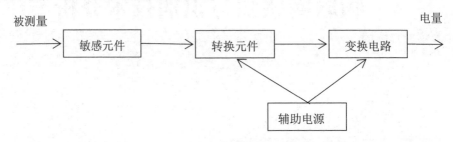

图 4-1　传感器的组成

4.1.1.3 主要分类

传感器的分类比较繁杂，按不同的方式可以有不同的分类，下面将主要介绍几种常见的分类方法。

（1）按能量分类。从能量角度上分类，传感器可分为能量转换有源型和能量控制无源型。能量转换有源型可分为自源型和带激励源型，自源型传感器不需要外界的能源，但输出电量较弱；带激励源型传感器不需要变换电路，可以产生较大的电量输出。

（2）按被测对象分类。按被测对象分类能够很方便地表示传感器的功能，也便于用户选用。按这种分类方法，传感器可以分为温度、压力、流量、物位、加速度、速度、位移、转速、力矩、湿度、黏度、浓度等传感器。生产厂家和用户都习惯于这种分类方法。

（3）按工作原理分类。按工作原理分类时，以传感器对信号转换的作用原理对传感器命名，如应变式传感器、电容式传感器、压电式传感器、热电式传感器、电感式传感器、霍尔传感器等，这种分类方法较清楚地反映出了传感器的工作原理。

（4）按输入信号变换为电信号利用的效应分类。

①物理型传感器。它是利用被测量物质的某些物理性质发生明显变化的特性制成的。

②化学型传感器。它是利用能把化学物质的成分、浓度等化学量转化成电学量的敏感元件制成的。

③生物型传感器。它是利用各种生物或生物物质的特性做成的，用以检测与识别生物体内化学成分的传感器。

4.1.2 常用传感器介绍

传感器的种类有很多，分类的方法同样很多。常见的传感器包括电阻式传感器、电容式传感器、电感式传感器和光电传感器等。

4.1.2.1 电阻式传感器

电阻式传感器是将被测非电量（位移、温湿度、形变、压力、加速度、扭矩等非电物理量）转换成电阻值变化的器件或装置。由于构成电阻的材料种类很多，如导体、半导体、电解质等，引起电阻变化的物理原因也很多，如材料的应变或应力变化、温度变化等，这样就产生了各种各样的电阻式传感器。

电阻式传感器主要包括电阻应变式传感器和电位器式传感器。

（1）电阻应变式传感器的工作原理是基于电阻应变效应，即在导体产生机械变形时，它的电阻值相应发生变化。电阻应变式传感器具有测量精度高、范围广、分辨力高、频率响应特性好、尺寸小、环境适应性强等优点，其应用示例如图 4-2 所示。

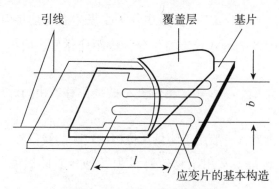

图 4-2　金属电阻应变片

（2）电位器式传感器。这是一种把机械的线位移或角位移输入量转换为和它成一定函数关系的电阻值或电压值输出的传感元件，电位器式传感器如图 4-3 所示。

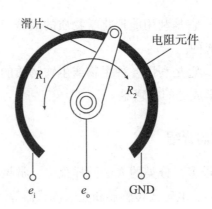

图 4-3　电位器式传感器

4.1.2.2　电容式传感器

电容式传感器是把被测的机械量，如位移、压力等转换为电容量变化的传感器。它的敏感部分就是具有可变参数的电容器。其最常用的形式是由两个平行电极组成，极间以空气为介质的电容器。

电容式传感器是基于可变电容的原理来工作的。若忽略边缘效应，平板电容器的电容为

$$\frac{\varepsilon S}{d} \qquad\qquad (4-1)$$

其中，ε 为极间介质的介电常数，S 为两极板互相覆盖的有效面积，d 为两电极之间的距离。ε，S，d 三个参数中任一个发生变化均将引起电容量变化，并可用于测量。因此电容式传感器可分为极距变化型、面积变化型、介质变化型三类。

（1）极距变化型，一般用来测量微小的线位移或由力、压力、振动等引起的极距变化。

（2）面积变化型，一般用于测量角位移或较大的线位移。

（3）介质变化型，常用于物位测量和各种介质的温度、密度、湿度的测定。

4.1.2.3　电感式传感器

电感式传感器是使用电磁感应原理进行检测或测量的设备。电感式传感器将位移、振动、压力等被测量的变化转换为电感线圈的自感或互感系数的

变化，再通过信号调理电路将电感的变化转换为电压、电流、频率等电量的变化。电感式传感器主要包括自感式（图4-4）、差动变压器式（图4-5）和电涡流式（图4-6）这三类传感器。

电感式传感器具有结构简单、工作可靠、寿命长、灵敏度高、分辨率高、精度高、线性度好等优点，其主要缺点在于频率响应低，不适用于进行快速动态测量。

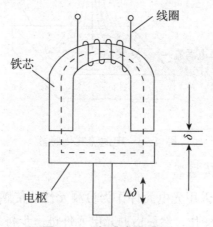

图4-4 自感式传感器

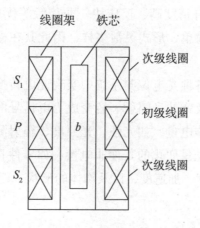

图4-5 螺管型差动变压器式

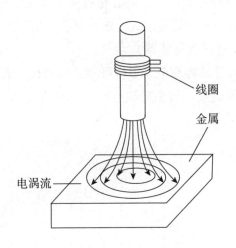

线圈

金属

电涡流

图 4-6   电涡流式传感器

4.1.2.4 光电式传感器

光电式传感器是采用光电元件作为检测元件的传感器。它先把被测量的变化转换成光信号的变化，然后借助光电元件进一步将光信号转换成电信号。光电传感器一般由光源、光学通路和光电元件三部分组成。

光电检测方法具有精度高、反应快、非接触等优点，而且可测参数多。光电式传感器的结构简单，形式灵活多样，因此其在检测和控制中应用非常广泛。

光电式传感器是各种光电位测系统中实现光电转换的关键元件，它是把光信号（红外、可见及紫外光辐射）转变成为电信号的器件。它可用于检测直接引起光量变化的非电量，如光强、光照度、辐射测温、气体成分等，也可用来检测能转换成光量变化的其他非电量，如零件直径、表面粗糙度、应变、位移、振动、速度、加速度，以及物体的形状、工作状态等。

4.2　图像识别技术

4.2.1　图像识别技术的概念

图像识别是指利用感觉器官接收图形图像的刺激，经过辨认确定它是某一图形的过程，也叫图像再认。在图像识别中，既要有当时进入感官的信息，也要有记忆中存储的信息。只有通过存储信息与当前信息进行比较的加工过程，才能完成对图像的再认。

图像识别技术是人工智能的一个重要领域，它是以图像的主要特征为基础的。为了编制模拟人类图像识别活动的计算机程序，人们提出了不同的图像识别模型。例如，采用模板匹配模型识别某个图像，必须在过去的经验中有这个图像的记忆模式，又叫模板。当前的刺激如果能与大脑中的模板相匹配，这个图像也就被识别了。举个例子，假定有一个字母 A，如果在脑中有个模板 A，字母 A 的大小、方位、形状都与这个模板 A 完全一致，字母 A 就被识别了。

这种模型简单明了，也容易在实际中应用。但这种模型强调图像必须与脑中的模板完全符合才能加以识别，而事实上人不仅能识别与脑中的模板完全一致的图像，还能识别与模板不完全一致的图像。例如，人们不仅能识别某一个具体的字母 A，也能识别字体不同、方向不同、大小不同的各种字母 A。实际当中，人能识别大量图像，但如果所识别的每一个图像在脑中都有一个相应的模板，也是不切实际的。

格式塔心理学家提出了一个原型匹配模型用来解决模板匹配模型存在的问题。这种模型认为，在长时记忆中存储的并不是所要识别的无数个模板，而是图像的某些"相似性"。从图像中抽象出来的"相似性"就可作为原型，拿它来检验所要识别的图像。如果能找到一个相似的原型，这个图像也就被识别了。从神经上和记忆探寻的过程上来看，这种模型比模板匹配模型更适宜，而且还能识别一些不规则但某些方面与原型相似的图像。但是，这种模型没有说明人是怎样对相似的刺激进行辨别和加工的，也难以实现计算机程序的开发。因此，又有人提出了一个更复杂的模型，人们称之为"泛魔"识别模型。这一模型的特点在于它的层次划分。

随着图像识别技术领域的基本理论逐步成熟，具有数据量大、运算速度快、算法严密、可靠性强、集成度高、智能性强等特点的各种图像识别系统在各行业得到了广泛的应用，并逐渐推广到家庭生活和安全保卫中。当前，不论是通信广播、计算机技术、工业自动化、国防工业，乃至印刷、医疗等部门的众多课题都与图像识别领域密切相关。

从广义上讲，图像信息不必以视觉形象乃至非可见光谱（红外、微波）的"准视觉形象"为背景，只要是对同一复杂的对象或系统，从不同的空间点、不同的时间等多方面收集到的全部信息的总和，就称为多维信号或广义的图像信号。目前，在工业过程控制、交通网管理及复杂系统的分析等理论研究中，多维信号的观点得到了广泛认可和应用。

4.2.2 人工智能图像识别数据库

4.2.2.1 数字化人脑图谱技术

数字化人脑图谱是用某种特定的扫描装置获取的体数据，经三维分割处理，并加上解剖标识，再辅以三维可视化技术的结果。在当前的医学图像处理与分析中，构建一个高精度、高速度又易于操作的三维数字化人脑图谱的工作是非常有意义的。当数字化图谱完成以后，医生可以在三维空间对人脑感兴趣的对象进行任意旋转、平移和缩放。而且，人脑的主要组成部分在图谱中都有相应的解剖名词标识，并能在鼠标控制下显示。例如，在 MRI 体数据生成的图谱上能够清楚地看到人脑内部复杂的空间关系，这在手术计划、模型驱动分割及神经解剖教学方面都有重要的应用。

4.2.2.2 数字化虚拟人体

人体是一个复杂的系统，是由 100 多万亿个细胞组成的复杂整体，仅神经系统就约有 1 000 亿个神经元。目前人类对自身的认识还很有限，很多研究由于缺少精确量化的计算模型而受到限制。随着生物医学工程等边缘学科的发展，计算机模拟在一定程度上取代了传统医学研究所依赖的大量动物和人体实验。医学临床中依赖经验诊断的情况，如中医舌诊，将逐渐被精确的定量描述和数字图像分析所取代。所以，人体的数字化、可视化，将对医学及相关学科的发展起到推动作用。

从 20 世纪至今，人们从不同角度研究人体信息的数字化。其中美国的可视人计划（visible human project,VHP）、虚拟人计划（virtual human project,VHP I1）、基因组计划（human genome project,HCP）、生理模型计划（human physiome project,HPP）、数字人（the digital human）计划受到国际范围内的关注和参与。这些计划的共同点都是用数字方法对人体进行模拟，统称为人体数字化虚拟。

4.2.2.3 可视人的应用

可视人数据集出现之后，应用领域日益广泛。在教学中，VHP 可以提供虚拟解剖、虚拟内镜、影像检查等功能，节约大量的实验用尸体和实验动物。基于图像引导的外科手术与导航使手术的安全性和成功率大大提高。虚拟手术培训为更广大的医学专业师生提供最具真实感的训练机会。中医药现代化迫在眉睫，必须综合运用现代数学、化学、物理学、信息科学、计算机科学及生命科学相关学科的最新进展提供的新理论、新技术、新方法，以揭示中医药学基础理论的科学内涵，争取中医药基础理论能在源头上有所创新，为中医药现代化与国际化奠定基础。为了促进中医药现代化的发展，进一步加强数字中医药对中医药发展的促进作用，发展"数字人体—人体系统数字学"是解决中医药现代化瓶颈，发展中医药现代化的需要。

4.2.2.4 舌象图像

舌诊是中医四诊中望诊的重要内容，是中医临床诊断的主要依据之一。传统舌诊一般是根据中医的主观观察来诊断病情，这和医生的知识水平、诊断经验密切相关，同一个患者，两个人可能得出大相径庭的结果。舌诊客观化的主要内容之一就是解决舌诊的模糊性和不确定性问题，计算机图像处理技术在这一方面具有独特的优势。近年来，中医舌象的自动分析取得了可喜的进展，对一些重要舌象指标，如舌色、苔色、苔厚、裂纹、舌苔的腐腻、舌体的歪斜、舌体胖瘦已实现了自动定量分析，这些指标的分析结果与临床应用达到了 80% 的符合率。

采集的舌图像是对舌象进行计算机分析识别的图像来源。只有设计实用、规范的采集方法，才能为后期的研究打下良好的基础。

4.2.3 图像识别技术的应用

4.2.3.1 遥感技术

图像识别是立体视觉、运动分析、数据融合等实用技术的基础，在导航、地图与地形配准、自然资源分析、天气预报、环境监测、生理病变研究等许多领域有重要的应用价值。

图像识别技术在现阶段的典型应用主要是图像遥感技术的应用。

航空遥感和卫星遥感图像通常用图像识别技术进行加工，以便提取有用的信息。

4.2.3.2 医用图像处理

图像识别在现代医学中的应用非常广泛，具有直观、无创伤、安全方便等特点。临床诊断和病理研究广泛借助图像识别技术。例如，在生物医学的显微图像处理分析方面，包括对红白细胞和细菌、染色体进行分析，胸部X线照片的鉴别，眼底照片的分析，以及超声波图像的分析等都是医疗辅助诊断的有力工具。目前这类应用已经发展成为专用的软件和硬件设备，其中计算机层析成像技术也被称为电子计算机X射线，得到了大规模应用。

断层扫描技术（computed tomography, CT），其理论依据是人体不同组织对X射线的吸收与透过率各不相同，通过使用灵敏度极高的仪器对人体进行测量，然后将测量所获取的数据输入电子计算机，再由电子计算机对数据进行处理，即可拍摄人体被检查部位的断面或立体的图像，发现体内任何部位的微小病变。

在CT技术发明之后又出现了核磁共振技术，这一技术使人体免受各种硬射线的伤害，并且图像更为清晰。目前，图像处理技术在医学上的应用正在进一步发展。

4.2.3.3 工业领域中的应用

在工业领域中的应用一般包括以下几方面：工业产品的无损探伤、工件表面和外观的自动检查和识别、装配和生产线的自动化、弹性力学照片的应力分析、流体力学图片的阻力和升力分析。其中最值得注意的是"计算机视觉"，采用摄影和输入二维图像的机器人，可以确定物体的位置、方向、属性以及其他状态等，它不但可以完成部件装配、材料搬运、产品集装、生产过程自动监控等工作，还可以在恶劣环境里完成喷漆、焊接、自动检测等工作。

4.2.3.4 智能机器人机器视觉

作为智能机器人的重要感觉器官，机器视觉主要进行 3D 图像的理解和识别，该技术也是目前研究的热门课题之一。机器视觉的应用领域也十分广泛，如用于军事侦察、危险环境的自主机器人，邮政、医院和家庭服务智能机器人。此外，机器视觉还可用于工业生产中的工件识别和定位，以及太空机器人的自动操作等。

4.2.3.5 军事公安方面

图像识别技术在军事、公安刑侦方面的应用非常广泛，其主要应用包括：各种侦察照片的判读、对运动目标的图像自动跟踪技术，如军事目标的侦察、制导和警戒系统；自动灭火器的控制及反伪装；公安部门现场照片、指纹、手迹、人像、印章等的处理和辨识；历史文字和图片、档案的修复和管理等。目前在导弹和军舰上采用了视频跟踪技术，该技术在演习和实践中取得了良好的效果。

4.2.3.6 文化、艺术及体育方面

图像识别不仅广泛应用于生产生活中，还在文化艺术中有非常广泛的应用前景，如其可以完成电视画面的数字编辑、动画片的制作、服装的花纹设计和制作、文物资料的复制和修复。在体育方面，该技术还有助于运动员的训练、动作分析和评分等。

4.3　语音识别技术

模式识别中的一个重要应用是语音识别，其目的就是让计算机能听懂人说的话。语音识别技术的应用包括语音拨号、语音导航、室内设备控制、语音文档检索、简单的听写数据录入、音乐搜索等。目前，主流的大词汇量语音识别系统多采用统计模式识别技术。

语音是人类信息交流的基本手段，语音中包含语义信息、语言信息、说话人信息和情感信息等。语音识别就是让机器通过识别和理解过程把语音信

号转变为相应的文本或命令的技术，即让计算机识别出人类语音中的各种信息，语音识别涉及信号处理、模式识别、概率论、信息论、发声机理和听觉机理、人工智能等学科。语音识别已经在语音输入系统、语音控制系统和智能对话查询系统中得到了广泛的应用。例如，在语音控制系统中，就是利用语音来控制设备的运行，相对于手动控制来说更加快捷、方便。另外，语音识别可以用在诸如工业控制、语音拨号系统、智能家电等许多领域。

按照识别任务的不同，语音识别可以分为四类：声纹识别、语种识别、关键词识别和连续语音识别。所谓声纹识别，就是从语音信号中提取说话人的信息以鉴别说话人身份的技术。语种识别就是识别出语音所属的语言，广泛应用于语音信息检索和军事领域。关键词识别就是从说话人的连续语音中把特定的关键词检测出来，如人名、地名和事件名等，广泛应用于语音检索和语音监控中。连续语音识别就是识别人类的自然语言，将这种口述语言转换为相应的文本，或者对口述语言中包含的要求或询问做出正确的反应。

4.3.1 语音识别的特征提取

语音识别的难点之一在于语音信号的复杂性和多变性。一段看似简单的语音信号，其中包含了说话人、发音内容、信道特征、方言口音等大量信息。此外，这些信息互相组合在一起又表达了情绪变化、语法语义、暗示内涵等更为丰富的信息。在如此众多的信息中，仅有少量的信息与语音识别相关，这些信息被淹没在大量信息中，因此充满了变化性。语音特征抽取即是在原始语音信号中提取出与语音识别最相关的信息，滤除其他无关信息。比较常用的声学特征有三种，即梅尔频率倒谱系数、梅尔标度滤波器组特征和感知线性预测倒谱系数。梅尔频率倒谱系数特征是指根据人耳听觉特性计算梅尔频谱域倒谱系数获得的参数。梅尔标度滤波器组特征与梅尔频率倒谱系数特征不同，它保留了特征维度间的相关性。感知线性预测倒谱系数在提取过程中利用人的听觉机理对人声建模。

4.3.2 语音识别的声学模型

声学模型承载着声学特征与建模单元之间的映射关系。在训练声学模型之前需要选取建模单元，建模单元可以是音素、音节、词语等，其单元粒度依次增加。若采用词语作为建模单元，每个词语的长度不等，则导致声学建模缺少灵活性。此外，由于词语的粒度较大，很难充分训练基于词语的模型，因此一般不采用词语作为建模单元。相比之下，词语中包含的音素是确定且有限的，利用大量的训练数据可以充分训练基于音素的模型，因此目前大多数声学模型一般采用音素作为建模单元。语音中存在协同发音的现象，即音素是上下文相关的，故一般采用三音素进行声学建模。由于三音素的数量庞大，若训练数据有限，那么部分音素可能会存在训练不充分的问题，为了解决此类问题，既往研究提出采用决策树对三音素进行聚类，以减少三音素的数目。

比较经典的声学模型是混合声学模型，大致可以概括为两种：基于高斯混合模型－隐马尔科夫模型的模型和基于深度神经网络－隐马尔科夫模型的模型。

4.3.3 语音识别的语言模型

语言模型是根据语言客观事实而进行的语言抽象数学建模。语言模型亦是一个概率分布模型 P，用于计算任何句子 S 的概率。

例 1：令句子 S = "今天天气怎么样，该句子很常见，通过语言模型可计算出其发生的概率 P（今天天气怎么样）=0.800 00。

例 2：令句子 S = "材教智能人工"，该句子是病句，不常见，通过语言模型可计算出其发生的概率 P（材教智能人工）=0.000 01。

在语音识别系统中，语言模型所起的作用是在解码过程中从语言层面上限制搜索路径。常用的语言模型有 N 元文法语言模型和循环神经网络语言模型。尽管循环神经网络语言模型的性能优于 N 元文法语言模型，但是其训练比较耗时，且解码时识别速度较慢，因此目前工业界仍然采用基于 N 元文法的语言模型。语言模型的评价指标是语言模型在测试集上的困惑度，该值反映句子不确定性的程度。如果人们对于某件事情知道得越多，那么困惑度越小，因此构建语言模型时，目标就是寻找困惑度较小的模型，使其尽量逼近真实语言的分布。

4.3.4 语音识别的解码搜索

解码搜索的主要任务是在由声学模型、发音词典和语言模型构成的搜索空间中寻找最佳路径。解码时需要用到声学得分和语言得分，声学得分由声学模型计算得到，语言得分由语言模型计算得到。其中，每处理一帧特征都会用到声学得分，但是语言得分只有在解码到词级别时才会涉及，一个词一般覆盖多帧语音特征。故此，解码时声学得分和语言得分存在较大的数值差异。为了避免这种差异，解码时将引入一个参数对语言得分进行处理，从而使两种得分具有相同的尺度。构建解码空间的方法可以概括为两类——静态的解码和动态的解码。静态的解码需要预先将整个静态网络加载到内存中，因此需要占用较大的内存。动态的解码是指在解码过程中动态地构建和销毁解码网络，这种构建搜索空间的方式能减小网络所占的内存，但是动态的解码速度比静态慢。通常在实际应用中，需要权衡解码速度和解码空间来选择构建解码空间的方法。解码所用的搜索算法大概分成两类：一类是采用时间同步的方法，如维特比算法等；另一类是时间异步的方法，如 A 星算法等。

4.3.5 基于端到端的语音识别方法

上述混合声学模型存在两点不足：一是神经网络模型的性能受限于高斯混合模型隐马尔科夫模型的精度；二是训练过程过于繁复。为了解决这些不足，研究人员提出了端到端的语音识别方法，一类是基于连接时序分类的端到端声学建模方法；另一类是基于注意力机制的端到端语音识别方法。前者只是实现了声学建模的端到端，后者实现了真正意义上的端到端语音识别。

基于连接时序分类的端到端声学建模方法，只应用在声学模型训练过程中，其核心思想是引入了一种新的训练准则连接时序分类，这种损失函数的优化目标是使输入和输出在句子级别对齐，而不是帧级别对齐，因此不需要高斯混合模型—隐马尔科夫模型生成强制对齐信息，而是直接对输入特征序列到输出单元序列的映射关系建模，极大地简化声学模型训练的过程。但是语言模型还需要单独训练，从而构建解码的搜索空间。循环神经网络具有强大的序列建模能力，所以连接时序分类损失函数一般与长短时记忆模型结合使用，当然也可和卷积神经网络的模型一起训练。混合声学模型的建模单元一般是三音素的状态，而基于连接时序分类的端到端模型的建模单元是音素，甚至可以是字。这种建模单元粒度的变化带来的优点包括两方面：一是增加语音数据的冗余度，提高音素的区分度；二是在不影响识别准确率的情况下加快解码速度。鉴于此，这种方法颇受工业界青睐，如谷歌、微软和百度等都将这种模型应用于其语音识别系统中。

基于注意力机制的端到端语音识别方法实现了真正的端到端。传统的语音识别系统中声学模型和语言模型是独立训练的，但是该方法将声学模型、发音词典和语言模型联合为一个模型进行训练。端到端的模型是基于循环神经网络的编码—解码结构，其结构如图4-7所示。

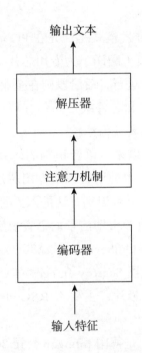

图4-7 基于注意力机制的端到端语音识别系统结构图

图4-7中，编码器用于将不定长的输入序列映射成定长的特征序列，注意力机制用于提取编码器的编码特征序列中的有用信息，而解码器则将该定长序列扩展成输出单元序列。尽管这种模型有着不错的性能，但其性能远不如混合声学模型。近期，谷歌发布了其最新研究成果，提出了一种新的多头注意力机制的端到端模型。当训练数据达到数十万小时，其性能可接近混合声学模型的性能。

4.3.6 语音识别专用芯片

专用芯片根据内部控制运算核心的数位划分档次，如 4 位、8 位、16 位等。位数越多，运算处理能力越强，性能越好、档次越高。

专用芯片的制作有两种途径：一种是包括底层版图在内的所有工作全部由自己完成。这种方式前期投入较大（600 万～ 1 000 万元），工期较长，风险也较大。另一种是利用现有的成熟半成品，装上自己研发的相应软件后，形成专用芯片。这种方式前期投入少（前者的十分之一）、可靠性高、工期短、风险也小。但是对半成品厂家的依赖性较强，必须在对方工厂投产，单价较高。

目前常见的专用芯片开发模式是：先在 PC 环境下尝试、探究新思路和新算法，成熟确定后，转换（翻译）为专用芯片"量身定做"的相应软件部分。前阶段一般在科研院校进行，后阶段则在企业进行。

语音识别的 PC 级产品和芯片级产品各有特点，应用领域截然不同，如果把前者比作石头，那么后者就像沙粒。

从 20 世纪六七十年代以来，语音识别的研究人员一直致力于语音识别专用芯片的研究，但是大多数的语音识别专用芯片识别性能差，无法满足实用要求。直到近十年，随着语音识别算法的深入研究和集成电路技术的发展，才出现了一些具有实用价值和市场前景的语音识别专用芯片。其中，较为成功的是 Sensory RSC 系列和 UniSpeech-SDA80D51。

Sensory RSC 系列是美国 Sensory Integrated Circuit 公司生产的集语音综合与识别一体的系列语音芯片，主要有 RSC-164、RSC-200/264、RSC-300/364、RSC-4x 等。

UniSpeech-SDA80D51 是德国 Infineon 公司 2000 年开始生产的产品，它是一款高性能的语音专用芯片。UniSpeech-SDA80D51 的语音处理软件功能包括：利用 DTW 算法的特定人语音识别功能，能够识别 100 条语句；利用 HMM 算法的非特定人语音识别功能，词汇量可以达到 100 条语句；高质量、低码率（2.4 ～ 13 KB/s）的语音编 / 解码功能，用作语音提示和语音回放；回声消除技术，降低外界的噪声干扰；说话人识别功能等。

4.4 RFID 技术

4.4.1 RFID 技术的概念

随着高科技的蓬勃发展，智能化管理已经走进人们的生活，如一些门禁卡、第二代身份证、公交卡、超市的物品标签等，这些卡片正在改变人们的生活方式。射频识别（RFID）技术结合了无线电、芯片制造及计算机等学科的新技术，已成为人们日常生活中最简单的身份识别系统。

射频识别是一种非接触式的自动识别技术，它利用射频信号及其空间耦合的传输特性，实现对静止或移动物品的自动识别。射频识别常被称为感应式电子芯片或近接卡、感应卡、非接触卡、电子标签、电子条码等。一个简单的 RFID 系统由读写器（reader）、应答器（transponder）或电子标签（tag）组成，其原理是由读写器发射一个特定频率的无线电波能量给应答器，用以驱动应答器电路，读取应答器内部的 ID 码。应答器的形式有卡、纽扣、标签等多种类型，电子标签具有免用电池、免接触、不怕脏污等特点，且芯片密码独一无二，芯片无法复制、安全性高、寿命长。所以，RFID 标签可以贴在或安装在不同物品上，由安装在不同地理位置的读写器读取存储于标签中的数据，实现对物品的自动识别。RFID 的应用非常广泛，目前典型应用有动物芯片、汽车芯片防盗器、门禁管制、停车场管制、生产线自动化、物料管理、校园一卡通等。

4.4.2 RFID 的组成

射频识别系统因应用领域不同，其组成会有所不同，但基本都是由电子标签、读写器和计算机网络三大部分组成。电子标签附着在物体上，内部存储着物体的信息；电子标签通过无线电波与读写器进行数据交换，读写器将读写命令传送到电子标签，再把电子标签返回的数据传送到计算机网络；计算机网络中的数据交换与管理系统负责完成电子标签数据信息的存储、管理和控制。射频系统组成如图 4-8 所示。

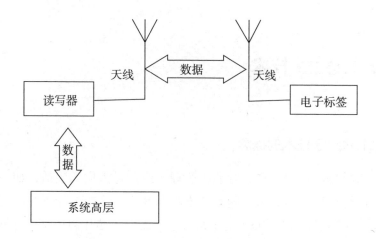

图 4-8　射频识别系统的组成

4.4.2.1　电子标签

电子标签由芯片及天线组成，附着在物体上标识目标对象。每个电子标签具有唯一的电子编码，编码中存储着被识别物体的相关信息。

4.4.2.2　读写器

RFID 系统工作时，一般先由读写器的天线发射一个特定的询问信号，当电子标签的天线感应到这个询问信号后，就会给出应答信号，应答信号包含电子标签携带的物体数据信息。接收器接受应答信号并对其进行处理，然后将处理后的应答信号传递给外部的计算机网络。

4.4.2.3　计算机网络

射频识别系统会有多个读写器，每个读写器同时要对多个电子标签进行操作，并实时处理数据信息，这需要计算机来处理问题。读写器通过标准接口与计算机网络连接，在计算机网络中完成数据处理、传输和通信。

4.4.3　RFID 工作原理

工作在不同频段的射频识别系统采用不同的工作原理。其中，在低频和中频频段，读写器和电子标签之间采用电感耦合的工作方式；在高频和微波频段，读写器和电子标签之间采用电磁反向散射耦合的工作方式。

4.4.3.1　读写器与电子标签之间的传输方式

（1）电感耦合方式。电感耦合方式的射频识别系统，工作能量通过电感耦合的方式获得，依据的是电磁感应定律。现在，电感耦合方式的射频识别系统一般采用低频和中频频率，典型的频率为 125 kHz、135 kHz、6.78 MHz、13.56 MHz。电感耦合的工作方式如图 4-9 所示。

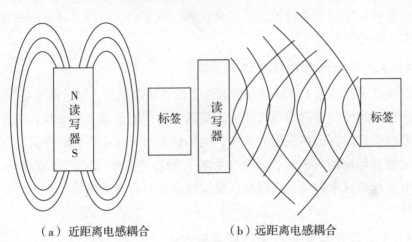

（a）近距离电感耦合　　　　　（b）远距离电感耦合

图 4-9　读写器线圈与电子标签线圈的电感耦合

（2）电磁反向散射的方式。电磁反向散射的射频识别系统，采用雷达原理模型，发射出去的电磁波碰到目标后反射，同时携带回目标信息。该方式一般适合于微波频率，典型的工作频率有 433 MHz、800/900 MHz、2.45 GHz 和 5.8 GHz。电磁反向散射的工作方式如图 4-10 所示。

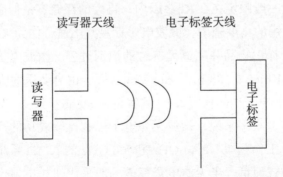

图 4-10　读写器天线与电子标签天线的电磁辐射

4.4.3.2 低频频段的射频识别系统

RFID 低频电子标签一般为无源标签。当电子标签向读写器传输数据时，电子标签需要位于读写器天线的近场区，电子标签的工作能量通过电感耦合的方式从读写器中获得。在这种工作方式中，读写器与电子标签间存在变压器耦合作用，电子标签天线中感应的电压被整流，用作供电电压使用。低频电子标签可以应用于动物识别、工具识别、汽车电子防盗、酒店门锁管理和门禁安全管理等方面。

4.4.3.3 高频频段的射频识别系统

高频电子标签的工作原理与低频电子标签基本相同。电子标签通常无源，传输数据时需要位于读写器天线的近场区，工作能量通过电感耦合的方式从读写器中获得。在这种工作方式中，电子标签的天线不再需要线圈绕制，可以通过腐蚀印刷的方式制作。电子标签一般通过负载调制的方式进行工作。高频电子标签通常做成卡片形状，典型的应用有我国的第二代身份证、电子车票等。

4.4.3.4 微波频段的射频识别系统

微波电子标签可以分为有源电子标签和无源电子标签。电子标签与读写器传输数据时，电子标签位于读写器天线的远场区，读写器天线的辐射场为无源电子标签提供射频能量，或将有源电子标签唤醒。微波电子标签的典型参数为是否无源、无线读写距离、是否支持多标签同时读写、是否适合高速物体识别、电子标签的价格以及电子标签的数据存储容量等。微波电子标签的数据存储容量一般限定在 2 Kb/s 以内，再大的存储容量似乎没有太大的意义。从技术及应用的角度来说，微波电子标签并不适合作为大量数据的载体，其主要功能在于标识物品并完成无接触的识别过程。微波电子标签典型的数据容量指标有 1 Kbit/s、128 bit/s 和 64 bit/s 等，由自动识别研究中心 (Auto-ID Center) 制定的电子产品代码 EPC 的容量为 90 bit/s。

以目前的技术水平来说，微波无源电子标签比较成功的产品相对集中在 902 ~ 928 MHz 工作频段。2.45 GHz 和 5.8 GHz 的 RFID 系统多以半无源微波电子标签的形式面世。半无源电子标签一般采用纽扣电池供电，具有较远的阅读距离。

4.4.4 RFID 的技术标准

由于 RFID 的应用牵涉到众多行业，其相关标准非常复杂。从类别看，RFID 标准可以分为以下四类：技术标准（如 RFID 技术、IC 卡标准等）、数据内容与编码标准（如编码格式、语法标准等）、性能与一致性标准（如测试规范等）、应用标准（如船运标签）。具体来讲，RFID 的相关标准涉及电气特性、通信频率、数据格式和元数据、通信协议、安全、测试、应用等方面。

与 RFID 技术和应用相关的国际标准化机构主要有：国际标准化组织（ISO）、国际电工委员会（IEC）、国际电信联盟（ITU）、世界邮联（UPU），还有其他区域性标准化机构（如 EPC global、UID Center、CEN）。国家标准化机构（如 BSI、ANSI、DIN）和产业联盟（如 ATA、AIAG、EIA）等也制定了与 RFID 相关的区域、国家、产业联盟标准，并通过不同渠道将其提升为国际标准。目前，RFID 系统主要频段标准与特性见表 4-1。

表4-1　RFID系统主要频段标准与特性

频段	低频	高频	超高频	微波
工作频率	125 ～ 134 kHz	13.56 MHz	868 ～ 915 MHz	2.45 ～ 5.8 GHz
读取距离	1.2 m	1.2 m	4 m （美国）	15 m （美国）
速度	慢	中等	快	很快
潮湿环境	无影响	无影响	影响很大	影响很大
方向性	无	无	部分	有
全球适用频率	是	是	部分 （欧盟、美国）	部分 （非欧盟国家）
现有 ISO 标准	11784/85， 14223	18000-3/A、B 和 C	EPC-C0、C1、 C2、G2	18000-4/555

总体来看，目前 RFID 存在三个主要技术标准体系：总部设在美国麻省理工学院（MIT）的自动识别研究中心（Auto-ID Center）标准体系、日本的泛在中心（Ubiquitous ID Center, UIC）标准体系和 ISO 标准体系。

5 物联网安全技术及其应用研究

5.1 感知层安全技术及其应用

物联网感知层设备主要用于信息采集和目标检测等领域，通常部署在极端的网络环境中，如水下、战场、野外等，这使设备的管理和维护都非常困难，一旦有感知层设备被攻击者捕获并破解，则管理人员很难发现，因此需要增强感知层设备自身的物理安全防护技术。结合物联网的安全架构来分析感知层、传输层、处理层及应用层的安全威胁与需求，不仅有助于选取、研发适合物联网的安全技术，还有助于系统地建设完整的物联网安全体系。

5.1.1 感知层安全概述

5.1.1.1 感知层的安全地位

感知层的任务是实现全面感知外界信息的功能，包括原始信息的采集、捕获和物体识别。该层的典型设备包括 RFID 装置、各类传感器（如温度、湿度、红外、超声、速度等）、图像捕捉装置（摄像头）、全球定位系统（GPS）、激光扫描仪等，其涉及的关键技术包括传感器、RFID、自组网络、短距离无线通信、低功耗路由等。这些设备收集的信息通常具有明确的应用目的，因此传统上是将这些信息直接处理并应用，如公路摄像头捕捉的图像信息被直接用于交通监控，使用导航仪可以轻松了解当前位置及要去目的地的路线；使用摄像头可以和朋友聊天并在网络上面对面交流；使用 RFID 技术的汽车无匙系统，可以自由开关门，甚至免去开车用钥匙的麻烦等。但是，各种方便的感知系统在给人们的生活带来便利的同时，也存在各种安全和隐私问题。例如，通过摄像头的视频对话或监控在给人们的生活提供方便的同时，会被具有恶意企图的人控制和利用，从而监控人们的生活，泄露个人的隐私。特别是近年来，黑客利用个人计算机连接摄像头泄露用户隐私的事件层出不穷。另外，在物联网应用中，多种类型的感知信息可能会被同时处理、综合利用，甚至不同感应信息的结果将影响其他控制调节行为，如湿度的感应结果可能会影响到温度或光照控制的调节。同时，物联网应用强调的是信息共享，这是物联网区别于传感网的最大特点之一，如交通监控录像信息可能同时被用于公安侦破、城市改造规划设计、城市环境监测等。于是，如何处理这些感知信息将直接影响信息的有效应用。为了使同样的信息在不同的应用领域得到有效使用，就需要有一个综合处理平台，而实际上可利用物联网的应用层来综合处理这些感知信息。

相对互联网来说，物联网感知层是新事物，是物联网安全的重点，需要重点关注。目前，物联网感知层主要由 RFID 系统和传感器网络组成。另外，嵌入各种传感器功能的智能移动终端也已成为物联网感知层的重要感知设备，同样面临着很多安全问题。

5.1.1.2 感知层的安全威胁

感知层的任务是全面感知外界信息。与传统的无线网络相比，由于具有资源受限、拓扑动态变化、网络环境复杂、以数据为中心及与应用联系密切等特点，物联网感知层更容易受到威胁和攻击。物联网感知层遇到的安全问题包括以下四个方面。

（1）末端节点安全威胁。物联网感知层的末端节点包括传感器节点、RFID 标签、移动通信终端、摄像头等。末端节点一般较为脆弱，其原因有如下几点：一是末端节点自身防护能力有限，容易遭受拒绝服务攻击；二是节点可能处于环境恶劣、无人值守的地方；三是节点随机动态布放，上层网络难以获得节点的位置信息和拓扑信息。根据末端节点的特点，它的安全威胁主要包括：物理破坏导致节点损坏，非授权读取节点信息，假冒感知节点，节点的自私性威胁，木马、病毒、垃圾信息的攻击及与用户身份有关的信息泄露。

（2）传输威胁。物联网需要防止任何有机密信息交换的通信被窃听，储存在节点上的关键数据未经授权也应该禁止访问。传输信息主要面临的威胁有中断、拦截、篡改和伪造。

（3）拒绝服务。拒绝服务主要是故意攻击网络协议实现的缺陷，或直接通过野蛮手段耗尽被攻击对象的资源，目的是让目标网络无法提供正常的服务或资源访问，使目标系统服务停止响应或崩溃，如试图中断、颠覆或毁坏网络，另外还包括硬件失败、软件漏洞、资源耗尽等，也包括恶意干扰网络中数据的传送或物理损坏传感器节点，消耗传感器节点能量。

（4）路由攻击。路由攻击是指通过发送伪造路由信息，干扰正常的路由过程。路由攻击有两种攻击手段。一种是通过伪造合法但具有错误路由信息的路由控制包，在合法节点上产生错误的路由表项，从而增大网络传输开销，破坏合法路由数据，或将大量的流量导向其他节点以快速消耗节点能量。还有一种攻击手段是伪造具有非法包头字段的包，这种攻击通常和其他攻击合并使用。

5.1.2 RFID 安全分析

5.1.2.1 RFID 安全威胁

由于 RFID 标签价格低廉、设备简单，安全措施很少被应用到 RFID 当中，因此 RFID 面临的安全威胁更加严重。RFID 安全问题通常会出现在数据获取、数据传输、数据处理和数据存储等各个环节及标签、读写器、天线和计算机系统各个设备中。简单而言，RFID 的安全威胁主要包括隐私泄露和安全认证问题。RFID 系统所带来的安全威胁可分为主动攻击和被动攻击两大类。

（1）主动攻击。主动攻击包括以下三类。

①获得射频标签实体，通过物理手段在实验室环境中去除芯片封装，使用微探针获取敏感信号，从而进行射频标签重构的复杂攻击。

②通过软件，利用微处理器的通用接口，通过扫描射频标签和响应读写器的探寻，寻求安全协议和加密算法存在的漏洞，进而删除射频标签内容或篡改可重写射频标签内容。

③通过干扰广播、阻塞信道或其他手段，构建异常的应用环境，使合法处理器发生故障，进行拒绝服务攻击等。

（2）被动攻击。被动攻击主要包括以下两类。

①通过采用窃听技术，分析微处理器正常工作过程中产生的各种电磁特征，来获得射频标签和读写器之间或其他 RFID 通信设备之间的通信数据。

②通过读写器等窃听设备，跟踪商品流通动态。

5.1.2.2 RFID 安全技术

为了防止 RFID 系统受到上述安全威胁，RFID 系统必须在电子标签资源有限的情况下实现具有一定安全强度的安全机制。受低成本 RFID 电子标签中资源有限的影响，一些高强度的公钥加密机制和认证算法难以在 RFID 系统中实现。目前，国内外针对低成本 RFID 安全技术进行了一系列研究，并取得了一些有意义的成果。

（1）RFID 标签安全技术。RFID 的标签安全属于物理层安全，主要安全技术有封杀标签法（kill tag）、阻塞标签（blocker tag）、裁剪标签法（sclipped tag）、法拉第罩法、主动干扰法（active interference）、夹子标签（clipped tag）、假名标签（tag pseudonyms）、天线能量分析（antenna-energy analysis）。

（2）访问控制。为了防止 RFID 电子标签内容的泄露，保证仅有授权实体才可以读取和处理相关标签上的信息，必须建立相应的访问控制机制。萨尔马（Sarma）等指出设计低成本 RFID 系统安全方案必须考虑两种实际情况：电子标签计算资源有限及 RFID 系统常与其他网络或系统互联。分析了 RFID 系统面临的安全性和隐私性挑战，他提出可以采用在电子标签使用后（如在商场结算处）注销的方法来实现电子标签的访问控制，这种安全机制使 RFID 电子标签的使用环境类似于条形码，但 RFID 系统的优势无法充分发挥出来。朱尔斯（Juels）等通过引入 RFID 阻塞标签来解决消费者隐私保护问题，该标签使用标签隔离（抗碰撞）机制来中断读写器与全部或指定标签的通信，这些标签隔离机制包括树遍历协议和 ALOHA 协议等。阻塞标签能够同时模拟多种标签，消费者可以使用阻塞标签有选择地中断读写器与某些标签（如特定厂商的产品或某个指定的标识符子集）之间的无线通信。但是，阻塞标签也有可能被攻击者滥用，实施拒绝服务攻击。同时，朱尔斯（Juels）又提出了采用多个标签假名的方法来保护消费者的隐私，这种方法使攻击者针对某个标签的跟踪变得非常困难，甚至不可行，只有授权实体才可以将不同的假名链接并识别出来。石川（Ishikawa）提出采用电子标签发送匿名电子产品代码（EPC）的方法来保护消费者的隐私。在该方案中，后向安全中心通过一个安全信道将明文电子产品代码发送给授权实体，授权实体对从电子标签处读取的数据进行处理，即可获取电子标签的正确信息。同时，在该方案的扩展版本中，读写器可以发送一个重匿名请求给安全中心，安全中心将产生一个新的匿名电子产品标识并将其交付给标签使用，以此完成匿名电子产品标识的更新过程。

（3）标签认证。为防止电子标签的伪造和标签内容的滥用，必须在通信之前对电子标签的身份进行认证。目前，学术界提出了多种标签认证方案，这些方案充分考虑了电子标签资源有限的特点，提出一种轻量级的标签认证协议，并对该协议进行了性能分析。该协议是一种在性能和安全之间达到平衡的折中方案，拥有丰富计算资源和强大计算能力的攻击者才能够攻破该协议。Keunwoo 分析了现有协议存在的隐私性问题，提出一种更加安全和有效的认证协议来保护消费者的隐私，并通过与先前的协议对比，论证了该协议的安全性和有效性。该协议采用基于散列函数和随机数的挑战—响应机制，能够有效地防止重放攻击、欺骗攻击和行为跟踪等攻击方式。此外，该协议适用于分布式数据库环境。苏（Su）将标签认证作为保护消费者隐私的一种方法，提出一种认证协议 LCAP，该协议仅需要进行两次散列运算，因而协议的效率比较高。该协议可以有效防止信息的泄露，由于标识在认证后才发送其标识符，通过每次会话更新标签的标识符，方案能够保护位置隐私，并可以从多种攻击中恢复丢失的消息。费尔德霍费尔（Feldhofer）针对现有多数协议未采用密码认证机制的现状，提出了一种简单使用 AES 加密的认证和安全层协议，并对该协议实现所需要的硬件规格进行了详细分析。考虑到电子标签有限的能力，该协议采用的是双向挑战响应认证方法，加密算法采用的是 AES。

（4）消息加密。由于现有读写器和标签之间的无线通信在多数情况下是以明文方式进行的，未采用任何加密机制，因而攻击者能够获取并利用 RFID 电子标签上的内容。国内外学者为此提出多种解决方案，旨在解决 RFID 系统的机密性问题。曼弗雷德（Manfred）论述了多种应用在安全认证过程中使用标准对称加密算法的必要性，分析了当前 RFID 系统的脆弱性，给出了认证机制中消息加密算法的安全需求。同时，其还提出了加密和认证协议的实现方法，并证明了当前的 RFID 基础设施和制造技术支持该消息加密和认证协议的实现。纯一郎（Junichiro）讨论了采取通用重加密机制的 RFID 系统中的隐私保护问题，由于系统无法保证 RFID 电子标签内容的完整性，因而攻击者有可能会控制电子标签的存储器。

5.1.3 传感器网络安全分析

根据国际电信联盟（ITU）的物联网报告，无线传感器网络是物联网的第二个关键技术。RFID 的主要功能是对物体进行识别，而传感器网络的主要功能是感知。无线传感器网络则进行大范围多位置的感知。通俗地说，传感器是可以感知外部环境参数的小型计算节点，传感器网络是大量传感器节点构成的网络，用于不同地点、不同种类的参数的感知或数据的采集，无线传感器网络则是利用无线通信技术来传递感知的数据的网络。

5.1.3.1 无线传感器网络防御机制

无线传感器网络（wireless sensor network，WSN）是集传感器技术、微机电系统技术、无线通信技术及分布式信息处理技术于一体的新型网络。随着科学技术的发展，信息的获取变得更加纷繁复杂，所有保存事物状态、过程和结果的物理量都可以用信息来描述。传感器的发明和应用，极大地提高了人类获取信息的能力。传感器信息获取从单一化到集成化、微型化，进而实现智能化、网络化，逐渐成为获取信息的一个重要手段。无线传感器网络在很多场合（如军事感知战场、环境监控、道路交通监控、勘探、医疗等）都发挥着重要的作用。

通常无线传感器网络会被部署在不易控制、无人看守、边远、易于遭到恶劣环境破坏或恶意破坏和攻击的环境中，因而无线传感器网络的安全问题成为研究的热点。由于传感器节点本身具有计算能力，但能量受限，因此寻找轻量级（计算量小、能耗低）的适合于无线传感器网络特点的安全手段是研究所面临的主要挑战。

对于物理层的攻击，如阻塞（jamming）攻击，使用扩频通信可以有效防止。另一对策是，受攻击节点附近的节点觉察到阻塞攻击之后进入睡眠状态，保持低能耗，然后定期检查阻塞攻击是否已经消失，如果消失，则进入活动状态，向网络通报阻塞攻击的发生。

对于传输层的攻击（如 flooding），一种对策是使用客户端谜题（client

puzzle），即如果客户要和服务器建立一个连接，必须先证明自己已经为连接分配了一定的资源，然后服务器才为连接分配资源，这样就增大了攻击者发起攻击的代价。这一防御机制对于当攻击者同样是传感器节点时很有效，但是合法节点在请求建立连接时也增大了开销。

对于怠慢和贪婪攻击，可用身份认证机制来确认路由节点的合法性，或者使用多路径路由来传输数据包，使得数据包在某条路径被丢弃后，数据包仍可以被传送到目的节点。

抵抗黑洞攻击可采用基于地理位置的路由协议。因为拓扑结构建立在局部信息和通信上，通信通过接收节点的实际位置自然地寻址，所以在别的位置成为黑洞时就变得很困难了。

对付女巫攻击有两种探测方法，一种是资源探测法，即检测每个节点是否都具有应该具备的硬件资源。女巫（Sybil）节点不具有任何硬件资源，所以容易被检测出来。但是当攻击者的计算和存储能力都比正常传感器节点大得多时，则攻击者可以利用丰富的资源伪装成多个 Sybil 节点。另一种是无线电资源探测法，通过判断某个节点是否有某种无线电发射装置来判断是否为 Sybil 节点，但这种无线电探测非常耗电。

对于更多的攻击，通常采用加密和认证机制提供解决方案。例如，对于分簇节点的数据层层聚集，可使用同态加密、秘密共享的方法。对于节点定位安全，可采取门限密码学及容错计算的方法等。表 5-1 给出了对攻击防御方法的小结。

表5-1　无线传感器网络攻击防御方法

网络层次	攻击方法	防御方法
物理层	阻塞攻击	扩频、优先级消息、区域映射、模式转换
	物理破坏	破坏感知，节点伪装和隐藏
数据链路层	耗尽攻击	设置竞争门限
	非公平竞争	使用短帧策略和非优先级策略

网络层次	攻击方法	防御方法
网络层	丢弃和贪婪攻击	冗余路径、探测机制
	汇聚节点攻击	加密和逐跳（Hop-to-Hop）认证机制
	方向误导攻击	出口过滤，认证、监测机制
	黑洞攻击	认证、监测、冗余机制
传输层	破坏同步攻击	认证
	泛洪攻击	客户端谜题
应用层	感知数据的窃听、篡改、重放、伪造	消息鉴别、安全路由、安全数据聚集、安全数据融合、安全定位、安全时间同步
	节点不合作	信任管理、入侵检测

5.1.3.2 无线传感器网络安全技术

（1）拓扑控制技术。拓扑控制技术是无线传感器网络中最重要的技术之一。在由无线传感器网络生成的网络拓扑中，可以直接通信的两个节点之间存在一条拓扑边。如果没有拓扑控制，所有节点都会以最大无线传输功率工作。在这种情况下，一方面，节点有限的能量将被通信部件快速消耗，从而缩短网络的生命周期。同时，网络中每个节点的无线信号将覆盖大量其他节点，造成无线信号冲突频繁问题，影响节点的无线通信质量，降低网络的吞吐率。另一方面，在生成的网络拓扑中将存在大量的边，从而导致网络拓扑信息量增大，路由计算更复杂，浪费了宝贵的计算资源。因此，需要研究无线传感器网络中的拓扑控制问题，在维持拓扑某些全局性质的前提下，通过调整节点的发送功率来延长网络生命周期，提高网络吞吐量，降低网络干扰，节约节点资源。目前，对拓扑控制的研究可以分为两大类：一类是计算几何方法，以某些几何结构为基础构建网络的拓扑，以满足某些性质；另一类是概率分析方法，在节点按照某种概率密度分布的情况下，计算使拓扑以大概率满足某些性质时节点所需的最小传输功率和最小邻居个数。

（2）MAC协议。传统的蜂窝网络中存在中心控制的基站，由基站保持全网同步，调度节点接入信道。无线传感器网络是一种多跳无线网络，很难保持全网同步，这与单跳的蜂窝网络有着本质的区别。因此，传统的基于同步的、单跳的、静态的 MAC 协议并不能直接搬到无线传感器网络中来，这些都使无线传感器网络中 MAC 协议的设计面临新的挑战。与所有共享介质的网络一样，媒体访问控制是使 WSN 能够正常运作的重要技术。MAC 协议一个最主要的任务就是避免冲突，使两个节点不会同时发送消息。在设计一个出色的无线传感器网络 MAC 协议时，还应该考虑以下几点：首先是能量有限。就像前面所说到的，网络中的传感器节点是由电池来提供能量的，并且很难为这些节点更换电池。事实上，人们也希望这些传感器节点更加便宜，可以在用完之后随时丢弃，而不是重复使用它。因此，怎样通过节点延长网络的使用周期是设计 MAC 协议的一个关键问题。其次是对网络规模、节点密度和拓扑结构的适应性。在无线传感器网络中，节点随时可能因电池耗尽而死亡，也有一些节点会加入网络中，还有一些节点会移动到其他的区域。网络的拓扑结构因为各种原因在不断地变化，而一个好的 MAC 协议应该可以轻松地适应这些变化。另外，绝大多数 MAC 协议通常认为低层的通信信道是双向的。但是在 WSN 中，由于发射功率或地理位置等因素，可能存在单向信道，这将会对 MAC 协议的性能带来严重的影响。网络的公平性、延迟、吞吐量，以及有限的带宽都是设计 MAC 协议时要考虑的问题。

（3）路由协议。无线传感器网络有其自身的特点，其通信与当前一般网络的通信和无线 AdHoc 网络有很大的区别，这也使 WSN 路由协议的设计面临很大的挑战。首先，由于传感器网络节点数众多，不太可能对其建立一种全局的地址机制，因此传统的基于 IP 地址的协议不能应用于传感器网络。其次，与典型的通信网络不同，几乎所有传感器网络的应用都要求所有的传感数据送到某一个或几个汇聚点，由它们对数据进行处理再传送到远程的控制中心。再次，由于传感器节点的监测区域可能重叠，产生的数据会有大量的冗余，这就要求路由协议能够发现并消除冗余，有效地利用能量和带宽。最后，传感器节点受到传送功率、能量、处理能力和存储能力的严格限制，需要对能量进行有效管理。因此，在对 WSN 路由协议，甚至对整个网络的系统结构进行设计时，需要对网络的动态性（network dynamics）、网络节点的放置（node deployment）、能量、数据传送方式（包括连续的、事件驱动的、查询驱动的及前两种的混合方式）、节点能力及数据聚集和融合（aggregation and fusion）等方面进行详细分析。总的来看，无线传感器网络路由协议设计的基本特点可以概括为：能量低、规模大、移动性弱、拓扑易变化、使用数据融合技术和通信不对称。因此，无线传感器网络路由面临的问题和挑战有以下几个方面。

①传感器网络的低能量特点使节能成为路由协议非常重要的优化目标。低能量包括两方面的含义，首先是指节点能量储备低，其次是指能源一般不能补充。无线自组网（MANET）的节点无论是车载模式还是手持模式，电源一般都是可维护的，而传感器网络节点通常是一次部署、独立工作，所以可维护性很低。相对于传感器节点的储能，无线通信部件的功耗很高，通信功耗占了节点总功耗的绝大部分。因此，研究低功耗的通信协议特别是路由协议极为迫切。

②传感器网络的规模越大，要求其路由协议必须具有更高的可扩展性。通常认为MANET支持的网络规模是数百个节点，而传感器网络则应能支持上千个节点。网络规模越大意味着路由协议收敛时间更长，网络规模越大，主动（proactive）路由协议的路由收敛时间和按需（on-demand）路由协议的路由发现时间就越长，而网络拓扑保持不变的时间间隔则越短。在MANET中，运作良好的路由协议，在传感器网络中性能却可能显著下降，甚至根本无法使用。

③传感器网络拓扑变化性强，通常的Hitemet路由协议不能适应这种快速的拓扑变化。这种变化不像MANET网络那样是由节点移动造成的，因此为MANET设计的路由协议也不适用于传感器网络。这就需要设计专门的路由协议，既能适应高度的拓扑时变，又不引入过多的协议开销或过长的路由发现延迟。

④使用数据融合技术是传感器网络的一大特点，这使传感器网络的路由不同于一般网络。在一般的数据传输网络（如Internet或MANET）中，网络层协议提供点到点的报文转发，以支持传输层实现端到端的分组传输。在传感器网络中，感知节点没有必要将数据以端到端的形式传送给中心处理节点（sink）或网关节点，只要有效数据最终汇集到sink节点就达到了目的。因此，为了减少流量和能耗，传输过程中的转发节点经常将不同的入口报文融合成数目更少的出口报文转发给下一跳，这就是数据融合的基本含义。采用数据融合技术意味着路由协议需要做出相应的调整。

（4）数据融合。数据融合是关于协同利用多传感器信息进行多级别、多方面、多层次信息检测、估计和综合，以获得目标的状态和特征估计，以及态势和威胁评价的一种多级自动信息处理过程，它利用计算机技术在一定的准则下对按时序获得的多传感器的观测信息进行自动分析和综合，从而获取新的有意义的信息，而这种信息是任何单一传感器所无法获得的。

数据融合研究中存在的主要问题。

①未形成基本的理论框架和有效的广义模型及算法。虽然数据融合应用研究相当广泛，但是针对数据融合问题本身至今未形成基本的理论框架和有效的广义融合模型及算法。目前，对数据融合问题的研究都是根据问题的种类，各自建立直观认识原理（融合准则），并在此基础上形成所谓的最佳融合方案，如典型的分布式监测融合，已从理论上给出了最优融合准则、最优局部决策准则和局部决策门限的最优协调方法，并给出了相应的算法。但是这些研究反映的只是数据融合所固有的面向对象的特点，难以构成数据融合这一独立学科所必需的完整理论体系，使融合系统的设计具有一定的盲目性。

②关联的二义性是数据融合中的主要障碍。在进行融合处理前，必须对信息进行关联，以保证所融合的数据来自同一目标和事件，即保证数据融合信息的一致性。如果对不同目标或事件的信息进行融合，将难以使系统得出正确的结论，而这则是数据融合中要克服的主要障碍。由于在多传感器信息系统中引起关联二义性的原因很多，如传感器测量不精确、干扰等，因此怎样建立信息可融合性的判断准则，如何进一步降低关联的二义性已经成为融合研究领域中迫切需要解决的问题。

③融合系统的容错性或稳健性没有得到很好的解决。冲突（矛盾）信息或传感器故障所产生的错误信息等急需有效处理，这说明系统的容错性或稳健性也是信息融合理论研究中必须要考虑的问题。

5.1.4 物联网终端系统安全

5.1.4.1 嵌入式系统安全

一套完整的嵌入式系统由相关的硬件及其配套的软件构成。硬件部分又可以划分为电路系统和芯片两个层次。在应用环境中，恶意攻击者可能从一个或多个设计层次对嵌入式系统展开攻击，从而达到窃取密码、篡改信息、破坏系统等非法目的。若嵌入式系统应用在诸如金融支付、付费娱乐、军事通信等高安全敏感领域，这些攻击可能会为嵌入式系统的安全带来巨大威胁，给用户造成重大的损失。根据攻击层次的不同，这些针对嵌入式系统的恶意攻击可以划分为软件攻击、电路系统级的硬件攻击及基于芯片的物理攻击三种类型。

（1）嵌入式系统安全需求分析。在各个攻击层次上均存在一批非常典型的攻击手段，这些攻击手段针对嵌入式系统不同的设计层次展开攻击，威胁嵌入式系统的安全。下面将对嵌入式系统不同层次上的攻击分别予以介绍。

①软件层次的安全性分析。在软件层次，嵌入式系统运行着各种应用程序和驱动程序。在这个层次上，嵌入式系统所面临的恶意攻击主要有木马、蠕虫和病毒等。从表现特征上看，这些不同的恶意软件攻击都具有各自不同的方式。病毒通过自我传播以破坏系统的正常工作为目的；蠕虫是以网络传播，消耗系统资源为特征；木马则需要通过窃取系统权限从而控制处理器。从传播方式上看，这些恶意软件都是利用通信网络予以扩散的。在嵌入式系统中，最为普遍的恶意软件就是针对智能手机所开发的病毒、木马。这些恶意软件体积小巧，可以通过短消息服务（short messaging service, SMS）、软件下载等隐秘方式侵入智能手机系统，然后等待合适的时机发动攻击。尽管在嵌入式系统中恶意软件的代码规模都很小，但是其破坏力却是巨大的。2005 年，在芬兰赫尔辛基世界田径锦标赛上大规模爆发的手机病毒 Cabir 便是恶意攻击软件的代表。截至 2006 年 4 月，全球仅针对智能手机的病毒就出现了两百余种，并且数量还在迅猛增加。恶意程序经常会利用程序或操作系统中的漏洞获取权限，展开攻击。实际较常见的例子就是由缓冲区溢出所引起的恶意软件攻击。攻击者利用系统中正常程序存在的漏洞，对系统进行攻击。

②系统层次的安全性分析。在嵌入式设备的系统层次中，设计者需要将各种电容、电阻及芯片等不同的器件焊接在印刷电路板上，组成嵌入式系统的基本硬件，而后将相应的程序代码写入电路板上非易失性存储器中，使嵌入式系统具备运行能力，从而构成整个系统。为了能够破解嵌入式系统，攻击者会在电路系统层次上设计多种攻击方式。这些攻击都是通过在嵌入式系统的电路板上施加少量的硬件改动，并配合适当的底层汇编代码，来达到欺骗处理器、窃取机密信息的目的的。在这类攻击中，具有代表性的攻击方式

主要有总线监听、总线篡改及存储器非法复制等。

③芯片层次的安全性分析。嵌入式系统的芯片是硬件实现中最低的层次，然而在这个层次上依然存在着面向芯片的硬件攻击。这些攻击主要期望能从芯片器件角度寻找嵌入式系统安全漏洞，并加以破解。根据实现方式的不同，芯片级的攻击方式可以分为侵入式和非侵入式两种。其中，侵入式攻击方式需要将芯片的封装予以去除，然后利用探针等工具直接对芯片的电路进行攻击。在侵入式攻击方式中，以硬件木马攻击最具代表性。非侵入式的攻击方式主要是指在保留芯片封装的前提下，利用芯片在运行过程中泄露出来的物理信息进行攻击的方式，也被称为边频攻击。硬件木马攻击是一种新型的芯片级硬件攻击。这种攻击方式通过逆向工程分析芯片的裸片电路结构，然后在集成电路的制造过程中，向芯片硬件电路中注入带有特定恶意目的的硬件电路，即"硬件木马"，从而达到在芯片运行过程中对系统运行予以控制的目的。硬件木马攻击包括木马注入、监听触发及木马发作三个步骤。发启攻击者需要分析芯片的内部电路结构，以在芯片制造时将硬件木马电路注入正常的功能电路中；待芯片投入使用后，硬件木马电路监听功能电路中的特定信号；当特定信号达到某些条件后，硬件木马电路被触发，木马电路完成攻击者所期望的恶意功能。经过这些攻击步骤，硬件木马甚至可以轻易地注入加密模块中，干扰其计算过程，从而降低加密的安全强度。在整个攻击过程中，硬件木马电路的设计与注入是攻击能否成功的关键。攻击者需要根据实际电路设计，将硬件木马电路寄生在某一正常的功能电路之中，使其成为该功能电路的旁路分支。

（2）嵌入式系统的安全架构。物联网的感知识别型终端系统通常是嵌入式系统。所谓嵌入式系统，是以应用为中心，以计算机技术为基础，并且软、硬件可定制，适用于对功能、可靠性、成本、体积、功耗等有严格要求的专用计算机系统。嵌入式系统的发展经历了无操作系统、简单操作系统、实时操作系统和面向互联网四个阶段。

下面结合嵌入式系统的结构，从硬件平台、操作系统和应用软件三个方面对嵌入式系统的安全性加以分析。

①硬件平台的安全性。为了适应不同应用功能的需要，嵌入式系统采取多种多样的体系结构，攻击者可能采取的攻击手段也呈现多样化的特点。区别于 PC 系统，嵌入式信息系统遭到的攻击可能来自系统体系结构的各个部分。

对于可能发射各类电磁信号的嵌入式系统，攻击者可使用灵敏的测试设备进行探测、窃听甚至拆卸，以便提取数据，从而导致电磁泄漏攻击或者侧信道攻击。对于嵌入式存储元件或移动存储卡，存储部件内的数据也容易被窃取。

针对各类嵌入式信息传感器、探测器等低功耗敏感设备，攻击者可能引入极端温度、电压偏移和时钟变化，从而强迫系统在设计参数范围之外工作，表现出异常。特殊情况下，强电磁干扰或电磁攻击可能将毫无物理保护的小型嵌入式系统彻底摧毁。

②操作系统的安全性。与 PC 不同的是，嵌入式产品采用数十种体系结构和操作系统，著名的嵌入式操作系统包括 Windows CE、VxWorks、pSoS、ONX、PalmOS、OS-9、LynxOS、Linux 等，这些系统的安全等级各不相同，但各类嵌入式操作系统普遍存在。由于运行的硬件平台计算能力和存储空间有限，精简代码而牺牲其安全性的情况时有发生。嵌入式操作系统普遍存在的安全隐患如下所述。

由于系统代码精简，系统进程控制能力并没有达到一定的安全级别。

由于嵌入式处理器的计算能力受限，缺少系统的身份认证机制，攻击者可能很容易破解嵌入式操作系统的登录口令。

大多数嵌入式操作系统文件和用户文件缺乏必要的完整性保护机制。

嵌入式操作系统缺乏数据的备份和可信恢复机制，系统一旦发生故障便无法恢复。

各种嵌入式信息终端病毒正在不断出现，并大多通过无线网络注入终端。

③应用软件的安全性。应用软件的安全问题包括三个层面：应用软件应用层面的安全问题，如病毒、恶意代码攻击等；应用软件中间件的安全问题；应用软件系统层面（如网络协议栈）的安全问题，如数据窃听、源地址欺骗、源路由选择欺骗、鉴别攻击、TCP 序列号欺骗、拒绝服务攻击等。

（3）嵌入式系统安全的对策。通常嵌入式系统安全的对策可以根据安全对策所在位置分为四层。

①安全电路层。在传统的电路中加入安全措施或改进相关设计，可实现对涉及敏感信息的电子器件的保护。一些可以在该层采用的措施主要有：通过降低电磁辐射、加入随机信息等来降低非入侵攻击所能测量到的敏感数据特征；加入开关、电路等对攻击进行检测，如用开关检测电路物理封装是否

被打开等。在关键应用，如工业控制中，还可以使用容错硬件设计和可靠性电路设计。

②硬件安全架构层。该方法借鉴了可信平台模块（trusted platform module, TPM）的思路。可采取的措施包括：加入部分硬件处理机制，支持加密算法甚至安全协议；使用分离的安全协议处理器模块，用来处理所有的敏感信息，使用分离的存储子系统（RAM、ROM、FLASH 等）作为安全存储区域，这种隔离使只有可靠的系统部件才可以在安全存储区域进行存取。如果上述功能不能实现，可以利用存储保护机制（即通过总线监控硬件来区分在安全存储区域的存取是否合法）来实现，例如采用对经过总线的数据在进入总线前进行加密以防止总线窃听等措施。

③软件安全结构层。该层主要通过增强操作系统或虚拟机（如 Java 虚拟机）的安全性来增强系统安全。例如，微软的下一代安全计算基础（next-generation secure computing base, NGSCB），通过与相应硬件（如 Intel LaGrande）协同工作提供如下增强机制：进程分离（process isolation），用来隔离应用程序，免受外来攻击；封闭存储（sealed storage），让应用程序安全地存储信息；安全路径（secure path），提供从用户输入到设备输出的安全通道；证书（attestation），用来认证软/硬件的可信性。其他方法还有通过加强 Java 虚拟机的安全性，使非可靠的代码在受限制和监控的环境中运行（如沙盒 Sand Box）等。另外，该层还对应用层的安全处理提供必要的支持。例如，在操作系统之内或之上充分利用硬件安全架构的硬件处理能力优化和实现加密算法，并向上层提供统一的应用编程接口等。

④安全应用层。通过利用下层提供的安全机制，实现涉及敏感信息的安全应用程序的应用，保障用户数据安全。这种应用程序可以是包含诸如提供 SSL 安全通信协议的复杂应用，也可以是仅仅简单查看敏感信息的小程序，但是都必须符合软件安全架构层的结构和设计要求。

5.1.4.2 智能手机系统安全

现在智能手机已成为人们的主要上网工具，因此移动互联网，尤其是智能终端安全将是一个重要的安全课题。

智能手机系统安全主要涉及手机操作系统安全及手机病毒的防治。操作系统作为智能手机软件的平台，管理智能手机的软硬件资源，为应用软件提供各种必要的服务，而且市场上操作系统都有各自的优缺点，智能手机操作系统的比较必不可少。同样，智能手机系统也存在安全漏洞，如何避免这些安全漏洞已成为研究、开发智能手机的一个热点。

（1）智能手机的安全性威胁。智能手机操作系统的安全问题主要表现为接入语音及数据网络后所面临的安全威胁。例如，系统是否存在能够引起安全问题的漏洞，信息存储和传送的安全性是否有保障，是否会受到病毒等恶意软件的威胁等。由于目前手机用户比计算机用户多，而且智能手机可以提供多种数据连接方式，所以病毒对于手机系统特别是智能手机操作系统是一个非常严峻的安全威胁。

由于借鉴了个人计算机领域的安全经验，手机操作系统厂商在设计系统时已经对安全问题进行了充分考虑。厂商在数据加密、通信协议及访问认证方式等方面已经采取了很多增强安全性的措施，并且仍在积极地进行改进。

由于终端操作系统的多样化，手机病毒将呈现多样性的趋势。随着基于Android操作系统的智能手机的快速发展，基于此种操作系统的手机也日渐成为黑客攻击的目标。因此，在介绍一般性智能手机病毒后，还要分别介绍Android系统和OMS系统。

手机病毒会利用手机操作系统的漏洞进行传播。手机病毒以手机为感染对象，以通信网络（如移动通信网络、蓝牙、红外线）为传播媒介，通过发送短信、彩信、电子邮件、聊天工具、浏览网站、下载铃声、蓝牙等方式进行传播。

（2）安全手机操作系统的特征。安全手机的操作系统通常具有五种特征。

①身份验证：确保所有访问手机的用户身份真实可信。可以采用的身份认证方式有口令认证、智能卡认证、生物特征识别（如指纹识别）及实体认证机制等。

②最小特权：每个用户在通过身份验证后，只拥有恰好能完成其工作的权限，即将其拥有的权限最小化。

③安全审计：对指定操作的错误尝试次数及相关安全事件进行记录、分析。

④安全域隔离：分为物理隔离和逻辑隔离。物理隔离是指对移动终端中的物理存储空间进行划分，不同的存储空间用于存储不同的数据或代码，而逻辑隔离主要包括进程隔离和数据的分类存储。

⑤可信连接：对于无线连接（蓝牙、红外、WLAN 等），默认属性应设为"隐藏"或者"关闭"以防非法连接；在实际连接时，需要对所有请求连接进行身份认证。

5.1.5　感知层安全技术应用

物联网安全技术在日常生产及生活中的应用，包括物联网机房远程监控预警系统、物联网机房监控设备集成系统、物联网门禁系统、物联网安防监控系统和物联网智能监狱监控报警系统等。下文以物联网机房远程监控预警系统和物联网门禁系统为例对物联网感知层安全技术的应用进行介绍。

5.1.5.1　物联网机房远程监控预警系统

（1）物联网机房远程监控预警系统需求分析。在无人值守的机房环境中，急需解决如下问题。

①温控设备无法正常工作。一般坐落在野外的无人值守机房内的空调器均采用农用电网直接供电的方式，在出现供电异常后空调器停止工作，当供电恢复正常后，其也无法自动启动，必须人为干预才能开机工作。这就需要机房设置可以自行启动空调器的装置，最大程度地延长空调器的工作时间，提高温控效果。

②环境异常情况无法及时传递。无人值守机房基本没有环境报警系统，即使存在，也是单独工作的独立设备，无法保障环境异常情况及时有效地得以传递，那么自然会致使设备或系统发生问题。因此，将机房环境异常情况有效可靠地传递出去也是必须要解决的问题。

③无集中有效的监控预警系统。对于机房环境监控，目前还没有真正切实有效的系统来保障机房的工作环境正常。有些机房设置了机房环境监控系统，但系统结构相对单一，数据传输完全依赖于现有的高速公路通信系统。例如，机房设备出现了故障，导致通信系统出现问题，则环境监控就陷入瘫痪，无法正常发挥作用。

结合以上分析，无人值守的机房环境应重点考虑以下三点。

A. 如机房短暂停电又再次恢复供电，机房空调器需要及时干预并使其发挥作用。

B. 当由于机房未能及时来电或者空调器本身发生故障，机房环境温度迅速升高（降低），超过设备工作温度阈值时，应能够及时向相关人员预警或告知。

C.建立独立有效的监控预警系统，在高速公路通信系统出现问题时，能够保证有效地进行异常信息发送。

（2）感知层技术在物联网机房远程监控预警系统中的应用。环境监测是物联网的一个重要应用领域，物联网自动、智能的特点非常适合环境信息的检测预警。

信息采集是指机房远程监控预警系统通过内部数据采集单元采集并记录机房环境的信息，然后将信息数字化，通过3G网络传送至集中管理平台系统。

在感知层数据采集单元，可以将机房温度信息、湿度信息等作为微系统传感节点进行收集。数据信息的收集采取周期性汇报模式，通过3G或4G网络技术进行远程传输。

5.1.5.2 物联网门禁系统

门禁系统是进出管理系统的一个子系统，通常它采用刷卡、密码或人体生物特征识别技术。在管理软件的控制下，门禁系统对人员或车辆出入口进行管理，让取得认可进出的人和车自由通行，而对那些不该出入的人则加以禁止。因此，在许多需要核对人车身份的处所中，门禁系统已经成了不可缺少的配置项目。

（1）门禁系统应用要求。

①可靠性。门禁系统以预防损失、犯罪为主要目的，因此必须具有极高的可靠性。一个门禁系统在其运行的大多数时间内可能不会遇到警情，因而不需要报警，出现警情需要报警的概率一般是很小的。

②权威认证。门禁系统在系统设计、设备选取、调试、安装等环节都严格执行国家或行业相关标准，以及公安部有关安全技术防范的要求，产品须经过多项权威认证，并且有众多的典型用户，多年正常运行。

③安全性。门禁及安防系统是用来保护人员和财产安全的，因此，系统自身必须安全。这里所说的高安全性，一方面是指产品或系统的自然属性或准自然属性应该保证设备、系统运行的安全和操作者的安全。例如，设备和系统本身要能防高温、低温、湿热、烟雾、霉菌、雨淋，并能防辐射、防电

磁干扰（电磁兼容性），防冲击、碰撞、跌落等。设备和系统的运行安全包括防火，防雷击，防爆，防触电等。另一方面，门禁及安防系统还应具有防人为破坏的功能，如具有防破坏的保护壳体，以及具有防拆报警、防短路和断开等功能。

④功能性。随着人们对门禁系统各方面要求的不断提高，门禁系统的应用范围越来越广泛。人们对门禁系统的应用不再局限于单一的出入口控制，还要求它不但可以应用于智能大厦或智能社区的门禁控制、考勤管理、安防报警、停车场控制、电梯控制、楼宇控制等，而且还可以应用于与其他系统的联动控制。

⑤扩展性。门禁系统应选择开放性的硬件平台，具有多种通信方式，为实现各种设备之间的互联和整合奠定良好的基础。另外，系统还应具备标准化和模块化的部件，有很大的灵活性和扩展性。

（2）感知层技术在无线门禁系统上的应用。传统基于 RFID 的门口机主要支持两种卡：身份识别卡（identification card,ID）与集成电路卡（integrated circuit card,IC）。对于这两种卡，大多数门禁装置只读取其公共区的卡号数据，根本不具备卡数据的密钥认证、读写安全机制，因此卡极容易被复制、盗刷，给出入居民带来了严重的安全隐患。同时，传统的基于 RFID 的门禁装置仅提供最基本的刷卡开门功能。因此，基于社区、出租屋实现创新管理，提高安全保障的需要，RFID 门禁装置要求不仅可以实现刷卡开门及记录存储，还能在开门时进行图片或视频的抓拍，存储带抓拍图片或视频的开门记录，以增强安全管理。

在原有刷 RFID 卡开门功能的基础上，扩展实现了以下功能。

①门禁装置的红外感应模块感应到有人靠近门禁时，即启动抓拍，抓拍可以是一张图片，也可以是一段视频。

②门禁装置的读卡模块，在有人刷卡时，无论刷卡成功还是失败，都启动抓拍，抓拍可以是一张图片，也可以是一段视频。

③门禁装置将红外感应抓拍的图片或视频以及刷卡时的刷卡记录与抓拍的图片或视频通过 IP 数据通信模块，上传至门禁管理平台，进行实时记录。

5.2 网络层安全技术及其应用

由于物联网网络层的异构性，在实际的应用环境中，网络层可能会由多个不同类型的网络组成，这便给信息的传递带来很大的安全威胁。

目前在网络环境中会遇到多方面的安全挑战，而基于物联网的网络层也面临着更为复杂的安全威胁，主要是因为物联网网络层由多样化的异构性网络相互连通而成。在此背景下实施安全认证需要跨网络架构，而这则会带来许多操作上的困难。通过调查分析可以认为网络层有下列几种情形的安全威胁：假冒攻击、中间人攻击等；DoS 攻击、DDoS 攻击；跨异构网络的网络攻击。在目前的物联网网络层中，传统的互联网仍是传输多数信息的核心平台。在互联网上出现的安全威胁仍然会出现在物联网网络层上，因此人们可以借助已有的互联网安全机制或防范策略来增强物联网的安全性。由于物联网上的终端类型种类繁多，小到 RFID 标签，大到用户终端，各种设备的计算性能和安全防范能力差别非常大，因此面向所有的设备设计出统一完整的安全解决方案非常困难，最有效的方法是针对不同的网络安全需求设计出不同的安全措施。

5.2.1 网络层安全需求

5.2.1.1 物联网网络层的安全要素

影响物联网安全的要素很多，而其首要面对的是移动通信网络和计算机互联网所带来的传统网络安全问题。同时，物联网由大量自动设备设施构成，缺少人对这些设备设施的实时有效监管，并且各类终端数量巨大，设备种类和应用场景复杂，这些因素都将对物联网的网络安全造成威胁。网络通信、网络融合、网络安全、网络管理、网络服务和其他相关学科领域都将面临全新的课题与全新的挑战。物联网的网络层安全要素主要涉及以下 3 个方面。

（1）物联网终端设备、设施安全。由于物联网要链接数量庞大的各种业务终端设备，终端的计算能力和存储空间不断增强，物联网应用更加丰富，这些应用同时也增加了终端感染病毒、木马或各种恶意代码的风险。一旦终端被俘获或被入侵成功，那么通过网络层传输的各种数据信息极易被篡改和窃取。由于广泛的联网功能，病毒、木马或恶意代码在整个物联网体系内具有更大的传播性、更高的隐藏性、更强的破坏性，同时相比在结构单一的传统通信网络中更加难以防范，带来的安全威胁也更大。网络终端自身系统平台缺乏完整性保护和验证机制，平台软硬件模块容易被攻击者篡改，内部各个通信接口缺乏机密性和完整性保护，在此基础上传递的数据信息容易被窃取或篡改。物联网终端的丢失和物理破坏也是极有可能发生的安全问题。

（2）承载网络信息传输安全。物联网的承载网络是一个异构多网络体系叠加的开放性网络系统。随着网络融合的加速及网络结构的日益复杂多样，物联网基于无线和有线链路进行数据传输面临的威胁更大。攻击者可以随意窃取、篡改或删除链路上的数据，并伪装成网络实体截取业务数据及对网络流量进行主动与被动分析；对系统无线链路中传输的业务与信令、控制信息进行篡改，包括插入、修改、删除等破坏性操作；攻击者通过物理级和协议级干扰，伪装成合法网络实体，诱使特定的协议或者业务流程失效。

（3）核心网络安全。基于物联网终端身份识别的需要，以 IPv6 为主的全IP 化的移动通信网络和计算机互联网将成为物联网网络层的核心承载网络。大多数物联网业务信息要利用互联网传输。移动通信网络和互联网的核心网络具有相对完整的安全保护能力，但对于一个全 IP 化的开放性网络，仍将面临各种传统的网络攻击，如 DoS 攻击、DDoS 攻击、IP 欺骗等。并且，物联网中业务节点数量大大超过任何传统的通信网络，节点以分布式或集群式存在，在大量传输数据时，将使承载网络面临堵塞等风险，这种情况无疑加大了遭受拒绝服务攻击的风险。

核心网络的接入层和各种服务实体也将面临巨大的安全威胁，如移动通信系统中各类实体，攻击者可以伪装成合法用户使用网络服务，在空中接口对合法用户进行非法跟踪而获取用户的私密信息，以进一步攻击和破坏。伪装成网络实体对系统数据传输实体进行非法访问，对非授权业务进行非法访问和使用。同时，由于物联网的广泛性要求，不同架构体制的承载网络需要互联互通，跨网络结构的安全认证、访问控制和授权管理方面会面临更大的安全挑战。

目前，全球都在针对 IP 网络固有的安全缺陷寻求解决之道，名址分离、源地址认证等技术就是其中的典型代表，也有一些全新的技术方案被提及。

总之，物联网核心网今后可能发展为与现有核心网差别很大的网络，届时，目前存在的众多安全威胁或减轻或消失，但也会有新的威胁出现，从而提出新的安全要求。

5.2.1.2 物联网网络层安全技术需求

（1）网络层安全特点。物联网是一种虚拟网络与现实世界实时互动的新型系统，其核心和基础仍然是互联网。物联网的网络安全体系和技术涉及网络安全接入、网络安全防护、嵌入式终端防护、自动控制与检测、中间件的稳健性等多种技术，需要长期研究和探索其中的理论、技术和标准。与移动网络和计算机互联网相同，物联网同样面临网络的管控及服务质量等一系列问题。根据物联网自身的特点，物联网除了面临移动通信网络和计算机互联网等传统网络的安全问题外，还存在着一些与现有网络安全不同的特殊安全问题。这是由物联网是由大量的节点构成，缺少现场人员监管，数量庞大，设备集群等相关特点造成的。物联网的网络安全区别于传统的 TCP/IP 网络安全的特点如下所述。

①物联网是在移动通信网络和计算机互联网基础上延伸和扩展的网络。由于不同应用领域的物联网具有完全不同的网络安全和服务质量要求，因此它无法再复制计算机互联网成功的技术模式。此外，现有通信网络的安全架构都是从人的通信角度设计的，并不适用于机器间的通信应用，使用现有安全机制会割裂物联网机器间的逻辑关系。针对物联网不同应用领域的专用性要求，需要客观地设计物联网的网络安全机制，科学地设定网络层安全技术要求和开发目标。

②物联网的网络面临现有 TCP/IP 网络面临的所有安全问题，同时还因为感知层所采用的数据格式多样，来自各种各样感知节点的数据是海量的，且数据结构差异大这几方面原因，将面临更加复杂的网络安全问题。

③物联网和计算机互联网的关系密不可分、相辅相成。计算机互联网基于优先级管理的典型特征，对安全性、可信性、可控性、可管性等都没有特殊要求。但是，物联网对于实时性、安全可信性、资源保证性等方面却有更高的要求。

④物联网需要严密的安全性和可控性。物联网的绝大多数应用都涉及个人隐私或企业商业敏感信息。物联网必须保证严密的安全性和可控性，具有保护个人隐私、防御网络攻击的多种能力。

（2）物联网的网络层安全需求。从信息与网络安全的角度看，物联网作为一个多网并存的异构网络，不仅存在与传感器网络、移动通信网络和计算机互联网同样的安全问题，还有其特殊性，如异构网络的认证、访问控制、信息融合等相关问题。物联网的网络层主要用于实现物联网信息的双向传递和控制，而重点则在于适应物物通信需求的无线接入网络和核心网的改造和优化，同时在物联网的网络层，异构网络的信息交换将成为安全方面的脆弱点，特别在网络鉴权认证过程中，难免会遭受网络攻击。

物联网应用承载网络主要由计算机互联网、移动通信网和其他无线网络构成，物联网网络层对安全的需求包括以下几个方面。

①业务数据在承载网络中的传输安全。需要保证在承载网络传输过程中，物联网业务数据内容不被泄露、篡改及数据流量信息不被非法窃取等。

②承载网络的安全防护。病毒、木马、DDoS 攻击是网络中较常见的攻击手法。这些攻击未来在网络中将会更加突出，物联网中需要解决的问题是如何对脆弱传输节点或核心网络设备的进行安全保护。

③终端及异构网络的鉴权认证。在物联网的网络层，对物联网终端进行轻量级鉴权认证和访问控制，实现对物联网终端的接入认证、异构网络互连的身份认证、鉴权管理等是物联网网络层安全的核心需求。

④异构网络下终端安全接入。物联网应用业务承载网包括计算机互联网、移动通信网、无线局域网（WLAN）、无线个域网（WPAN）等多种类型。在异构网络环境下，大规模网络融合应用需要对网络安全接入体系结构进行全面设计，需针对物联网 M2M 的业务特征，对网络接入技术和网络架构进行改进和优化，以满足物联网业务的网络安全应用需求。其中包括网络对低移动性、低数据量、高可靠性、海量容量的优化，包括适应物联网业务模型的无线安全接入技术、核心网络技术的优化，包括终端寻址、安全路由、鉴权认证、网络边界管理、终端管理等技术的优化，包括适用于传感器节点的短距离安全通信技术，以及易购网络的融合和协调技术的优化。

⑤物联网应用网络统一协议需求。物联网是计算机互联网的延伸，在物联网核心网络层面以 TCP/IP 协议为基础，但在网络接入层面，协议类别多样，物联网需要一个统一的协议栈和相应的技术标准，以此杜绝通过篡改协议、协议漏洞等安全风险威胁网络应用安全。

⑥大规模终端分布式安全管控。物联网与计算机互联网的关系是密不可

分的，互联网基于优先级管理的典型特征使得其对安全性、可信性，可控性、可管性等都没有特殊要求，但是物联网对于实时性、安全可信性、资源保证性等方面却有更高的要求。物联网的安全框架、网络动态安全管控系统对通信平台、网络平台、系统平台和应用平台等提出了更高的安全要求。物联网应用终端的大规模部署，对网络安全管控体系、安全管控与应用服务统一部署、安全检测、应急联动、安全审计等提出了新的安全需求。

5.2.1.3 物联网网络层安全架构

随着物联网的发展，建立端到端的全局物联网成为趋势，现有互联网、移动通信网络将成为物联网的基础承载网络。通信网络在物联网架构中的应用不足，使得早期的物联网应用往往在部署范围、应用领域、安全保护等诸多方面有所局限，终端之间及终端与后台应用系统之间难以协同。在传统互联网、移动通信网络中，网络层的安全和业务层的安全是相对独立的。物联网的特殊安全问题很大一部分是由于物联网是在现有通信网络基础上集成了感知网络和应用平台而形成的。因此，网络中的大部分机制适用于物联网并能够提供一定的安全保障，如认证机制、加密机制等。物联网的网络层可分为业务网、核心网、接入网 3 个层次。

网络层安全解决方案应该包括以下内容。

（1）构建物联网与互联网、移动通信网相融合的网络安全体系结构，重点对网络体系架构、网络与信息安全、加密机制、密钥管理体制、安全分级管理机制、节点间通信、网络入侵检测、路由寻址、组网及鉴权认证和安全管控等方面进行全面设计。

（2）建设物联网网络安全统一防护平台，通过对核心网络和终端进行全面的安全防护部署，建设物联网网络安全防护平台，完成对终端安全管控、安全授权、应用访问控制、协调处理，以及终端态势监控与分析等方面的管理。

（3）增加物联网系统各应用层次之间的安全应用与保障措施，重点规划异构网络、功能、软硬件操作界面集成及职能控制、系统级软件和安全中间件等技术应用。

（4）不同行业的需求千差万别，要面向实际应用需求，建立全面的物联网网络安全接入与应用访问控制机制，满足物联网终端产品的多样化网络安全需求。

5.2.2 物联网核心网安全

目前，物联网核心网主要是运营商的核心网络，其安全防护系统组成包括安全通道管控设备、网络密码机、防火墙、入侵检测系统、漏洞扫描系统、病毒防护系统、补丁分发系统、综合安全管理系统等。核心网安全防护系统可以为物联网终端设备提供本地和网络应用的身份认证、网络过滤、访问控制、授权管理等安全防护服务。

5.2.2.1 综合安全管理设备

综合安全管理设备能够对全网的安全态势进行统一监控，实时反映全网的安全状态，对安全设备或系统进行统一管理，能够构建全网安全管理体系，对专网各类安全实现统一管理，同时可以实现全网安全时间的上报与归类分析，全面掌握网络安全状况，实现网络各类安全系统和设备的联防联动。

综合安全管理设备对核心网络环境中的各类安全设备进行集中管理和配置，在统一调度下完成对安全通道管控设备、防火墙、入侵检测设备、应用安全访问控制设备、补丁分发设备、防病毒服务器、漏洞扫描设备、安全管控系统的统一管理，能够对产生的安全态势数据进行汇聚、过滤、优先级排序和关联分析等，支持对安全事件的应急响应处理，能够针对确切的安全事件自动生成安全响应策略，及时降低或阻断安全威胁。

5.2.2.2 证书管理系统

证书管理系统签发和管理数字证书，由证书注册中心、证书签发中心及证书目录服务器组成。

（1）证书注册：审核注册用户的合法性，代用户向证书签发中心提出证书签发请求，并将用户证书和密钥写入身份令牌，完成证书签发。

（2）证书撤销：当用户身份令牌丢失或用户状态改变时，向证书签发中心提出证书撤销请求，完成证书撤销列表的签发。

（3）证书恢复：当用户身份令牌损坏时，向证书签发中心提出证书恢复请求，完成用户证书的恢复。

（4）证书发布：负责将签发或恢复好的用户证书及证书撤销列表发布到证书目录服务器中。

（5）身份令牌：为证书签发、恢复等模块提供用户身份令牌的操作接口，包括用户临时密钥的生成、私钥的解密写入、用户证书的写入及用户信息的读取等。

（6）证书签发服务：接受证书注册中心的证书签发请求，完成证书的签发。

（7）证书撤销服务：接受证书注册中心的证书撤销请求，完成证书撤销列表的签发。

（8）密钥申请：向证书密钥管理系统申请密钥服务，为证书签发、撤销、恢复等模块提供密钥的发放、撤销和恢复接口。

（9）证书查询服务：为证书签发服务系统、证书注册服务系统和其他应用系统提供证书查询接口。

（10）证书发布服务：为证书签发服务系统、证书注册服务系统和其他应用系统提供证书和证书撤销列表的发布接口。

（11）证书状态查询服务：提供便于证书当前状态的快速查询，以判断证书在当前时刻是否有效。

（12）日志审计：记录证书管理操作过程，发挥查询统计功能。

（13）备份恢复：发挥数据库备份和恢复功能，保障用户证书等数据的安全。

5.2.2.3 应用安全访问控制设备

应用安全访问控制采用安全隧道技术，在应用的物联网终端和服务器之间建立一个安全隧道，并且隔离终端和服务器之间的直接链接，所有的访问都必须通过安全隧道，没有经过安全隧道的访问请求一律丢弃。应用安全访问控制设备收到终端从安全隧道发来的请求，先验证终端设备的身份，并根据终端设备的身份查询该终端设备的权限，再根据终端设备的访问权限决定是否允许该终端设备进行访问。

应用安全访问控制设备需要实现的主要功能包括以下几方面。

（1）统一的安全保护机制：为网络中多台应用服务器提供集中式统一身份认证、安全传输、访问控制等机会。

（2）身份认证：基于各种数字证书的身份认证机制，在应用层严格控制终端设备对应用系统的访问接入，可以完全避免终端设备身份假冒事件的发生。

（3）数据安全保护：在终端设备与应用访问控制设备之间建立访问被保护服务器的专用安全通道，该安全通道为数据传输提供数据封装、完整性检验等安全保障。

（4）访问控制：结合授权管理系统，对各种网络应用服务实现目录一级的访问控制，在授权管理设备中没有授予任何访问权限的终端设备，将不被允许登录应用访问控制设备。

（5）透明转发：支持根据用户策略的设置，实现多种协议的透明转发。

（6）日志审计：能够记录终端设备的访问日志，能够记录管理员的所有配置管理操作，可以查看历史记录。

（7）应用安全访问控制设备和授权管理设备共同实现对方位服务区域终端设备的身份认证及访问权限控制，通过建立统一的身份认证体系，在终端部署认证机制，通过应用访问控制设备对访问应用服务安全域应用服务器的终端设备进行身份认证和授权访问控制。

5.2.2.4 安全通道管理设备

安全通道管理设备部署于物联网 LNS 服务器与运营商网关之间，用于抵御来自公网或终端设备的各种安全威胁。其主要特点体现在两个方面：透明，即对用户透明、对网络设备透明，满足电信级要求；管控，即根据需要对网络通信内容进行管理和监控。

5.2.2.5 网络加密机

网络加密机部署于物联网应用的终端设备和物联网业务系统之间，建立了一个安全通道，并且隔离终端设备和中心服务器之间的直接链接，所有的访问都必须通过加密机采用分组密码算法加密。在公共移动通信网络上构建自助安全可控的物联网虚拟专用网（VPN），使物联网业务系统的各种应用业务数据安全、透明地通过公共通信环境，确保终端数据传输的安全保密。

5.2.2.6 漏洞扫描系统

漏洞扫描系统可以对不同操作系统下的计算机进行漏洞扫描，主要用于分析和指出安全保密分系统计算机网络的安全漏洞及被测系统的薄弱环节，给出详细的检测报告，并针对检测到的网络安全隐患给出相应的修补措施和安全建议，提高安全保密分系统安全防护性能和抗破坏能力，保障安全保密分系统的运行安全。漏洞扫描系统的主要功能如下所述。

（1）可以对各种主流操作系统的主机和智能网络设备进行扫描，发现安全隐患和漏洞，并提出修补建议。

（2）可以对单 IP、多 IP、网段进行定时扫描，无须人工干预。

（3）扫描结果可以生成不同类型的报告，提供修补漏洞的解决方法，另外在报告漏洞的同时，提供相关的技术站点和修补方法，方便管理员进行处理。

（4）漏洞分类，包括拒绝服务攻击、远程文件访问测试、一般测试、FTP测试、远程获取权限、毫无用处的服务、后门测试、NIS测试、Windows测试、Finger攻击测试、防火墙测试、SMTP测试、端口扫描、RPC测试、SNMP测试等。

5.2.2.7 防火墙

防火墙阻挡的是对内网的非法访问和不安全数据的传递。通过防火墙可以过滤不安全的服务和非法用户。防火墙根据制定好的安全策略控制不同安全域之间的访问行为，将内网与外网分开，并能根据系统的安全策略控制出入网络的信息流。

防火墙以 TCP/IP 和相关的应用协议为基础。防火墙分别在应用层、传输层、网络层与数据链路层对内外通信进行监控。应用层侧重于对链接所有的具体协议内容进行检测；在传输层和网络层主要实现对 IP、ICMP、TCP和 UDP 协议的安全策略进行访问控制；在数据链路层实现 MAC 地址检查，防止 IP 欺骗。采用这样的体系结构，形成立体的防卫，防火墙能够最直接地保证安全。其基本功能如下所述。

（1）状态检测包过滤：规则表与连接状态表共同配合，促进安全性动态过滤；根据实际应用的需要，动态地为合法访问链接打开所需接口。

（2）地址转换：促进对任意接口的地址转换，并且无论防火墙工作在何种模式（路由、透明、混合）下，都能实现 NAT 功能。

（3）带宽管理：支持带宽管理，可按接口细分带宽资源，具有灵活的带宽使用控制功能。

（4）虚拟专用网络（VPN）：支持网关—网关的 IPSec 隧道，实现虚拟专用网。

（5）日志和告警：完善的日志系统拥有独立的接收及告警装置，发挥符合国际标准的日志格式审计和报警功能，可提供所有网络的访问活动情况，同时具备就可疑的和有攻击性的访问情况向系统管理员告警的功能。

5.2.2.8 入侵检测系统

入侵检测设备为终端子网提供异常数据检测，及时发现攻击行为，并在局域网或全网预警。攻击行为的及时发现可以触发安全事件应急响应机制，防止安全事件的扩大和蔓延。入侵检测系统在对全网数据进行分析和检测的同时，还可以对多种应用协议进行审计，记录终端设备的应用访问行为。

入侵检测设备首先获得网络中的各种数据，然后对 IP 数据进行碎片重组。此后，入侵检测模块对协议数据进一步分拣，将传输控制协议（TCP）、用户数据报协议（UDP）和 Internet 控制报文协议（ICMP）数据分流。针对 TCP 数据，入侵检测模块进行 TCP 流重组。在此之后，入侵检测模块、安全审计模块和流量分析模块分别提取与其相关的协议数据进行分析。

入侵检测系统由控制中心软件和探测引擎组成，其中控制中心软件管理所有探测引擎，为管理员提供管理界面查看和分析检测数据，根据告警信息及时做出反应。探测引擎的采集接口部署在交换机的镜像接口，用于检测进出的网络信息。

5.2.2.9 防病毒服务器

防病毒服务器用于保护网络中的主机和应用服务器，防止主机和服务器由于感染病毒出现系统异常、运行故障，甚至瘫痪或丢失数据。防病毒服务器由监控中心和客户端组成，客户端分服务器版和主机版，分别部署在服务器或者主机上，监控中心则部署在安全保密基础设施子网中。

5.2.2.10 补丁分发服务器

补丁分发服务器部署在安全防护系统内网中，补丁分发系统采用 B/S 模式，可在网络的任何终端通过登录内网补丁分发服务器的管理页面进行管理和查询各种信息；所有的网络终端都需安装客户端程序以对其进行监控和管理。补丁分发系统同时需要在外网部署一台补丁下载服务器，用来更新补丁信息。补丁分发系统将来可根据实际需要在客户端数量、管理层次和功能上进行无缝平滑的扩展。

5.2.3 移动通信接入安全

移动通信一直是大家很关注的话题，从最初的 1G 系统发展到现在的 4G 系统，从中人们能够很清楚地看到系统的完善和技术的进步。随着网络业务的不断增多，网络上传输的数据越来越敏感，以及使用移动通信网络的人数不断增多，移动通信的安全性也越来越受到人们的重视。

5.2.3.1 移动通信面临的威胁

移动通信所面临的攻击有多种，其分类方法也是各式各样，按照攻击的位置分类可以分为对无线链路的威胁、对服务网络的威胁，还有对移动终端的威胁；按照攻击的类型分类可以分为拦截侦听、伪装、资源篡改、流量分析、拒绝服务、非授权访问服务、DoS 攻击和中断；根据攻击方法可以分为消息损害、数据损害以及服务逻辑的损害。

（1）按攻击方法分类。

①消息损害：通过对信令的损害达到攻击的目的。

②数据损害：通过损害存储在系统中的数据达到攻击的目的。

③服务逻辑损害：通过损害运行在网络上的服务逻辑，即改变以往的服务方式，方便进行攻击。

（2）按攻击类型分类。

①拦截侦听：入侵者被动地拦截信息，但是不对信息进行修改和删除，所造成的结果不会影响到信息的接收和发送，但造成了信息的泄露。如果是保密级别的消息，就会造成很大的损失。

②伪装：入侵者将伪装成网络单元用户数据、信令数据及控制数据来获取服务。

③资源篡改：修改、插入、删除用户数据或信令数据以破坏数据的完整性。

④流量分析：入侵者主动或者被动地监测流量，并对其内容进行分析，获取其中的重要信息。

⑤拒绝服务：在物理上或者协议上干扰用户数据、信令数据以及控制数据在无线链路上的正确传输，实现拒绝服务的目的。

⑥非授权访问服务：入侵者对非授权服务的访问。

⑦DoS 攻击：这是一个常见的攻击方法，即利用网络无论是存储还是计算能力都有限的情况，使网络超过其工作负荷导致系统瘫痪。

⑧中断：通过破坏网络资源达到中断的目的。

5.2.3.2 移动通信终端安全

移动通信终端作为用户使用移动业务的工具，作为存储用户个人信息的载体，在信息安全方面要配合移动网络保证移动业务的安全，要保证移动网络与移动通信终端之间通信通道的安全可靠，同时还要保证用户个人私密信息的安全。物联网的应用系统离不开智能移动通信终端设备的部署与管理。移动通信终端安全不仅涉及用户个人的信息安全，将来随着物联网应用的普及和深入，还会涉及商业信息安全，甚至是社会公众安全。

（1）移动终端面临的威胁。近年来，移动通信终端安全事件层出不穷。总体来讲，移动通信终端所面临的安全威胁主要来自以下几个方面：空中接口带来的安全威胁、外部接口带来的安全威胁、高速接入互联网带来的安全威胁、终端本身信息存储面临的安全威胁、SIM 卡面临的安全威胁。各方面的安全威胁可能造成的安全问题有：病毒感染、信息泄露、资费损失等。其中，病毒感染既可能造成手机不能够正常使用，也会引起信息泄露、资费损失，如生成卧底软件、自动拨打电话与发送短信的病毒等。

（2）提高移动通信终端信息安全的技术和手段。从上面的分析可以看到，目前移动通信终端面临多方面的安全威胁，为了保证移动通信终端的信息安全，需要从各方面采取有效措施。

①移动通信标准层面。2G、3G、4G 标准中均加入了一些安全机制内容，如终端接入网络的鉴权。在 2G 时期，只有网络对终端的认证，到了 3G、4G 时期，已经增加了终端对网络的认证，相应的安全性有所提高。另外，2G、3G、4G 标准中规定了语音加密相关内容，对信令进行完整性保护。

②高层业务角度。手机上开展的新业务越来越多，部分新业务对信息安全有特殊的要求，部分新业务可能为用户带来新的安全隐患。

要使对信息安全有特殊要求的业务顺利开展，需要在业务本身层面考虑如何增强业务的安全性，如基于证书开展业务、使用安全通信协议等。

③移动通信终端自身的信息安全技术。对于移动通信终端自身的信息安全技术，要从底层到高层，从移动终端芯片、移动终端操作系统、移动终端软件、移动终端外部接口等各个角度来考虑。主要目标是防止用户私密信息被泄露，防范病毒感染。

移动通信终端的硬件安全涉及多个层面，首要的是物理器件芯片的安全性。目前科技手段发达，通过探针、光学显微镜等物理攻击方式就可能获得硬件信息，因此为了保证信息安全，要从硬件角度设计具有抗物理攻击能力的芯片。另外，通常移动通信终端的芯片都具有调试端口（如 JTAG 端口），为了保障信息安全，调试端口应当在出厂时被禁用，以防止专业人士通过该端口轻松获得机密信息。

操作系统是移动通信终端应用软件运行的基础，因此保障移动通信终端操作系统的安全是保障移动通信终端信息安全的必要条件。首先，移动通信终端应能够进行系统程序的一致性检测，如果系统程序被非授权修改，则在启动过程中可以被检测出来，这样可以有效地防止非法刷机。其次，AT 指令可使用户通过电脑来对终端进行操作，因此移动通信终端操作系统不应向未授权应用程序提供直接调用 AT 指令的公开 API 函数（当移动通信终端开放了串口等外部接口时）。

在智能手机上可以安装各种各样的应用，对于这些应用软件，移动通信终端应当具备一致性检验能力。在用户安装任一软件时，系统应能够检验应用软件的合法性，防范未授权的可能携带病毒的软件被安装。对应用软件进行一致性检验只是防范病毒的一个手段，具有操作系统的智能手机还应具备安装防病毒软件的能力，可以实时更新防病毒软件，安装防火墙。

通常智能终端都具有丰富的外围接口，对于通过外围通信接口进行的通信，移动通信终端应提供一定的防范措施，特别是无线的连接方式（如红外、蓝牙、WLAN），终端必须为用户提供连接请求指示，当用户认可该次连接后方可进行连接，这样可以在一定程度上控制病毒等恶意代码的肆意传播。

目前移动通信终端存储空间巨大，通常存储了大量的用户个人信息，为了保证用户私密信息的安全，终端可提供相应的密码保护，如开机密码保护（或指纹识别）、用户关键信息的密码保护，还可提供文件及文件系统的加密保护等。由于移动通信终端更新换代很快，当用户想转让旧的移动终端时，为了保证用户信息能被彻底删除，移动通信终端可提供文件粉碎功能来彻底清除用户的所有信息。另外，移动通信终端丢失的情况时有发生，当终端丢失时，为了保护用户私密数据。移动通信终端可提供（U）SIM 卡更换告警、个人信息远程销毁、个人信息远程取回等业务功能来有效地保护用户的个人信息安全。

5.2.4 无线接入安全技术

无线局域网（WLAN）具有安装便捷、使用灵活、经济节约、易于扩展等有线网络无法比拟的优点，因此无线局域网得到了越来越广泛的使用。但是由于无线局域网信道开放的特点，攻击者通常能够很容易进行窃听，恶意修改并转发密码，因此安全性成为阻碍无线局域网发展的重要因素。目前，有很多种无线局域网安全技术，包括物理地址（MAC）过滤、服务区标识符（SSID）匹配、有线等效保密（WEP）、端口访问控制技术（IEEE 802.1x）、IEEE 802.11i等。面对如此多的安全技术，应该选择哪些技术来解决无线局域网的安全问题，才能满足用户对安全性的要求，成为摆在人们面前的一道难题。

5.2.4.1 无线局域网的安全威胁

利用 WLAN 进行通信必须具有较高的通信保密能力。关于现有的WLAN 产品，安全隐患主要体现于以下几点。

（1）未经授权使用网络服务。由于无线局域网采用开放的访问方式，非法用户可以未经授权而擅自使用网络资源，这样不但会占用宝贵的无线信道资源，增加带宽费用，降低合法用户的服务质量，而且未经授权的用户没有遵守运营商提出的服务条款，甚至可能导致出现法律纠纷。

（2）地址欺骗和会话拦截（中间人攻击）。在无线环境中，非法用户通过侦听等手段获得网络中合法站点的 MAC 地址比在有线环境中要容易得多，这些合法的 MAC 地址可以被用来进行恶意攻击。另外，由于 IEEE 802.11没有对无线访问点（AP）身份进行认证，非法用户很容易装扮成 AP 进入网络，并进一步获取合法用户的鉴别身份信息，通过会话拦截实现网络入侵。

（3）高级入侵（企业网）。一旦攻击者进入无线网络，它将成为进一步入侵其他系统的起点。多数企业部署的 WLAN 都在防火墙之后，这样 WLAN的安全隐患就会成为整个安全系统的漏洞，只要攻破无线网络，就会使整个网络暴露在非法用户面前。

5.2.4.2 无线局域网安全技术

通常网络的安全性主要体现在访问控制和数据加密两个方面。访问控制保证敏感数据只能由授权用户进行访问，而数据加密则保证发送的数据只能被所期望的用户所接收和理解。下面对在无线局域网中常用的安全技术进行分析。

（1）物理地址（MAC）过滤。每个无线客户端网卡都由唯一的 48 位物理地址（MAC）标识，可在 AP 中手工维护一组允许访问的 MAC 地址列表实现物理地址过滤。这种方法的效率会随着终端数目的增加而降低，而且非法用户通过网络侦听就可获得合法的 MAC 地址表，而 MAC 地址修改并不难，因此非法用户完全可以盗用合法用户的 MAC 地址来实现非法接入。

（2）服务集标识符（SSID）匹配。无线客户端必须设置与 AP 相同的 SSID，才能访问 AP。如果出示的 SSID 与 AP 的 SSID 不同，那么 AP 将拒绝它通过本服务区上网。利用 SSID 设置可以很好地进行用户群体分组，避免任意漫游带来的安全和访问性能问题。可以通过设置隐藏 AP 及 SSID 区域的划分和权限控制来达到保密的目的，因此可以认为 SSID 是一个简单的口令，通过提供口令认证机制，实现一定的安全保护功能。

（3）有线等效保密（WEP）。在 IEEE 802.11 中，定义了 WEP 来对无线传送的数据进行加密，WEP 的核心是采用的 RC4 算法。在标准中，加密密钥长度有 64 位和 128 位两种。其中，24 位的初始化向量（IV）是由系统产生的，需要在 AP 和无线工作站（STA）上配置的密钥就只有 40 位或 104 位。

WEP 协议是 IEEE 802.11 标准中提出的认证加密方法。它使用 RC4 流密码来保证数据的保密性，通过共享密钥来实现认证，理论上增加了网络侦听、会话截获等的攻击难度。

（4）端口访问控制技术（IEEE 802.1x）和可扩展认证协议（EAP）。IEEE 802.1x 并不是专为 WLAN 设计的，它是一种基于端口的访问控制技术。该技术也是用于无线局域网的一种增强网络安全的解决方案。当 STA 与 AP 关联后，是否可以使用 AP 的服务要取决于 IEEE 802.1x 的认证结果。如果认证通过，则 AP 为 STA 打开这个逻辑端口，否则不允许用户连接网络。

IEEE 802.1x 提供无线客户端与 RADIUS 服务器之间的认证，而不是客户端与 AP 之间的认证；采用的用户认证信息仅仅是用户名与口令，在存储、使用和认证信息传递中存在很大安全隐患，如泄露、丢失信息。

IEEE 802.1x 协议仅仅关注端口的打开与关闭，在合法用户（根据账号和密码）接入时，该端口打开，而在非法用户接入或没有用户接入时，则该端口处于关闭状态。认证的结果在于端口状态的改变，而不涉及通常认证技术必须考虑的 IP 地址协商和分配问题，是各种认证技术中较简化的方案。

（5）Wi-Fi 网络安全存取（Wi-Fi protected sccess, WPA）。在 IEEE 802.11i 标准最终确定前，WPA 标准是代替 WEP 的无线安全标准协议，为 IEEE 802.11i 无线局域网提供更强大的安全性能。WPA 是 IEEE 802.11i 的一个子集，其核心就是 IEEE 802.1x 和临时密钥完整性协议（TKIP）。

（6）消息完整性校验（MIC）。MIC 是为了防止攻击者从中间截获数据报文，篡改后重发而设置的。除了和 IEEE 802.11 一样继续保留对每个数据分段（MPDU）进行 CRC 校验（循环冗余校验）外，WPA 为 IEEE 802.11 的每个数据分组（MSDU）增加了一个 8 个字节的消息完整性校验值，这和 IEEE 802.11 对每个数据分段（MPDU）进行 ICV 校验（完整性校验值）的目的不同。ICV 的目的是保证数据在传输途中不会因为噪声等物理因素导致报文出错，因此采用相对简单高效的 CRC 算法，但是黑客可以通过修改 ICV 值来使之和被篡改过的报文相吻合，可以说没有任何安全功能。WPA 中的 MIC 则是为了防止黑客的篡改而定制的，它采用 Michael 算法，具有很高的安全特性。当 MIC 发生错误的时候，数据很可能已经被篡改，系统很可能正在受到攻击。此时，WPA 还会采取一系列的对策，如立刻更换组密钥、暂停活动 60 秒等，来阻止黑客的攻击。

5.2.5 网络层安全技术在门禁系统中的应用

由于传统的门禁系统在施行和维护中存在烦琐、费用高等问题，基于物联网的门禁系统刚刚出现，并最大程度做到了简化。那么，随之而来的问题是如何保证系统的安全与可靠性。

无线物联网门禁系统的安全与可靠性主要体现在两个方面：无线数据通信的安全性保证和传输数据的稳定性保障。在无线数据通信的安全性保证方面，无线物联网门禁系统通过智能跳频技术确保信号能迅速避开干扰，同时通信过程中采用动态密钥和 AES 加密算法，哪怕是相同的一个指令，每一次在空中传输的通信包都不一样，让监听者无法截取。但是，对于无线技术来讲，抗干扰能力却是始终绕不开的话题。在传输数据的稳定性保障方面，针对这一问题，无线物联网门禁专门设计了脱机工作模式，这是一种确保在无线受干扰失效或者中心系统宕机后也能正常开关门的工作模式。以无线门锁为例，在无线通信失败时，它等同于一把不联网的宾馆锁，仍然可以正常开关门（和联网时的开门权限一致），用户感觉不到脱机和联机的区别，唯一的区别是脱机时刷卡数据不是即时传到中心，而是暂存在锁上，在通信恢复正常后再自动上传。无线物联网是一个超低功耗产品，这样会使电池的寿命更长。

无线物联网门禁系统的通信速度达到了 2 Mb/s，越快的通信速度就意味着信号在空中传输的时间越短，消耗的电量也越少，同时无线物联网门禁系统采用的锁具只在执行开关门动作时才消耗电量。无线物联网门禁系统可以直接替换现有的有线联网或非联网门禁系统。对于办公楼宇系统，应用无线物联网门禁能显著降低施工工作量，降低使用成本；对于宾馆系统，能提升门禁的智能化水平。

5.3　应用层安全技术及其应用

应用层面向实际需要的各类应用服务，与感知层和网络层不同，应用层会面临一些新的安全问题，必须采用一些新的安全解决方案来应对这些问题。

5.3.1　应用层安全概述

5.3.1.1　物联网应用层面安全层次

物联网应用层一般包括中间件层和应用服务层两个层次，因此其安全问题也就涉及两层面。

（1）中间件层安全风险。中间件层对网络层传输来的数据和信息进行收集、分析和整合、存储、共享、智能处理和管理等。

该层的重要特征是智能化地自动处理信息，其目的是使处理过程方便迅速。但自动化过程对恶意数据，特别是恶意指令信息的判断能力有限，攻击者很容易避开安保规则，对中间件进行攻击。中间件层的安全问题主要包括以下几个方面。

①恶意信息和指令。中间件层在从网络中接收信息的过程中，需要判断哪些信息是真正有用合法的信息，哪些是垃圾和恶意信息。在来自网络的信息中，有些属于一般性的数据，而有些则是系统中的操作指令。这些指令有

些可能是某种原因造成的无效或错误指令，甚至是攻击者恶意传输进来的指令。如何通过一定技术手段甄别出真正的信息和指令，是物联网中间件层的重大安全内容。

②海量数据的处理。物联网时代需要处理的信息是多元的和海量的，产生信息和处理信息的平台也是分布式的，因此在信息处理过程中需要在这些分布式的信息平台间进行传输和有序分配。这些信息在传输过程中的安全直接关系到整个物联网应用系统的安全。因此，信息的智能处理和加密、解密任务成了中间件层的一项重要安全内容。

③智能处理的漏洞。物联网的信息传输与处理较多是自动化进行的。计算机的智能判断在速度上有优势，但在安全事件识别和判断上不及人为干预有效。攻击者有机会在数据采集、传输、分配、存储和应用等环节躲过智能处理过程中的识别和过滤，从而达到攻击系统的目的。因此，安全层面的高智能化处理是物联网安全领域重要的问题。

④灾难控制和恢复。物联网传感节点和传输网络的工作环境千差万别，有的甚至远离人所触及的地方。因此，各种因素导致的系统失灵不可避免。在处理失灵不及时的情况下，就给攻击者提供了机会。在此过程中有效隔离灾难的影响，并将攻击和自然失灵所造成的损失降到最低程度，尽快从灾难中恢复到正常工作状态，是物联网中间件层的一个重要安全任务。

⑤非法人为干预（内部攻击）。中间件层虽然进行智能化自动处理，但也允许人为干预的存在。人为干预可能发生在智能处理无法做出正确判断之时，也可能发生在智能处理过程中出现关键中间结果或最终结果时，还可能发生在任何其他需要人为干预的时候。人为干预的目的是促使中间件层更好地工作，但干预人员可能实施恶意行为，而这具有很大的不可预测性，因此除技术审计手段外，应更多地加强管理。

⑥设备丢失。中间件层能处理的平台大小不同，大到高性能的工作站，小到移动终端（手机等），工作站的威胁来自内部人员，而移动终端的重大威胁是设备丢失。由于移动终端是信息处理与应用平台，而且其本身通常携带大量重要机密信息，因此如何减少作为处理平台的移动终端设备的丢失问题，也是物联网中间件层面临的重要安全问题。

（2）应用服务层安全风险。应用服务层提供各种物联网系统的具体应用服务，它所涉及的安全问题通过前面几个逻辑层的安全解决方案可能仍然无法解决，属于特殊安全问题，主要包括以下几点。

①访问权限决策。由于物联网需要根据不同应用需求对共享数据分配不同的访问权限，而且不同权限访问同一数据库可能得到不同的结果，因此如何以安全的方式处理信息的分配访问是应用服务层的第一个安全问题。

②用户隐私信息。隐私保护问题在感知层和网络层都不会出现，但在某些实际场合中，该问题是应用服务的特别安全要求，开发人员必须考虑和解决这类问题。随着个人和商业信息的网络化应用与传播，特别是在物联网时代，越来越多的信息涉及用户的隐私数据。在很多情况下，这些隐私数据会被不法之人滥用，借以谋取私利。因此，如何为这些数据信息提供隐私保护，是一个具有挑战性的安全问题。

③信息的隔离与审计。在物联网应用中，很多关键信息或个人隐私信息的安全性需要得到重点关注。那么，在这些信息的传输、使用过程中能否提供有效的隔离和行为审计服务，将是关系到信息安全的重要问题。关键数据信息在使用的整个过程中，应该严格与无关人员或服务隔离，并对信息的使用"痕迹"进行严格的审计记录。

④剩余信息保护。数据销毁的目的是销毁那些在加密与解密过程中所产生的临时中间数据，一旦密码算法或协议实施完毕，这些中间数据将不再有用，但这些数据如果落入攻击者手里，则会带来不可预知的风险。因此，这些剩余信息的处理成为一个不可忽视的安全因素。

⑤应用服务软件本身的安全。软件的非法破解已成为业内让人头疼的问题，应用软件产权的保护，不仅涉及软件开发者与拥有者的经济利益，还涉及物联网应用系统的安全问题。因为，一旦应用软件本身被破解了，随之而来的安全隐患将是无法估量的。

5.3.1.2 应用服务层的攻击

（1）蠕虫病毒。网络蠕虫病毒的工作流程一般可以分为以下几个阶段：扫描、攻击、处理、复制。扫描阶段主要是收集目标地址空间内存在漏洞的计算机相关信息，为攻击目标做准备；攻击阶段则是对扫描出的存在漏洞的计算机进行攻击，并感染目标机器；处理阶段则是将自己隐藏在已感染的主机上，并且给自己留下后门，执行破坏命令；复制阶段主要是自动生成多个副本，主动感染其他主机，达到破坏网络的效果。

（2）木马间谍软件。木马是指通过一段特定的程序（木马程序）来控制另一台计算机。木马通常有两个可执行程序：一个是客户端，即控制端；另一个是服务端，即被控制端。木马的设计者为了防止木马被发现，通常采用多种手段隐藏木马。木马的服务一旦运行并被控制端链接，其控制端将享有服务端的大部分操作权限，如给计算机增加口令，浏览、移动、复制、删除文件，修改注册表，更改计算机配置等。

随着病毒编写技术的发展，木马程序对用户的威胁越来越大，尤其是一些木马程序采用了极其狡猾的手段来隐蔽自己，使普通用户很难在中毒后有所发觉。

间谍软件是一种能够在用户不知情的情况下，在其电脑上安装后门以收集信息的计算机程序或文件。这类软件一般不会对计算机系统进行破坏，而是会窃取用户在计算机上存储的信息，如个人网上银行账户和密码、电子邮箱的密码，以及用户的网络行为（如用户的浏览习惯）等，并把这些信息发送到远端的服务器，从而损害用户的利益。有的软件虽然在安装时会有用户授权协议，但是其实际行为往往与宣称的不符，可能有潜在的间谍软件行为，因此通常会被列入间谍软件分类中。

（3）DoS/DDoS 攻击。DoS 是 denial of service 的简称，即拒绝服务，造成 DoS 的攻击行为被称为 DoS 攻击，其目的是使计算机或网络无法提供正常的服务。最常见的 DoS 攻击有计算机网络带宽攻击和连通性攻击。带宽攻击指以极大的通信量冲击网络，使得所有可用网络资源都被消耗殆尽，最后导致合法的用户请求无法通过；连通性攻击指用大量的连接请求冲击计算机，使得所有可用的操作系统资源都被消耗殆尽，最终计算机无法再处理合法用户的请求。

DDoS 是 distributed denial of service 的简称，即分布式拒绝服务。DDoS 的攻击方式有很多种，最基本的 DDoS 攻击就是利用合理的服务请求来占用过多的服务资源，从而使合法用户无法得到服务响应。

DDoS 攻击手段是在传统的 DoS 攻击基础之上产生的。单一的 DoS 攻击一般采用一对一的方式，当攻击目标的 CPU 速度低、内存小或者网络带宽小时，它的攻击效果是明显的。随着计算机与网络技术的发展，计算机的处理能力迅速增长，内存大大增加，同时也出现了千兆级别的网络，这使得 DoS 攻击的困难程度明显加大，目标对恶意攻击包的"抵抗能力"得以提高。这时候分布式的拒绝服务攻击手段（DDoS）就应运而生了。DDoS 利用众多的傀儡机来发起进攻，以比从前更大的规模来进攻受害目标。高速广泛连接的网络给大家带来了方便，也为 DDoS 攻击创造了有利的条件。在低速网络时代，黑客占领攻击用的傀儡机时，总是会优先考虑离目标网络距离近的机器，因为经过路由器的跳数少，效果好。电信骨干节点之间的连接都是以 G 为级别的，大城市之间更可以达到 2.5G 的连接，这使得攻击可以从更远的地方或者其他城市发起，攻击者的傀儡机位置可以分布在更远的范围，选择起来也更加灵活。

5.3.2 应用服务层的安全技术

5.3.2.1 中间件安全架构

中间件安全构架包括安全服务入口、身份认证器、授权管理器、拦截验证器、拦截审计器、安全上下文、混淆传输对象、安全日志管理器、安全管道等要素。

（1）安全服务入口。安全服务入口集中发挥安全功能，将安全机制封装为服务，并暴露给应用开发人员简单的接口以便调用，当用户提出一种安全请求时，由安全服务入口维护安全上下文，并将安全上下文传递给能够实现服务的模块或服务器。对应用开发人员来说，这样可使屏蔽安全机制具有复杂性，且只需要与安全服务入口这一个部分进行交互，同时降低了耦合度，增加了变更和提升安全机制的灵活性。

（2）身份认证器。合法用户须经过合适的认证后才能访问中间件。对身份的认证方法有很多，如基于密码的认证和基于证书的认证等，对应不同种类的用户凭证可采用不同的认证方法。安全架构采用集中认证，将认证机制封装于通用接口的后面，这样为认证机制的变更和复用预留了空间，隐藏了认证机制的细节。经过认证后，将用户相关信息存放至安全上下文。中间件安全架构实现了密码认证、证书认证和智能卡认证。

（3）授权管理器。授权管理由用户角色映射来实现。每类角色都要根据特定准则访问特定资源，这些准则由业务规范和策略定义。授权管理器也是集中控制的，提供了访问控制的检查集中点，避免了复制代码，也提高了复用性。中间件安全架构根据 Java API 提供的安全接口精确地实现了细粒度授权，轻松地添加了新权限类型。中间件主要有以下几种用户角色：中间件管理员、各行业用户，如零售用户、物流用户、医药用户、服装用户及军事用户等。

（4）拦截验证器。当前著名的攻击策略都是发送非法数据或恶意代码来破坏系统，拦截验证器用于扫描和验证传入的数据是否含有恶意代码和非法内容，在数据使用之前对其进行拦截和清理。拦截验证器采用动态加载机制，即在拦截验证器内包含了一个验证器链，可动态添加和组合验证器。当验证数据时，可根据用户指定的配置文件获取合适的验证器进行验证，验证完成后，系统可以使用这些安全的数据。中间件两次使用拦截验证器。设备管理层使用拦截验证器来验证从读写器捕获的标签数据，防止伪造和重放攻击；业务整合层使用拦截器用于检查从用户处获得的数据，确保数据的合法性和有效性，避免遭受伪装请求、参数篡改等攻击。

（5）拦截审计器。审计是安全解决方案的基本方法。拦截审计器使用策略对应用中发生的行为或事件进行协调和管理，集中执行审计功能，并以声明方式定义审计事件，即使用配置文件，这样便于在系统运行过程中逐步完善审计事件。作为审计集中点的拦截审计器可以使变更限定在一个地方，提高可维护性。

（6）安全上下文。安全上下文是包含认证和授权凭证的数据结构，应用组件能够验证这些凭证，达到共享和传输客户全局安全使用信息的目的。安全上下文在上层系统的安全请求发出时创建，存储的请求内容、凭证信息最大程度地减少了安全任务的重复。

（7）混淆传输对象。混淆传输对象用来保护在各层之间传输的关键数据，传输对象能有效地移动大量数据。混淆传输对象使开发人员能根据业务需求指定传输对象中要保护的数据，使用对象中的队列存放数据，屏蔽在特定时限内对数据的访问，防止这些敏感数据在传输过程中泄露和写入日志。

（8）安全日志管理器。安全日志记录下敏感数据和应用事件，用于调试和保存攻击证据，同时要防止日志数据被恶意追踪和修改。安全日志管理器集中管理和监控系统中的日志，避免了冗余。通过对日志文件加解密来保护数据的机密性和完整性，同时使用序列号检测数据是否被非法删除。

（9）安全管道。数据在传输时可能泄露用户隐私已经成了一个越来越受关注的问题，为了防止对客户隐私的窃取、跟踪和重放攻击，需使用安全管道来保障数据的传输安全。安全管道使用安全套接层（SSL）连接保护点对点的通信链路，SSL技术为应用层间数据通信提供安全途径，它位于可靠的传输层之上，为高层的应用提供透明的服务，保证传输信息的私密性、可靠性和不可否认性。

5.3.2.2 数据安全技术

（1）数据加密与封装技术。数据加密保护基于如下一些机制。

①过滤驱动文件透明加/解密：采用系统指定的加解密策略（如加解密算法、密钥和文件类型等），在数据创建、存储、传输的瞬态进行自动加密，整个过程完全不需要用户的参与，用户无法干预数据在创建、存储、传输、分发过程中的安全状态和安全属性。

②内容加密：系统对数据使用对称密钥加密，然后打包封装。数据可以在分发前预先加密打包存储，也可以在分发时即时加密打包。

③内容完整性：内容发送方向接收方发送数据时，数据包包含数据的 Hash 值，接收方收到数据包解密后获得数据明文，计算 Hash 值，并与对应数据包中携带的 Hash 值进行比较，两者相同表示该数据信息未在传输过程中被修改。

④身份认证：所有的用户都各自拥有自己唯一的数字证书和公私钥对，发送方和接收方通过 PKI 证书认证机制，相互确认对方身份的合法性。

⑤可靠与完整性：为保证数据包的可靠性和完整性，关于数据包中携带的重要信息（如内容加密密钥）采用接收方的公钥进行加密封装，从而将数据包绑定到接收方，确保仅有指定的接收方才能正确解密该数据包，使用其私钥提取内容加密密钥。另外，发送方向接收方在发送数据包前，先用其私钥对封装后的数据包进行数字签名。接收方收到数据包后采用发送方的公钥对数字签名进行验证，从而确认数据包是否来自发送方，且在传输过程中未被修改。

（2）密钥管理技术。在一个安全系统中，总体安全性依赖于许多不同的因素，如算法的强度、密钥的大小、口令的选择、协议的安全性等，其中对密钥或口令的保护尤其重要。另外，有预谋地修改密钥或对密钥进行其他形式的非法操作，将涉及整个安全系统的安全性。密钥管理包括密钥的产生、装入、存储、备份、分配、更新、吊销和销毁等环节，是提供数据保密性、数据完整性、可用性、可审查性和不可抵赖性等安全技术的基础。

（3）数字证书。加密是指对某个内容加密，加密后的内容还可以通过解密进行还原。比如，对一封邮件进行加密，加密后的内容在网络上进行传输，接收者在收到后，通过解密可以还原邮件的真实内容。

（4）内容安全。内容安全主要是直接保护在系统中传输和存储的数据（信息）。在内容安全工作中，主要是对信息和内容本身进行一些变形和变换，或者对具体的内容进行检查。人们也可以将内容安全理解为在内容和应用的层次上进行的安全工作，一些系统层次的安全功能在这个层次都有对应和类似的功能。

①加密（保密性、完整性、抗抵赖性等）：加密是非常传统的，但又一直是一项非常有效的技术。

②内容过滤：对企业关心的一些主题进行内容检查和过滤，具体可能用关键字技术，也可能使用基于知识库的语义识别过滤系统。

③防病毒：计算机病毒一般都隐藏在程序和文档中。目前典型的防病毒技术就是对信息中的病毒特征代码进行识别和查杀。

④VPN 加密通道：虚拟专用网 VPN 需要通过不可信的公用网络来建立自己的安全信道，因此加密技术是重要的选择。

⑤水印技术：水印技术是信息隐藏技术的一种。一般信息都隐藏在有一定冗余量的媒体中，如图像、声音、录像等多媒体信息，在文本中进行隐藏的比较少。水印技术是可以替代一般密码技术的保密方法。

5.3.2.3 云计算安全

（1）云计算面临的安全隐患。

①云计算平台的安全隐患。

第一，系统可靠性的隐患。由于"云"中存储大量的用户业务数据、隐私信息或其他有价值信息，因此很容易受到攻击，这些攻击可能来自窃取服务或数据的恶意攻击者、滥用资源的合法云计算用户或者云计算运营商的内部人员。当遇到严重攻击时，云计算系统将可能面临崩溃的危险，无法提供高可靠性的服务。

第二，安全边界不清晰。虚拟化技术是实现云计算的关键技术，实现共享的数据具有无边界性，服务器及终端用户数量都非常庞大，数据存放分散，因此其无法像传统网络一样清楚地定义安全边界和保护措施，很难为用户提供充分的安全保障。

②"云"数据安全隐患。

第一，数据隐私。首先，"云"中的数据随机地存储在世界各地的服务器上，用户并不清楚自己的数据具体被存储在什么位置；其次，当终端用户把自己的数据交付给云计算提供商之后，数据的优先访问权已经发生了变化，即云计算提供商享有了优先访问权，因此如何保证数据的机密性变得非常重要。

第二，数据隔离。在通过虚拟化技术实现计算和资源共享的情况下，如果恶意用户通过不正当手段取得合法虚拟机权限，就有可能威胁到同一台物理服务器上的其他虚拟机。因此，进行数据隔离是防止此类事件发生的必要手段，但是隔离技术的选择及效果评估目前仍在进一步研究之中。

③其他安全隐患。

第一，云计算提供商能否提供持久服务。在云计算系统中，终端用户对提供商的依赖性更高，因此在选择服务提供商时，应考虑这方面的风险因素，以及考虑当云计算技术供应商出现破产等现象，导致服务中断或不稳定时，用户如何应对数据存储等问题。

第二，安全管理问题。企业用户虽然使用云计算提供商的服务或者将数据交给云计算提供商，但是涉及网络信息安全相关的事宜，企业自身仍然负有最终责任。但用户数据存储在云端，用户无法知道具体存储位置，很难安全实施审计与评估，因此会带来很多的安全管理困难。

（2）云计算安全机制。

①建立纵深防御机制，确保基础网络安全。一是要建立集中统一的云计算安全服务中心。在云计算环境下，物理的安全边界逐步消失，云计算平台的用户只能依靠基于逻辑的划分来实现隔离，而不再如以往基于单个或者按照类型来进行划分，更不能只实施简单的流量汇聚或部署孤立的安全防护系统来保障整个平台的安全。因此，必须将基于各子系统的安全防护，转变为基于整个云计算架构网络的安全防护，提供集中统一的安全服务，从而适应这种逻辑隔离模型的要求。二是通过 VPN 和数据加密等技术，构建安全的逻辑边界。利用搭建好的技术安全通道，将提出安全服务需求的用户数据流，交付至安全服务中心分析处理，当服务完成后再按原有的转发路径返回至用户端，保障用户数据的网络传输安全。三是完善云计算平台的容灾备份机制，包括重要系统、数据的异地容灾备份。总之，建立云计算系统的纵深安全防御机制，就是要覆盖整个云计算服务的后台、网络和前端，从而提高整个云计算平台的安全性、可靠性，保障云计算服务的稳定性和连续性。

②构建可靠的虚拟化环境，确保云计算服务安全。"按需服务"是云计算平台的终极目标，而只有借助虚拟化技术，才有可能根据用户的需求，来提供个性化的应用服务并进行合理的资源分配。也就是说，无论是基础的网络架构，还是存储和服务器资源，都必须要支持虚拟化，才能提供给用户端

到端的云计算服务。因此，秉承安全即服务的理念，在云计算数据中心内部，一是应采用 VLAN 和分布式虚拟交换机等技术，通过虚拟化实例间的逻辑划分，实现不同用户系统、网络和数据的安全隔离；二是应采用虚拟防火墙和虚拟设备管理软件为虚拟机环境部署安全防护策略，并对云计算系统的运行状态和进出的数据流量进行实时监控，及时发现并修复虚拟网络和系统异常；三是应采用防恶意软件，建立补丁和版本管理机制，防范虚拟化带来的潜在安全隐患，确保虚拟化环境与物理网络环境一样安全、可靠。

③综合应用多种技术手段，确保数据安全。数据的存储安全，确保用户信息的可用性、隐私性和完整性，是云计算安全的核心内容，无论是数据的加密、隐藏，还是数据资源的灾难备份等，都是围绕着数据安全展开的。因此，在云计算环境下，一是应采用数据加密技术，建立密钥管理与分发机制，实现用户信息和数据的安全存储与安全隔离，防止用户间的非法越权访问；二是应实施严格的身份监控、登录认证、权限控制和用户访问审计，实现用户信息和数据的高效维护与安全管理；三是应完善和建立数据备份恢复机制和残余信息保护措施，保证用户数据发生异常时能够及时恢复，同时保证当存储资源被重新分配给新用户时，提前做好可靠的数据擦除，防止原用户数据被非法恢复。

（3）安全防护手段。一个完整的云计算安全模型，应该是以身份认证（身份鉴别）为基础，以数据安全（数据加密）和授权管理（访问控制）为核心，以监控审计（安全审计）为辅助的安全防御体系，结合云计算安全体系等级防护结构模型，应将各类安全防护手段落实到各个等级区域边界中，从而保证各级安全目标的实现。

作为下一代互联网技术的一项重大变革，云计算给予中国一个新的发展机遇，如果错过了这次机会，中国将失去信息技术领域的话语权和实现跨越式发展的主动权。在发展云计算的同时，必须认识到云计算给信息安全带来的巨大威胁。安全是云计算服务的首要前提，是云计算可持续发展的基础，面对诸多挑战，没有回避的空间，只能积极参与到云计算安全平台的建设研发当中，通过大力推广具有自主技术的云产品，实行严格的信息安全等级保护机制，进而构建中国自己的云计算安全防御体系，最终使云计算的安全性难题得到破解。相信随着整个云计算产业链各类人员不懈的努力，中国的云计算应用及服务必将朝着可信、可靠、可持续的方向健康发展。

6 机器学习及其典型应用研究

6.1 机器学习基础理论

学习是一个有特定目的的活动，其内在行为是获取知识、积累经验、发现规律；外部表现是改进性能、适应环境、实现系统的自我完善。

机器学习使计算机能模拟人的学习行为，自动地通过学习来获取知识和技能，不断改善性能，实现自我完善。

6.1.1 机器学习研究的问题

作为人工智能的一个研究领域，机器学习主要研究以下几方面问题。

（1）学习机理。这是对人类学习机制的研究，即对人类获取知识、技能和抽象概念等天赋能力的研究。通过这一研究，将从根本上解决机器学习中存在的种种问题。

（2）学习方法。这是指研究人类的学习过程，探索各种可能的学习方法，建立独立于具体应用领域的学习算法。机器学习方法的构造是在对生物学习机理进行简化的基础上，用计算的方法进行再现。

（3）学习系统。根据特定任务的要求，建立相应的学习系统。

从计算机算法角度研究机器学习问题，与生物学、医学和生理学从生理、生物功能角度研究生物界（特别是研究人类学习问题）有着密切的联系。

6.1.2 机器学习系统

一个学习系统一般应该由环境、知识库、执行与评价、学习 4 个基本部分组成。

（1）环境，指外部信息的来源，可以是系统的工作对象，也可以包括工作对象和外界条件。环境是以某种形式表达的外界信息的集合。例如，在医疗系统中，环境就是病人当前的症状、检查数据和病历；在模式识别中，环境是要识别的图形或图像；在控制系统中，环境是被控对象。环境为系统的学习机构提供有关信息。系统通过对环境的搜索取得外部信息，然后经分析、综合、类比、归纳等过程获得知识，并将这些知识存入知识库中。

（2）知识库，用于存储通过学习得到的知识。在存储时要进行适当的组织，使知识库既便于应用又便于维护。

（3）执行与评价，实际上是由执行与评价两个环节组成的。执行环节用于处理系统面临的现实问题，即应用学到的知识求解问题，如定理证明、智能控制、自然语言处理、机器人规划等；评价环节用于验证、评价执行环节执行的效果，如结论的正确性等。目前对评价的处理有两种方式：一种是把评价时所需的性能指标直接建立在系统中，由系统对执行环节得到的结果进行评价；另一种是由人来协助完成评价工作。

（4）学习，将根据反馈信息决定是否要从环境中索取进一步的信息进行学习，以修改、完善知识库中的知识。这是学习系统的一个重要特征。

上述模型是针对符号学习系统的，不能完全概括所有的机器学习系统，如遗传学习系统、神经网络学习系统等。

6.2　机器学习形式分类

6.2.1　机器学习分类方法

机器学习可从不同的角度，根据不同的方式进行分类。若按系统的学习能力分类，机器学习可分为监督学习与非监督学习，两者的主要区别是前者在学习时需要教师的示教或训练，而后者利用评价标准来代替人的监督工作；若按所学知识的表示方式分类，机器学习可分为逻辑表示法学习、产生式表示法学习、框架表示法学习等；若按机器学习的应用领域分类，机器学习可分为专家系统学习、自然语言处理学习、图像识别学习、博弈学习、数学学习、音乐学习等；若按学习方法是否为符号表示来分类，机器学习可分为符号学习与非符号学习。下面讨论几种常用的分类方法。

6.2.1.1　按学习方法分类

正如人们有多种学习方法一样，机器学习也有多种方法。若按学习时所用的方法进行分类，机器学习可分为机械式学习、指导式学习、示例学习、类比学习、解释学习等。这是温斯顿在1977年提出的一种分类方法。

6.2.1.2　按学习能力分类

机器学习可以分为监督学习（有教师学习）、强化学习（激励学习）和非监督学习（无教师学习）。监督学习系统中根据"教师"提供的正确响应调整学习系统的参数和结构，而且监督学习对每个输入模式都有一个正确的目标输出；强化学习中外部环境对系统输出结果只给出评价信息（奖励或惩罚），而不是正确答案，学习系统通过那些受惩的动作改善自身的性能，而实际基于遗传算法的学习方法就是一种强化学习；非监督学习系统完全按照环境提供数据的某些统计规律调节自身的参数或者结构（自组织），以表示外部输入的某种固有特性，如聚类或者某种统计上的分布特征。

6.2.1.3　按推理方式分类

若按学习时所采用的推理方式进行分类，机器学习可分为基于演绎的学习及基于归纳的学习。基于演绎的学习是指以演绎推理为基础的学习。解释学习在推理过程中主要使用的是演绎方法，因而可将它划入基于演绎的学习这一类。基于归纳的学习是指以归纳推理为基础的学习。示例学习、发现学习等主要使用的是归纳推理，因而可划入基于归纳的学习这一类。早期的机器学习系统一般都使用单一的推理方式，现在则趋于集成多种推理技术来支持学习。例如，类比学习就既用到演绎推理又用到归纳推理，解释学习也是这样，只是因解释学习演绎部分所占的比例较大，所以把它归入基于演绎的学习这一类。

6.2.1.4 按综合属性分类

随着机器学习的发展以及人们对它认识的提高，要求对机器学习进行更科学、更全面的分类。因而近年来有人提出了按学习的综合属性进行分类，它综合考虑了学习的知识表示、推理方法、应用领域等多种因素，能比较全面地反映机器学习的实际情况。用这种方法进行分类，不仅可以把过去已有的学习方法都包括在内，还反映了机器学习的最近发展。

按照这种分类方法，机器学习可分为归纳学习、分析学习、连接学习等。

分析学习是基于演绎和分析的学习。学习时从一个或几个实例出发，运用过去求解问题的经验，对当前面临的问题进行求解或者产生能更有效应用领域知识的控制性规则。分析学习的目标不是扩充概念描述的范围，而是提高系统的效率。

6.2.2 机械式学习

机械式学习又称为记忆学习或者死记式学习，是一种最简单、最原始的学习方法。机械式学习通过直接记忆或者存贮外部环境所提供的信息达到学习的目的，并在以后通过对知识库的检索得到相应的知识，然后运用这些知识直接求解问题。例如，已知输入（前提、条件）是$(x_1,x_2,\cdots,x_n)$，输出（结论、操作）是$(y_1,y_2,\cdots,y_m)$时，则把联想对$\left[(x_1,x_2,\cdots,x_n),(y_1,y_2,\cdots,y_m)\right]$存入知识库。当以后又出现$(x_1,x_2,\cdots,x_n)$时，只要直接从知识库中检索出$(y_1,y_2,\cdots,y_m)$就可以了，不需要进行计算和推导。

机械式学习实质上是用存储空间来换取处理时间，虽然这节省了计算时间，但却多占用了存储空间。当因学习而积累的知识逐渐增多时，占用的空间就会越来越大，检索的效率也将随之下降。所以，在机械式学习中要权衡时间与空间的关系，这样才能取得较好的效果。

6.2.3 指导式学习

指导式学习又称为嘱咐式学习或教授式学习。指导式学习是由外部环境向系统提供一般性的指示或建议，并把它们系统转化为细节知识送入知识库，在学习过程中要反复对形成的知识进行评价，使其不断完善。

一般地说，指导式学习的学习过程由下列 4 个步骤组成。

（1）征询指导者的指示或建议。指导式学习的第一步工作是征询指导者的指示或建议。其征询方式可以是简单的，也可以是复杂的；可以是主动的，也可以是被动的。所谓简单征询是指系统要求指导者给出一般性的意见，然后将其具体化；所谓复杂征询是指系统不仅要求指导者给出一般性的意见，还要具体鉴别知识库中可能存在的问题，并给出修改意见；所谓被动征询是指系统只是被动地等待指导者提供意见；所谓主动征询是指系统不仅是被动地接受指示，还能主动地提出询问，把指导者的注意力集中在特定的问题上。

从理论上讲，为了实现征询，系统应具有识别、理解自然语言的能力，这样才能使系统直接与指导者进行对话。但由于目前还不能完全实现这一点，因而目前征询通常使用某种约定的语言进行。

（2）把征询意见转换为可执行的内部形式。征询意见的目的是获得知识，以便用这些知识求解问题。为此，学习系统应具有把用约定形式表示的征询意见转化为计算机内部可执行形式的能力，并且在转化过程中进行语法检查及适当的语义分析。

（3）加入知识库。转化后的知识可加入知识库。在加入过程中要对知识进行一致性检查，以防止出现矛盾、冗余、环路等问题。

（4）评价。为了检验新知识的正确性，需要对它进行评价。最简单也是最常用的评价方式是对新知识进行经验测试，即执行一些标准例子，然后检查执行情况是否与已知情况一致，如果出现了不一致，则表示新知识中存在某些问题，此时可把有关信息反馈给指导者，让指导者给出另外的指导意见。

指导式学习是一种比较实用的学习方法，可用于专家系统的知识获取，目前应用得较多。

6.3 深度强化学习思路及算法框架

6.3.1 强化学习基本原理

6.3.1.1 强化学习核心概念

机器学习作为人工智能的一个重要组成部分，其大致可以分为监督学习、非监督学习、强化学习这三类。监督学习主要用于回归和分类等任务中，非监督学习主要用于聚类和降维等任务中，强化学习主要用于环境交互的任务中。

强化学习（reinforcement learning, RL）又被称为增强学习，是近年来智能控制领域备受关注的一项技术。在强化学习中，最主要的角色就是智能体与环境，环境是智能体存在的必备条件。如图6-1，智能体在与环境交互中，获取对环境状态的观测值（不一定是所处环境的全部状态），然后确定下一步的动作。环境在与智能体的交互中可能会因为智能体对它的行动而改变，也可能自己发生变化。智能体在执行动作后，也会从环境中获取奖励信号，这个数字决定了当前状态的优劣，智能体与环境不断地交互，目标是获取最大的累计奖励（回报），强化学习就是智能体训练学习的方法。

图6-1　智能体与环境的交互

6.3.1.2 强化学习常用术语

为了更具体地研究强化学习问题，这里介绍一下强化学习中几个核心的术语。

（1）状态与空间观测值。状态是对环境状态的全部描述。在这里，假设环境中除了状态不存在其他的任意东西，观测则是对状态的描述，是智能体从环境中获取的信息，但是不一定能完整地描述环境状态。

（2）动作空间。环境中给定的有效动作的集合称为动作空间。动作空间分为连续动作空间与离散动作空间。使用强化学习算法来对机器人进行控制，就属于连续动作空间；使用强化学习算法来下围棋和象棋的动作都属于离散动作空间。

（3）策略。策略是强化学习中的核心概念，它实质上就是智能体的大脑，它决定了智能体下一步执行什么动作，它可以是确定性的，也可以是随机的。确定性策略一般表示为 μ

$$a_t = \mu(s_t) \tag{6-1}$$

随机策略表示为 π

$$a_t \sim \pi(\cdot|s_t) \tag{6-2}$$

智能体在不断地训练学习，目的就是寻找一个最优策略，使奖励最大化。

在深度强化学习中，寻找最优策略依赖于一系列的函数计算，而函数又依赖于参数，像神经网络中的权重与偏差。所以，人们可通过优化参数来优化策略，从而改变智能体的行为。那么其确定性策略可以变为

$$a_t = \mu_\theta(s_t) \tag{6-3}$$

随机策略可以表示为

$$a_t \sim \pi_\theta(\cdot|s_t) \tag{6-4}$$

其中，θ 为要优化的策略的参数。

（4）奖励与回报。奖励函数是由智能体所处状态、执行的动作和下一步状态共同决定的，它在实际的设计中是一个标量，值越大说明获得奖励越多，但当值为负数时，表示智能体的行为是错误的，所以给它的奖励是负数，表示对其惩罚，意图纠正它的行为。奖励值能够直观地表示智能体在所处环境执行某一动作的好坏程度。

其表达式一般为

$$r_t = R(s_t, a_t, s_{t+1}) \tag{6-5}$$

上式表示智能体在 s_t 状态下，执行了动作 a_t 使系统转移到下一个状态 s_{t+1}，获得

奖励值。智能体的目标就是使其所得到的累积奖品最大化，最终获得一个最优策略，在此之后，智能体的奖励累加值不再增加，奖励函数也将慢慢收敛，最终趋于一个稳定值。

（5）值函数。奖励函数是对智能体执行某个行动后的即时评价奖励，策略可以指导智能体在当前状态下执行一个使其奖励函数值最大的动作，但是在智能体到达目标地后，奖励函数不能有效地评价智能体执行这个策略所获得的奖励之和是最大的，那么也就不能评价这个策略就是最优策略。值函数就是在当前情况下，智能体采取的策略在未来能得到的累积回报的期望值。值函数的作用就是使智能体得到的累积收益最大化。常见的值函数有平均奖惩回报（average reward and punishment return）、无限视野折扣回报（finite-horizon undiscounted return）、有限视野折扣回报（infinite-horizon discounted return）。在平均奖惩回报中

$$v^{\pi}\left(s_{t}\right)=\lim_{h\to\infty}\left(\frac{1}{h}\sum_{t=0}^{h}r_{t}\right)^{n} \tag{6-6}$$

其中 r_t 表示在 t 时刻，智能体从所处的状态 s_t 转移到另一个状态 s_{t+1}，此时智能体得到即时奖励值，$V^{\pi}(s_t)$ 表示智能体在整个周期中获得的平均奖励值。在无限视野折扣回报中

$$v^{\pi}\left(s_{t}\right)=\sum_{i=0}^{\infty}\gamma^{i}r_{t+i},\quad 0\leqslant\gamma\leqslant 1 \tag{6-7}$$

其中，γ 为折扣因子，表明奖励值会随着时间的不同而衰减。当 γ 为 0 时，表示只考虑智能体所处环境的即时奖励，当 γ 为 1 时，未来时间所获得的奖励占用的比例更高。在有限视野折扣回报中，对整个周期取得的奖励进行累加求和

$$v^{\pi}\left(s_{t}\right)=\sum_{t=0}^{h}r_{t} \tag{6-8}$$

6.3.1.3 马尔可夫决策过程

强化学习要求智能体不断地与环境进行交互、试错来获取最佳的策略。在学术上，强化学习研究者将这种智能体与环境交互学习的过程称为马尔可夫决策过程（Markov decision processes, MDP）。目前来说，很多强化学习算法都是基于马尔可夫决策过程来研究的。

不管是马尔可夫链（Markov chain）还是机器学习中的马尔可夫模型（hidden Markov model, HMM），它们都无后效性，即系统的下个状态只与当前状态有关，与当前状态前面的任一状态都无关。马尔可夫决策过程（Markov decision process, MDP）也具有无后效性，但是与马尔科夫链和HMM不同的是，MDP考虑了动作，即系统的下一个状态不仅与当前状态有关，还与当前状态下系统采取的动作有关。

在一个不确定环境中，马尔可夫决策过程可以用一个四元组$<S, A, P, R>$来构成，其中S表示状态集，$s \in S$，其中s_i表示在i时刻的状态。A表示动作集，$a \in A$，其中a_i表示在i时刻的动作。P表示状态转移的概率，其中P_{sa}表示在状态s的情况下，系统执行了动作a。系统转移到其他状态的概率分布情况可如下表示，如在状态s下，执行动作a，系统状态转移到s'的概率可以表示为$P(s' | s, a)$。R在这里是回报函数，系统在状态s下，执行动作a，转移到状态s'，获取的回报可以表示为$R(s' | s, a)$。

MDP 的动态过程如下：假设智能体的初始状态为s_1，在执行动作$a_1 (a_1 \in A)$后，按照概率$P(s_2 | s_1, a_1)$转移到下一个状态s_2，得到一个收益r_1。然后在s_2状态下再执行一个动作a_2，按照概率$P(s_3 | s_2, a_2)$转移到下一个状态s_3，得到一个收益r_2。以此类推，在s_n状态下再执行一个动作a_n，按照概率$P(s_{n+1} | s_n, a_n)$转移到下一个状态s_{n+1}，得到一个收益r_n，如图 6-2 所示，从状态s_1到状态s_n的马尔可夫决策过程为MDF $= \{s_1, a_1, r_1, s_2, a_2, r_2 \cdots\cdots s_n, a_n, r_n\}$。

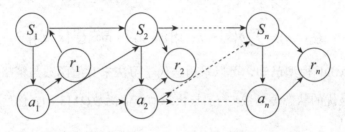

图6-2 MDP 状态转移图

马尔可夫决策就是按照上面的过程执行的。系统在转换状态中，智能体根据收益情况，不断地动态调整参数，期望找到最大的收益值，来获取一个最优策略。

6.3.2 强化学习算法

寻找最优策略一直是强化学习算法研究的重点，而值函数是评价策略优劣最直观的表现。依据马尔可夫性质，在给定一个策略π后，状态值函数$V^\pi(s)$则满足如下的贝尔曼方程

$$v^\pi(s) = \sum_{s' \in S} p(s' \mid s, \pi(s))(r(s,a) + \gamma V^\pi(s')) \qquad (6-9)$$

其中$p(s' \mid s, \pi(s))$表示状态s在执行策略π (s)后转移到状态s'的概率。$r(s,a)$表示系统在状态s下执行动作a所得到的奖励，γ表示折扣因子。s表示环境中所有可执行动作的集合。

在强化学习中，从某一状态s开始，每一步都执行最优策略获得的回报称为最优的状态值函数$v^*(s)$，其满足的贝尔曼方程为

$$v^*(s) = \max_{a \in A} \sum_{s' \in S} p(s' \mid s, \pi(s))(r(s,a) + \gamma v^*(s')) \qquad (6-10)$$

另外，智能体从状态s开始，每一步都按照策略来执行行动a后获取的累积期望回报，被称为状态动作值函数$Q^*(s,a)$，它的贝尔曼方程与最优贝尔曼方程为

$$Q^\pi(s,a) = \sum_{s' \in S} p(s' \mid s, \pi(s))(r(s,a) + \gamma \max_{a' \in A} Q^\pi(s', \pi(s'))) \qquad (6-11)$$

$$Q^*(s,a) = \sum_{s' \in S} p(s' \mid s, \pi(s))(r(s,a) + \gamma \max_{a' \in A} Q^*(s', a')) \qquad (6-12)$$

如果 MDP 模型已知，可以采用迭代学习法来对值函数与策略进行迭代，以此得到最优的状态值函数$V^*(s)$与状态动作值函数$Q^*(s,a)$，然后通过公式

$$\pi^*(s) = \arg\max_{a \in A} \sum_{s' \in S} p(s' \mid s, \pi(s))V^*(s') = \arg\max_{a \in A} Q^*(s,a) \qquad (6-13)$$

即可以得到最优的动作，这就是基于模型的强化学习算法（model-based reinforcement learning）。

在实际的应用中，MDP 模型往往是未知的，指导信息和参考信息缺乏，当前状态s转到另一状态s'的转移概率更是难以确定，而在这种情况下获得最优策略π^*，一直是强化学习的研究焦点。专家学者提出了一些基于在线更新的无模型强化学习算法，如 SARSA 算法、Q-learning 算法和策略梯度算法等。

SARSA 算法是一种基于 on-policy 的强化学习算法，该算法对智能体执行当前动作获得奖励的累加值进行预测，实时地将反馈值传入动作中，然后通过不断地迭代更新Q值，智能体根据新的Q值来决定在当前状态下要执行什么动作。其核心思想如下式

$$Q(s_t,a_t) \leftarrow Q(s_t,a_t) + a\left[r_t + \gamma Q(s_{t+1},a_{t+1}) - Q(s_t,a_t)\right] \quad （6-14）$$

其中α为学习因子，γ为折扣因子。

Q-learning 算法是强化学习中基于值的算法，Q即为$Q(s,a)$，表示智能体在当前状态s下，采取动作a能够收获的收益的期望值。该算法的更新规则为：

$$Q(s_t,a_t) \leftarrow Q(s_t,a_t) + a\left[r_t + \gamma \max_a Q(s_{t+1},a) - Q(s_t,a_t)\right] \quad （6-15）$$

其中$a \in (0,1)$表示学习速率，γ为折扣因子。该算法的主要思想是将状态与动作构建成一张Q表来储存Q值，然后根据Q值的大小来选取能够获得最大收益的动作。如表 6-1 所示，假设当前状态为s_2，智能体会比较$Q(s_2,a_1)$和$Q(s_2,a_2)$值的大小，如果$Q(s_2,a_1) > Q(s_2,a_2)$，那么智能体会执行动作a_1，反之亦然。

表6-1　Q表

	a_1	a_2
s_1	$Q(s_1,a_1)$	$Q(s_1,a_2)$
s_2	$Q(s_2,a_1)$	$Q(s_2,a_2)$
s_3	$Q(s_3,a_1)$	$Q(s_3,a_2)$

确定性策略梯度算法（DPG）主要用于连续动作空间问题，它的马尔可夫链如下所示

$$s_0 \xrightarrow{\mu_\theta(s_0)} r_0, s_1, \xrightarrow{\mu_\theta(s_1)} r_1, s_2, \cdots, s_t, \xrightarrow{\mu_\theta(s_t)} r_t, r_{t+1}, \cdots \quad （6-16）$$

其中μ_θ是策略函数，θ为参数。智能体的目标就是获得确定性策略参数，使得累积的回报最大化。确定性策略梯度算法在实际的应用中，一般会设计 Actor-Critic 网络来寻找最优参数θ，其结构如图6-3所示。

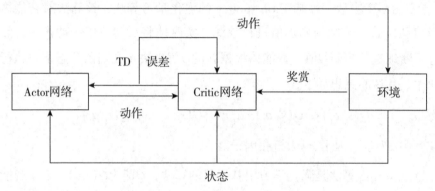

图6-3　Actor-Critic 网络结构

其中，Critic 网络用于近似状态动作值函数，该网络的输入为状态s和动作a，输出为值函数$Q(s,a)$，该网络主要的目的是调节参数θ并对其进行评估。Actor 网络用于近似策略函数，该网络的输入是状态s，输出为动作a，它输出的动作就是智能体将要执行的动作。Actor 网络主要通过策略梯度模型来调节策略参数$\mu(s| \theta^\mu)$。

6.3.3 深度强化学习

传统的强化学习难以处理复杂的、高维的任务状态空间和动作状态空间这类问题。近年来，人工智能热潮到来，深度学习技术得到大力发展，理论得以不断完善，将深度学习与强化学习结合起来得到越来越多学者的关注与研究。深度强化学习（deep reinforcement learning, DRL）在游戏领域与机器人控制领域已然成为研究热点。就目前来说，深度强化学习算法主要分为两类，分别是基于值函数近似和基于策略梯度。在基于值函数近似的深度强

化学习算法中最具有代表性的是深度强化 Q 网络（DQN）算法。在基于策略梯度的深度强化学习算法中，最具有代表性的是深度确定性策略梯度算法（DDPG）。

6.3.3.1 深度 Q 网络算法

在一些实际应用中使用强化学习，有些任务有着高维的状态空间，此时它离散的状态动作函数不好直接计算，一般采用带参数的连续函数$Q(s,a;\theta)$来近似要估计的状态动作值函数，其中参数θ是一个维度有限的向量，初始值随机分配。

在一些复杂的任务中，带参数的连续函数$Q(s,a;\theta)$一般都是使用神经网络来近似它的参数。在解决实际问题时，由于训练数据是按照顺序生成的，所以数据的关联性很强，从而造成了Q网络的不稳定。为此，DQN 算法被提了出来。

DQN 算法的网络输入为原始图像，不需要人工提取图像特征，它是端到端的机器学习算法。DQN 最大的创新点是首次将深度学习与 Q-learning 算法结合起来，使用 DQN 来玩 Atari 游戏，甚至超过人类玩家水平。

6.3.3.2 深度确定性策略梯度算法

DPG 在策略网络比较复杂的情况下，存在着收敛性差的问题，深度确定性策略梯度算法（DDPG）的提出就是为了弥补 DPG 的性能不足问题，该算法充分吸收了 DPG 和 DQN 的优点，它能够在线构建大型神经网络函数逼近器，来处理高维的和复杂的连续空间问题。

与 DQN 一样，DDPG 也设置了经验池，采用经验重放技术来提高数据的利用率，并解决数据前后相关性问题，提高系统的稳定性。在对 Actor 网络进行训练的过程中，将经验数据$e_t = (s_t, a_t, r_t, s_{t+1})$放入经验池中，当经验池中的数据装满后，先放进去的经验会被抛弃。Actor 网络和 Critic 网络会随机地从经验池里抽取经验数据参与它们的学习训练过程。在 DDPG 算法中，Critic 网络的参数更新采用最小损失函数$L(\theta^Q)$来完成

$$L(\theta^Q) = E_{(s,a,r,s')-U(D)}\left[\left(r_i + \gamma Q'\left(s_{i+1}, \mu'\left(s_{i+1}|\ \theta^{\mu'}\right)\theta^{Q'}\right) - Q(s,a;\theta^Q)\right)^2\right] \quad (6-17)$$

Actor 网络通过 DPG 算法来获得，其策略梯度的计算公式如下

$$\nabla_{\theta^\mu} J = \frac{1}{N} \sum_i \nabla_{\theta^\mu} \mu \left(s \middle| \theta^\mu \right) \bigg|_{s=s_j} \nabla_a Q \left(s, a \middle| \theta^Q \right) \bigg|_{s=s_i, a=\mu(s_i)} \tag{6-18}$$

其中，N 为从经验池中抽取训练数据的个数。

在 DDPG 算法中，参数拷贝与 DQN 不同，DDPG 目标网络参数的更新是采用滑动平均算法来实现的

$$\begin{cases} \theta^Q \leftarrow \tau\theta^Q + (1-\tau)\theta^{Q'} \\ \theta^\mu \leftarrow \tau\theta^\mu + (1-\tau)\theta^{\mu'} \end{cases} \tag{6-19}$$

其中，τ 是一个小于 1 的超参数。采用这种更新方式，可使目标网络的参数变化更加平滑，能提高系统的稳定性。

6.4 深度强化学习在机器人系统中的应用

6.4.1 绘画机器人模型

人们将深圳人通智能公司的 RIMC-R6DE 机器人的 CAD（computer aided design）图通过 solidworks 软件中的 solidworks to urdf 插件转化为 URDF 文件，然后将 URDF 文件通过 importrobot 函数导入 SIMULINK 中。URDF 全称为统一机器人描述格式（united robotics description format），是使用 XML 语法框架来描述机器人的语言格式。一个 URDF 文件包含了机器人连杆数量、质量属性、几何表示信息、惯量属性、关节转动的种类和机器人各个部件的颜色等重要信息，从仿真角度来看，通过 URDF 文件来导入机器人模型，仿真结果具有极高的参考性。

本书采用标准的 D-H（Denavit-Hartenberg）坐标系来对该机械臂进行运动学分析，在机械臂的 D-H 参数中，θ_i 表示第 i 轴的关节旋转角，d 表示相邻两个旋转轴的公垂线之间的距离（关节偏移量），d 表示连杆长度，a 表示两个相邻旋转轴之间的角度（扭角），这些数据可以直接从 URDF 文件中获

取。将 D–H 参数带入 SDH（standard denavit hartenberg）变换矩阵中，即可以得到机械臂 6 个轴的变换矩阵

$$
{}_1^0T = \begin{bmatrix} c_1 & 0 & s_1 & 0 \\ s_2 & 0 & -c_1 & 0 \\ 0 & 1 & 0 & 0 \\ 0 & 0 & 0 & 1 \end{bmatrix} \quad {}_2^1T = \begin{bmatrix} c_2 & -s_2 & 0 & a_2c_2 \\ s_2 & c_2 & 0 & a_2s_2 \\ 0 & 1 & 1 & 0 \\ 0 & 0 & 0 & 1 \end{bmatrix} \tag{6-20}
$$

$$
{}_3^2T = \begin{bmatrix} c_3 & 0 & s_5 & c_3a_3 \\ s_3 & 0 & -c_5 & s_3a_3 \\ 0 & 1 & 0 & 0 \\ 0 & 0 & 0 & 1 \end{bmatrix} \quad {}_4^3T = \begin{bmatrix} c_4 & 0 & -s_4 & 0 \\ s_4 & 0 & c_4 & 0 \\ 0 & -1 & 0 & d_4 \\ 0 & 0 & 0 & 1 \end{bmatrix} \tag{6-21}
$$

$$
{}_5^4T = \begin{bmatrix} c_5 & 0 & S_5 & a_5c_5 \\ S_5 & 0 & -c_5 & a_5S_5 \\ 0 & 1 & 0 & 0 \\ 0 & 0 & 0 & 1 \end{bmatrix} \quad {}_6^5T = \begin{bmatrix} c_6 & -S_6 & 0 & 0 \\ S_6 & c_6 & 0 & 0 \\ 0 & 1 & 1 & d_6 \\ 0 & 0 & 0 & 1 \end{bmatrix} \tag{6-22}
$$

那么机械臂的位姿矩阵

$$
T = {}_1^0T\,{}_2^1T\,{}_3^2T\,{}_4^3T\,{}_5^4T\,{}_6^5T \tag{6-23}
$$

其中 s_i 表示 $\sin\theta_i$，c_i 表示 $\cos\theta_i$，其中 $i \in \{1,2,3,4,5,6\}$。只要确定机器人的 D–H 参数，就可以使用公式 6-23 来确定机械臂的位姿。

6.4.2 环境状态与动作设计

使用深度强化学习来设计绘画机器人控制系统时，先要解决的是环境信息如何数字化的问题。绘画机器人的工作环境是未知的，并且信息量巨大，这给控制算法的设计带来了很大的麻烦。要想使用深度强化学习算法来控制绘画机器人使其正常工作，必须要获得周围环境与障碍物相关的信息、画像信息、机器人当前状态、目标点状态、每一时间步发送给各轴的扭矩量（行动值）等信息。深度强化学习算法在从环境中获取到这些信息后，先将其转化为神经网络能处理的格式，然后将其分类存储，最后送入网络中进行训练。

机械臂控制系统的任务就是操作机械臂，在规定的时间到达期望的位置点。在本文中，根据公式 6-20、6-21、6-22 和 6-23 可以知道，要确定机

械臂的末端位姿点，$\sin\theta_i$ 和 $\cos\theta_i$ 都是输入状态。根据 DDPG 算法框架要求，Critic 网络的一个输入必须为上一时间步的行动值，用 critic 网络来评估上一时间步行动的优劣，从而优化策略。另外为了避免控制器在调节过程中出现震荡和失稳，抑制误差，还需要将 6 个关节角关于时间的导数当作输入状态，除此之外，机械臂末端执行器的位姿量和目标的位姿量也需为输入状态。这样输入系统的状态量总共有 36 个。

在网络训练过程中，为了增加控制算法的鲁棒性，可设定目标点不是一个精确的位置，允许有一定误差。为了满足这个假设，可使用图 6-4 所示的网格来计算位置数据 p_x，p_y 和 p_z 的近似值 $\widetilde{p_x}$，$\widetilde{p_y}$ 和 $\widetilde{p_z}$ 值。以这个期望点为中心，只要机械臂的末端执行器的 xyz 坐标值满足 $-c < x < c$，$-c < y < c$，$-c < z < c$ 这个条件，即可认为到达了期望位置，其中 c 为位置误差的余量。

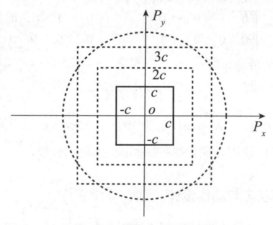

图 6-4　位置数据误差近似网格图

Actor 网络的输出值，作为系统的行动值，直接决定了机械臂在当前状态下的位置与姿态。在这里机械臂进行分布式控制，即将每个电机都当作独立的控制对象，用一个中央控制器来对它们控制。中央控制器通过六路信号线来连接六个电机驱动器，再通过六个电机驱动器来分别对每个电机进行控制，六个电机分别控制六个轴的运动。

6.4.3 奖励函数设计

奖励函数将机器人的行为量化，来直观地反映智能体在当前状态下执行的动作的好坏程度。智能体在与环境进行交互中，获取相应的奖励值，使用该奖励值来调整动作策略，由调整后的动作策略来指导智能体下一步行动，这样不断地循环训练与学习，最终得到一个最优的行动策略。由此可见，奖励函数的设计尤为重要，它能够直接影响强化学习算法的性能表现。

本书考虑到在绘图过程中，绘画机器人控制系统需要实时地连续对机械臂进行控制，并且绘画对于轨迹的精确性要求较高，所以在设计奖励函数时不仅要考虑目标位置与末端执行器实际位置之间的距离，还要考虑到各轴的实际关节角与期望关节角之间的误差，另外在实际的测试中发现，对关节的角速度进行约束，能够使机械臂在到达期望点后不会产生滑动，提高控制的鲁棒性。

人们需要对物理模型进行控制，需要考虑到它的运动学与动力学问题，并且由于机器人的物理系统很复杂，在对其进行控制的过程中，各变量的调整往往牵一发而动全身。一般来说，一个物理量的变动会影响其他的物理量，所以人们在实际的奖励函数设计过程中，可以适当选取小一些的次要目标的权重，留出一定的裕量，来最小化次要目标的影响。下面分步来设计奖励函数。

开始，在机械臂探索过程中，机械臂末端执行器的实际位置点与期望位置点的误差需要最小化，而为了防止过度调节，一般不使用减少两点之间欧式距离的方法，而是采用如下的设计方法

$$r_1 = -18(d - d_0) \tag{6-24}$$

其中d表示一个训练集结束后，机械臂末端执行器的实际位置点与目标位置点的距离，d_0表示一个训练集开始时机械臂末端执行器的实际位置点与目标位置点的距离，r_1越大，表示一个训练集结束后，末端执行器与目标位置点之间的距离越近，奖励值越大。

如果仅仅对坐标点的距离进行限定，尚达不到控制要求，所以还需要对其关节角的误差和关节角关于时间的导数进行惩罚。本文中仿真的机械臂相对复杂，奖励函数如下

$$r_2 = \begin{cases} 60 - 0.2\sum_{i=1}^{6}\left(\dot{e}_i\right)^2 & |e_i| \leqslant 0.02 \\ -\left(20\sum_{i=1}^{6}e_i^2 + 0.2\sum_{i=1}^{6}\left(\dot{e}\right)^2\right) & |e_i| \leqslant 0.02 \end{cases} \qquad (6-25)$$

在公式 6-25 中，当每个轴的关节角误差值都小于 0.02 弧度时，会有一个固定的收益 60，否则将关节角误差值平方后再相加，来减少 6 个轴的跟踪误差。为了提高系统的动态性能并减少动态误差，要适当对其关节角速度误差进行处理。

最后，为了降低前面状态执行的动作对当前状态的影响，要对上一训练集的行动值进行处理，如下公式所示

$$r_3 = -0.05\sum_{i}\left(u_{t-1}^i\right)^2 \qquad (6-26)$$

最终的奖励函数为

$$R = 50\frac{T_s}{T_f} + r_1 + r_2 + r_3 \qquad (6-27)$$

其中 T_s 表示环境的取样时间，T_p 表示环境的仿真时间，为了激励智能体向前探索，避免训练提前结束，可在奖励函数中添加一个随时间变化的激励值 $50\frac{T_s}{T_f}$。

7 基于人机交互的智能厨房设计应用分析

7.1 人机交互理论

7.1.1 人机交互的定义

7.1.1.1 人机交互

人机交互（human-computer interaction，或者 human-machine interaction，简称 HCI 或者 HMI）是一门研究人（或者称为用户）与具有计算能力系统之间交互关系的交叉性学科，涉及系统的设计、实施、评估和其相关的主要现象。

需要注意的是，人机交互中的"机"泛指一切具有计算能力的机器，可以是我们平时所熟悉的个人计算机（personal computer, PC），也可以是电视机、游戏机、收音机、空调，甚至是飞机、汽车等计算机化的系统或设备。

7.1.1.2 人机界面

人机界面（human-computer interface）是有效连接人机互动的媒介，用户通过人机界面与计算系统进行交流和互动。人机界面可以是硬件界面，如鼠标、键盘、仪表盘等，也可以是软件界面，如 Word、PowerPoint 等各种各样的应用程序。人机界面对用户来说可以是可见或可触摸的，如基于手机或 Microsoft 的 Surface 等设计的多点触控界面（multi-touch based interfaces），也可以是对用户来说不可见但可听、可闻的，如基于语音识别的用户界面（voice-based interfaces）或基于气味的用户界面（scent-based interfaces）等。

7.1.2 人机交互模型

7.1.2.1 人机交互的简化模型

人和计算机在交互的过程中形成一个闭环，人通过特定的输入设备向计算机输入信息，计算机对输入信息进行一定的处理和加工然后通过特定的输出设备将结果反馈给人。人根据接收到计算机反馈回来的信息，判断是否要进行下一步的任务或者操作，如此循环形成一个封闭的环。

7.1.2.2 人机交互的信息流模型

在人机信息交流的过程中，人和计算机构成了两个独立的认知主体，而人机界面则充当了媒介的作用。从仿生学的角度来讲，计算机的信息感知、认知和加工处理过程实际是模拟人对信息的感知、认知和加工处理过程。这个人机交互信息流模型可以用来指导人机交互系统和界面的设计。首先，计算机的感知（输入）需要符合人的行为习惯，如系统有能力对用户的输入意图（包括基于精确交互的键盘和鼠标等显性的输入信息，以及基于模糊交互的语音、手势和面部表情等隐性的输入信息）进行有效处理和理解；其次，计算机的行为（输出）需要符合人的知觉特点，如数据或信息的可视化输出、页面的布局、色彩的搭配、信息架构的设计等；最后，计算机的知识处理需要减轻人的认知负荷，如计算机内部的机器学习和大数据推理等，可以体现为个性化定制和信息的自动过渡及推荐等。

7.1.3 人机交互的发展

数字计算机的概念早在 18 世纪的时候就被提出，然而直到 20 世纪 40 年代才在技术上成为现实。

早期的计算机以模拟计算为主。Marki（自动顺序控制计算机）于 1943 年 1 月在美国被研制成功，被用来为美国海军计算弹道火力表。

1943 年 12 月，阿兰·图灵（Alan Turing）参与设计制造的最早的可编程计算机 Colossus 在英国诞生，目的是破译德军的密码，每秒能翻译大约 5 000 个字符。

世界上第一台真正意义上的数字电子计算机（electronic numerical integrator and computer, EMAC）则开始研制于 1943 年，完成于 1946 年 2 月 15 日，负责人是莫克莱和爱克特。

这台计算机的占地面积为 170 m² （约相当于 10 间普通房间的大小），有 30 个操作台，重达 30 t，耗电量 150 kW，造价 48 万美元，总共使用了 18 000 个电子管、70 000 个电阻、10 000 个电容、1 500 个继电器和 6 000 多个开关。从计算能力上讲，它每秒钟能执行 5 000 次加法或 400 次乘法，是继电器计算机的 1 000 倍、手工计算的 20 万倍，主要用于弹道轨迹的计算和氢弹的研制。

自从有了第一台电子计算机，便开始有了人机交互。因此，人机交互的发展历史也便是计算机的发展历史。从第一台计算机发明迄今为止，整个人机交互的发展大致经历了 4 个不同的时代。

7.1.3.1 穿孔卡片时代

人机交互发展的第一个时代为 20 世纪 40 年代到 60 年代后期，被称为穿孔卡片时代。在那个时代，人机交互为原始阶段的打卡机输入、输出形式。

在穿孔卡片时代，以手工作业为主，信息都是被记载在穿孔卡片上再批量地向计算机输入，当计算机处理完之后便以字符终端结合指示灯的方式向用户输出结果。在计算机输出最终结果之前，用户不能中断计算机的操作，进行其他任何形式的输入，因此这种方式也被称为批处理方式。

7.1.3.2 命令行时代

从 20 世纪 60 年代后期到 70 年代，输入设备从打卡机进化到了键盘，计算机屏幕作为一种输出设备也随之出现。这时候用户可以通过字符命令行与计算机进行交互了。计算机也开始有了操作系统，如 Unix 和 Dos 系统。

在 Dos 命令行用户界面下，用户通过键盘向计算机输入 Dos 命令，计算机通过屏幕向用户反馈字符形式的结果。这种交互界面具有命令行输入、指令运行、单线程架构等特点，虽然相比穿孔卡片那种批处理方式的交互技术有了一定的进步，但是用户的交互体验仍然很差。比如，用户想要把一个文件 "123. txt" 从 D 盘的 "My Document" 文件夹底下拷贝到 E 盘的 "Project

Document"文件夹底下，必须利用键盘在屏幕上手工敲入一连串的 Dos 命令："copy C：\My Document\123.txt D：\Project Document"，然后按键盘上的"Enter"键执行这条 Dos 命令。执行完了这条命令后，用户还是看不到 D 盘上被拷贝过去的那个文件，因此还必须进入 D 盘的"Project Document"目录下再使用"dir"命令显示一下最终的执行结果。由此可见，Dos 命令行的人机交互效率十分低下，尤其是 Dos 命令非常多，对专业的程序员来说是一个非常大的负担。通常程序员只能记住一些常用的命令，如果需要使用其他一些不常用的命令，就必须查阅工具书，在相关的 Dos 命令集中找到对应的命令。

7.1.3.3 图形用户界面时代

20 世纪 70 年代末 80 年代初，人机交互开始进入一个崭新的图形用户界面时代。这个时代与 Dos 命令行时代相比，用户除了可以利用键盘输入字符之外，还可以利用鼠标直接在界面上进行指点、选择和拖动等各种操作，大大提高了用户的交互效率。例如，同样是将一个文件"123.txt"从 D 盘的"My Document"文件夹底下拷贝到 E 盘的"Project Document"文件夹底下，用户不再需要像在 Dos 界面那样输入一系列的 Dos 命令，而是可以在 Windows 资源管理器中利用鼠标将该文件直接拖动到相应的目录中。因此这个时代的人机交互特点是"所见即所得（what you see is what you get，WYSIWYG）"。

与 Dos 命令行时代只能输出命令行字符相比，图形用户界面可以输出多样化的结果，如文本、图形、图像、音频、视频或者动画等多媒体内容。

7.1.3.4 自然用户界面时代

尽管从 20 世纪 80 年代开始，图形用户界面就占据了主流的地位，并且一直流行至今，但是图形用户界面仍然有其自身的缺陷。在现实生活的 3D 物理空间中，人跟人之间进行信息交流可以综合利用视觉、听觉、味觉、嗅觉和触觉这 5 种感知通道，其中利用视觉通道进行处理的信息占 83%，利用听觉通道进行处理的信息占 11%，利用其他三种感知通道进行处理的信息占 6%。在图形用户界面时代计算机所提供的 2D 信息空间中，人机交互则只能利用鼠标、键盘等设备输入文本或字符信息，然后通过计算机屏幕获取视觉输出信息或者通过音箱等获取听觉信息，这种交互方式无法有效利用人类的其他感知通道，生产力非常低下。另外，在 3D 物理空间到 2D 信息空间映射的过程中，交互维度的缺失和信息的不对称也给用户带来很大的认知负载。

从 2000 年以后，不断有新的用户界面和交互技术被提出来，如基于视觉的用户界面（vision-based interfaces）、基于语音的用户界面（voice-based interfaces）、基于触觉的用户界面（multi-touch based interfaces）、基于嗅觉的用户界面（scent-based interfaces）和基于实物的用户界面（tangible user interfaces）等。这些用户界面可以统称为自然用户界面（natural user interfaces）。自然用户界面的主要目标是使人机交互可以像人与人交流那样自然无约束。

7.1.4 人机界面范式及交互隐喻

7.1.4.1 界面范式

范式（paradigm）指的是里程碑式的理论框架或科学世界观，如物理学中的亚里士多德时代、牛顿时代、爱因斯坦时代等都曾经出现过很多影响深远的理论范式。对人机交互历史的理解，可以通过对人机界面范式（interface paradigm）变迁的认识来完成。

通过前面的分析，我们知道人机交互发展历史可以分为 4 个不同的时代。根据这 4 个不同时代的交互特征，可以总结得出人机界面范式的变化，见表 7-1。

表7-1　人机界面的范式演化

时间	用户界面	范式
20 世纪 40—60 年代	穿孔卡片，punch cards	无 none
20 世纪 70 年代	命令行 command-line interfaces	打字机 typewriter
20 世纪 80 年代至 2000 年	图形用户界面 graphical user interfaces	WIMP 范式
2000 年至今	自然用户界面 natural user interfaces	post-WIMP /non-WIMP 范式

表 7-1 中，WIMP 范式中的 W、I、M 和 P 分别指的是窗体（window）、图标（icon）、菜单（menu）和指点设备（pointing device），指点设备通常指代鼠标。

尽管 WIMP 范式从 20 世纪 80 年代开始就占据了主流地位，但是 WIMP 范式却存在以下问题。

（1）WIMP 界面范式以"桌面"为隐喻，制约了人与计算机的交互，成为信息流动的瓶颈。

（2）多媒体技术引入只是拓宽了计算机的输出带宽，用户到计算机的通信带宽并没提高。

（3）WIMP 界面采用顺序的"ping-pong"对话模式，仅支持精确和离散的输入，不能处理同步操作，不能利用听觉和触觉。

（4）WIMP 界面无法适应以虚拟现实为代表的计算机系统的拟人化和以掌上计算机为代表的移动计算。

因此，很多研究人员认为，WIMP 界面削弱了人机交互中人的角色，无法有效拓宽人机交互的带宽，就像一个人被堵上了嘴巴、封住了耳朵、蒙上了一只眼睛，只能用手指进行交互。

在从图形用户界面向自然用户界面进化的过程中，界面范式也将从传统的 WIMP 向 post-WIMP 甚至是 non-WIMP 转变。从 20 世纪 80 年代开始，基于 WIMP 范式的图形用户界面就一直占据着主流地位，由于用户已经熟悉了这种界面范式，因此在向自然用户界面进化的过程中，post-WIMP 范式起到了一个过渡的作用，post-WIMP 范式也被称为"后 WIMP 范式"。与传统的 WIMP 范式相比，post-WIMP 范式是指用户界面中至少包含了一项不同于窗口、图标、菜单或者指点设备（如鼠标）的界面元素。比如，现在流行的视觉手势交互，用户可以不用鼠标键盘而直接使用各种不同的静态手势（static gesture）或者动态手势（dynamic gesture）与计算系统自然地交互。在未来的普适计算（pervasive computing）环境下，当人机交互真正进化到自然用户界面时代，那么界面范式将成为 non-WIMP 范式，也就是说，WIMP 中的四大界面元素都将消失，界面将变得透明。到了那个时候，计算机将不再被动地接收用户输入命令，而是能看、能听、能说、会思考，能够主动地感知用户的意图和行为，真正实现自然人机交互。

7.1.4.2　交互隐喻

为了能够降低学习门槛、减轻用户的认知负载，使用户能够将他们在 3D 物理空间中养成的交互习惯等应用到计算机所提供的 2D 信息空间中，可在人机交互中大量使用交互隐喻（interactive metaphor）的方式。比如，桌面隐喻（desktop metaphor）就是模拟了人们在现实物理空间中工作的桌面。

物理世界中人们的工作桌面上会摆放各种各样的文件，文件多了的话会使用文件夹将其归类收拢，文件放置久了或不用了则会将其丢弃在旁边的垃圾箱内。计算机为了使用户能够使用他们在物理空间中所熟悉的交互模式进行工作，便将这种工作模式以隐喻的方式体现在信息空间的界面设计中，将物理桌面映射为系统桌面（desktop），将物理文件映射为不同格式的数字文件（file），将物理文件夹映射为系统文件夹（folder），将物理垃圾箱映射为系统垃圾箱／回收站（reyle bin）。

诸如此类的交互隐喻还有很多，如图像处理软件 Photoshop 中的橡皮擦隐喻、磁性套索隐喻、工具箱隐喻、画笔隐喻等。这些交互隐喻的使用大大降低了用户的认知负载，让用户以熟悉的方式在 2D 信息空间高效地完成各种交互任务。

7.1.5　人机交互的变迁

从世界上第一台电子计算机问世以来，人机交互经历了 4 个不同的时代，下面从不同角度来进行全方位的分析总结。

7.1.5.1　计算机的变迁

第一代为主机时代（mainframe）。在这个时代，计算机非常庞大，有很多控制台终端，很多人共享一台计算机并完成既定的交互任务。

第二代为个人计算机时代或 PC 时代。相比于主机时代，计算机的体积变得小很多，每个用户可以独立使用一台计算机完成自己的目标任务。

第三代为移动计算（mobile computing）时代。用户可以使用手机或平板电脑等便携式设备进行办公。

第四代为普适计算时代（pervasive computing）或者称为无处不在计算时代（ubiquitous computing）。在这个时代，一个人可以同时操控多台具有计算能力的设备（包括计算机、Pad、手机、平板电脑等）。

7.1.5.2 计算机功能的变迁

在主机时代，计算机主要作为一个专业的计算工具，用来进行科学计算，如在军事领域计算导弹的轨迹等。

在 PC 时代，计算机作为一个办公用品，主要用于办公领域相关的文字处理和数据处理等。

在移动计算时代，计算机变得小型化和便携化，人们能够随时随地上网，并为用户提供各种服务。

在普适计算时代，计算机成了人们的生活必需品，主要用于信息服务、内容的制作、多媒体的展示和传播，以及生活娱乐等。

7.1.5.3 用户的变迁

在主机时代，只有接受过计算机专业训练的专业人士才有能力使用计算机。到了 PC 时代，对用户专业背景和操作技能的要求大大降低，只要是接受过初等教育，懂一些计算机方面的专业术语和英语，并能够看懂系统的菜单的用户，在经过一定的学习和训练后都能够熟练地使用计算机。

在移动计算时代，用户从办公室中解放了出来，可以在任何时间、任何地点访问计算机并享受计算机提供的服务，生活和工作将变得更加轻松和高效。

在未来的普适计算时代，即便是不懂英语、没有接受过专业计算机技能训练、不懂计算机术语的普通用户，也能够使用计算机，人机交互对普通用户来说将变得毫无门槛，普通用户无须掌握鼠标、键盘或其他专业的输入输出设备，只需要利用在物理空间中养成的人与人交流那种熟悉的交互模式（如语音、手势、目光和表情等）就能够自然、自由地进行人机交互。

7.1.5.4 界面范式的变迁

从世界上第一台计算机被发明出来至今，人机交互已经走过了 70 多个年头。在这 70 多年的时间里，界面范式也在不断地发生着改变。在 20 世纪40—60 年代期间，人机交互主要采用以穿孔卡片为主的交互方式，那时候还谈不上什么用户界面范式。到了 20 世纪 70 年代，人机交互进入以 Dos 命令行界面为主的时代。在 Dos 命令行时代，由于没有鼠标，所有的命令和操作都是由用户通过键盘的方式进行字符输入，因此那个时代的典型界面范式可被称为打字机范式。20 世纪 80 年代以后，随着图形用户界面、鼠标和直接操纵技术的不断发展，人机交互进入了一个崭新的时代，这个时代一直持续至今，维持已有大约 40 年的时间。在图形用户界面时代，几乎所有的软件界面都是遵循 WIMP 的范式设计出来的。在人机交互时，用户可以通过鼠标在计算机所提供的窗体、图标和菜单等界面元素上直接进行操作，而操作的结果也可以直接在图形用户界面中得到直接反馈。尽管图形用户界面和 WIMP 的界面范式大大提高了用户的操作效率，但是也受到了越来越多的诟病，即指责 WIMP 范式并非最自然的界面交互范式。从 2000 年以后，学术和工业界就越来越认识到自然用户界面和 post−WIMP 甚至是 non−WIMP 界面范式的重要性，也有越来越多的自然交互技术和自然用户界面出现，如基于视觉的用户界面（vision−based interfaces）、基于语音的用户界面（voice−based interfaces）、基于触觉的用户界面（touch−based interfaces）以及基于实物的用户界面（tangible−based interfaces）等新的用户界面形态和界面范式。人机交互范式也朝着越来越简单、自然的方向发展。

7.2　智能厨房概述

7.2.1　智能厨房

7.2.1.1　智能的含义

智能的含义包括了能力与智力，可以概括为 7 个范畴：语言、逻辑、空间、肢体动作、音乐、人际交往和内省。这些人类所具有的几项能力由浅入深，可让一个人健康正常地生活。人们要将其中一部分能力赋予产品，以实现产品与用户间的交流和协作，如常见的语言能力，用户与产品靠语音信息交流，共同完成一个工作任务。

7.2.1.2　智能厨房的定义

智能厨房就是带有一定智慧能力的厨房，具有智能中某几个范畴的能力。智能厨房是一个系统的概念，由计算机、传感等技术支撑，将厨房中的产品组成物联网，实现各个产品间的相互协调统一，互相联通，为用户提供更加快捷安全的服务。将信息集成、网络、人工智能等技术应用到厨房环境的各个方面，目的是促进厨房这个特定环境中不同产品间的数据互通、功能协同，为用户提供更好的工作环境和优质的交互体验。智能厨房和用户间的关系更加紧密，虽然除了各种厨房电器控制面板上的触控屏外，其外观与现代厨房差别不大，但用户在智能厨房中不但可以完成传统厨房中的操作，而且可以与厨房电器进行多种方式的交互，在由厨房用具、橱柜、厨房电器组成的环境中，更加高效地完成各项操作。

7.2.1.3 智能厨房的特点

本质上讲智能厨房要充分发挥通信技术，将人类的智慧赋予其中，让人与物之间互帮互助、互相交流促进，共同达成用户的期望目标。其特点大致分为以下几点：由计算机、传感、物联网等技术支撑；厨房中的产品和用户之间、产品与产品之间能够做到互联互通，成为有机的整体，实现功能整合；各个产品之间虽然协调工作，但是均能够独自解决问题；经过收集用户的长期使用数据，能够进行简单的分析，进行自我优化和学习；用户使用体验更加良好，操作更加便捷、安全、环保。

7.2.2 智能厨房的市场现状

近年来，国内智能厨电行业水平有了大幅度提升，进而促进了经济水平的向好趋势。优质的厨电产品激发了用户的购买欲望，消费者的积极正面回应也让各大品牌更加注重产品研发，用户对于厨房产品的要求越来越高，让厨电厂商不断优化产品的品质。

但是现如今智能厨房电器的智能化程度还非常有限，许多智能产品还停留在概念阶段，商家口中所谓的智能电器往往只是吸引消费者眼球的噱头而已。大部分入门级的电器只是让传统的电器可以连接无线网络，从而实现可利用手机软件控制，但是这种方式在带来便利的同时也存在一些问题，如交互界面不太友好，增加了一些用户的时间成本，或是电器间配合困难，智能化不成体系等，这些问题导致消费者在选购产品时，需要单独考虑每个产品的功能，无法构建一个完整的真正落实的智能厨房，让用户的厨房处于一个局部智能甚至个别智能的尴尬境地。最后，由于智能厨房电器目前的普及率很低，更多的消费者对智能厨房电器的认知程度不够，所以智能厨房电器市场很不景气。就实际而言，现阶段还不能提供给消费者一个全方位的智能厨房选购空间。

7.3　厨房人机交互设计及相关方法分析

7.3.1　厨房人机交互设计

7.3.1.1　厨房使用环境分析

根据厨房空间的不同产品分类，可分出硬装产品、橱柜产品、厨电产品以及其中的食材调料等。其中，硬装产品主要指墙砖、地砖、吊顶、窗户等产品以及燃气管道、水管道、电路等产品；橱柜产品主要有地柜、吊柜、高柜、半高柜等产品，并有辅助的抽屉、功能拉篮、水槽龙头、分类垃圾桶等产品；厨电产品主要有冰箱、烟机、灶具、消毒柜、烤箱、蒸箱、嵌入式咖啡机、洗碗机、水槽洗碗机等大型厨电，还包括电饭煲、面包机、豆浆机、咖啡机、小型榨汁机等各类小型厨房电器，同时也包括垃圾处理器、净水器等厨房设备；食材调料可分为食用油、酱油、醋、食盐等调料类，以及米、面等主食类，和其他饮料、酒类、蔬菜类、水果类以及零食等。橱柜环境构成，如图7-1所示。

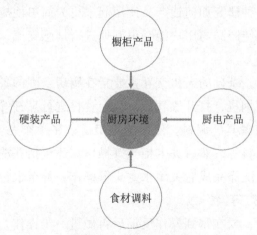

图 7-1　厨房环境构成

厨房使用应主要满足基本食物烹饪的需求，同时又延伸出环保（包括厨房材料不对室内环境的有害影响、厨余垃圾分类），节能（水、电、气），安全（煤气泄漏、水管泄漏、对老年人厨房安全化设计等）的需求。

厨房功能可分为收纳、洗涤、台面、烹饪等模块，其中收纳主要包括食材、烹饪设备及餐具的收纳，洗涤主要涉及水槽、龙头、垃圾处理器、净水器等，操作主要是在厨房台面上进行食材的切、剁等，烹饪主要发生在烟机和燃气灶区域。关于基本的各个模块的设计，当前仍然需要从人性化功能角度进行研究，确定怎么提供更加好用的空间，方便收纳，方便食材烹饪，方便在不同环境中减少操作不便等。

关于厨房环境的延伸功能，人们需要选用环保的柜体及台面材料，从而减少对室内空间环境的污染，减少对接触食材的污染，同时人们需要应用到垃圾处理器以减少垃圾量，还要对可回收的瓶子、罐子等采用有效的分类措施，以减少对环境的污染和对资源的浪费。

在社交及家庭空间需求方面，厨房空间和餐厅空间、客厅空间逐步融合，形成整体空间。餐厅空间和西餐操作设备融合一体，如烤箱、咖啡机、面包机、冰箱等设备和橱柜融为一体，可以增加新的储物和操作空间。同时，厨房区域和餐桌餐椅区域整合，同时整合灯光、音乐、图像等系统，可满足不同环境中就餐、娱乐、亲子、社交甚至阅读、工作等需求。

7.3.1.2 厨房空间人机交互特点

交互设计是一种研究如何让产品使用起来更为简单便捷，从而提供更为愉悦的用户体验，使产品与用户能够很好地进行情感交流，使产品获得用户信赖的活动。

对于厨房空间，基础的人机交互主要指在厨房空间的各项操作需求，如烹饪阶段的打开油烟机，打开燃气灶，放上食材进行烹饪等操作；操作过程中打开柜子，取出餐具、调料，然后关上柜子；在操作完毕后再打开柜子，放入餐具、食材原料等，然后关上柜子等操作。还包括在洗涤阶段的打开水龙头，进行洗涤；洗涤完成后关闭水龙头等操作，甚至也包括进入厨房打开灯，离开厨房关闭灯等操作。

在人机交互中，要在得到操作反馈后再做进一步操作，如打开水龙头就一定要有水流出，打开油烟机就一定要启动风机等。更深层面的是要设计更加方便的操作，提升效率，主要体现在按钮、柜体设计等方面。

随着物联网技术的发展，同时随着传感器技术的采用，越来越多的信息会通过传感器的收集和互联网大数据联系反馈出来。同时，在厨房环境中，人们需要处理越来越多的信息。由此，智能化处理手段就显现出了必要性，如水压感知设备及时感应水压变化，在出现水泄漏情况下及时关闭阀门；煤气感知设备及时感知厨房空气情况，当煤气泄漏时能够及时关闭阀门。

7.3.1.3 厨房空间交互技术原理

厨房是一个复杂的空间，人在其中活动，也就产生了人与人的交互、人与物的交互，以及物与物的交互。具体交互逻辑如图 7-2 所示。

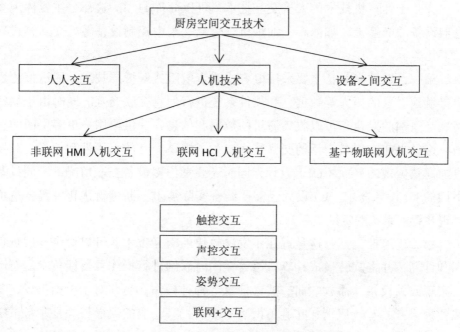

图 7-2 厨房空间交互技术图

（1）人人交互。人是厨房空间最主要的要素，所有的需求都围绕人的需求来展开。但当前社会压力变大、节奏变快，人们也希望厨房空间会变成情感化的交流空间，所以智能厨房的设计还需要考虑家人之间的陪伴交流、朋友之间的聚会交流等。同时，智能厨房的设计还要考虑智能技术的发展，通过联网技术拓展人人交互的范围，即从线下交流到线上的交流以及生活方式展示。

（2）人机交互。人机交互是一门研究系统与用户之间交互关系的学问。系统可以是各种各样的机器，也可以是计算机化的系统和软件。在厨房空间，深入研究各种各样的人机交互技术，同时借助物联网发展人机交互，可以实现高效、便利舒适、安全健康的交互。厨房环境的人机交互可以分为3个层面。

①基础的非联网的人机交互技术，主要是人与设备的交互，可以简称HMI。

关于厨房空间人与设备的交互，主要从人机工程设计学角度进行分析，当然从原理上看，其也有着各种各样的设计和技术要求。

②基于计算机技术的人机交互技术，可以简称HCI。这部分主要体现在电器设备的交互上，如冰箱、油烟机、烤箱、集中控制设备等。交互方式有如下几类。

第一，触控交互：主要采用电容式或者电阻式触摸屏技术，通过侦测用户接触到屏幕的压力等数据，和软件系统进行信息互联交互。同时由于物联网和互联网的融合，可以收集海量的数据和信息，提供给用户更多层面的选择，这是当前应用最广泛的交互技术。为了提高交互的易用性和效率，需要更加高效美观的界面（UI）设计，同时还要考虑多设备互联情况下不同设备不同的UI设计需求。UI设计还需要结合实际需求不断进行优化升级，这也体现在智能系统的定期更新升级上。

第二，声控交互：这是近几年发展较快的交互技术，可以对声音进行识别和计算，并将其转换成计算机语言，同时联网进行操作及反馈技术，有助于实现开关设备、播放歌曲、搜寻信息等种种操作。当前对于中国市场，实现各种语言的有效识别，并避免识别不准确带来相应的误操作等是非常重要的，因此在设计中要谨慎选择，选择相对成熟且允许声控误差的操作来应用此种技术。

第三，姿势交互：通过对用户姿势的识别和跟踪，获得用户的想法，而进行控制和反馈的交互方式。

第四，联网＋交互：通过集中控制面板，采用按钮等非触摸屏技术，通过传统的手动等操作方式，来实现灯光等的联网的智能化直接控制。

③基于物联网传感技术的人机交互。

越来越多的设备连接到互联网上，越来越多的控制交给系统，但关于控制权需要进一步思考。比如，当灯光控制系统出现问题时，是不是就无法关闭灯光了。即便在网络系统正常的情况下，如果用户需要去控制智能设备，则其也需要直接去控制，而不是必须通过网络进行控制，这也从另一方面弥补了智能设备的不足。从安全的角度等考虑，最终所有智能设备的控制权还应归于人，只有在人不愿控制时才交给智能控制中心。

另外，在网络断了的情况下，如何继续操作设备至关重要，而不是放任设备失效不能工作。所有物联网设备除了在网络下工作外，在没有网络的情况下还需要拥有基本的功能，如智能电饭煲在没有网络的情况下，还需要有按键等基本的控制措施和基本的操作选项以满足正常的煮饭需求。

（3）设备之间的交互。随着智能技术的发展，厨房中的设备之间的交互也有了新的模式，如当前的油烟机和燃气灶联动技术，不需要人的参与，油烟机就可以探测到灶的启动，并能根据火力的大小自动调节排烟效率。对于智能厨房的发展，设备之间的交互也是一个重要的研究方向。

7.3.1.4　智能厨房设计要素及原则

基于上述厨房空间人机交互需求，对于智能厨房的设计，应该基于如下5点展开。

（1）效率和人性化。智能厨房作为新一代的厨房，必须是高效的厨房，这样的厨房能够通过联网设备，获取相关网络资源，同时也能引入包括新的高效率电器及功能件，让厨房操作变得更加人性化和更加有效率。

（2）陪伴社交。在新一代的城市化生活中，家庭单位变小，家庭时间变短，陪伴亲人及朋友的时间变得弥足珍贵。新一代的智能厨房要通过合理的开放式设计和网络联系等，满足人们的陪伴和社交等心理情感需求。

（3）安全健康。从整个消费需求的变化来看，当前人们在解决了温饱问题的前提下，重点还会从更加安全、更加健康的角度来看待智能需求。智能厨房通过联网和自动监控，弥补了人们不能持续操作的难题，同时通过主动的饮食管理等，满足人们追求健康生活的需求。

（4）环保节能。厨房是耗电、耗水、耗气空间，需要外部资源和能量的输入，有助于人们的能量摄入。同时，厨房也是垃圾产生大户，厨余垃圾的不合理处理会造成环境污染，也会浪费能够重复利用的材料。所以，智能厨房作为新一代的厨房，设计方面必须从环保节能上认真考虑。

（5）互联互通。从智能厨房的分类上看，如果只是电气化设备的应用，只能说从人性化等方面来进行改善。真正意义上的智能厨房必须是联网的，通过移动设备和云端进行管理，只有联网才能从网络上下载资源，才能够自动进行系统升级,才能够自动报警维护,也才能够实现远程的智能化管理。同时,智能厨房的各个联网设备在平台和连接方式上必须互联互通,共用易用。

7.3.2 智能厨房设计方法分析

7.3.2.1 系统论设计方法——智能厨房整体方案设计

系统的定义为:由若干要素以一定结构形式连接构成的具有某种功能的有机整体。个体、联系、整体是系统的三要素。系统论的核心思想是系统的整体观念。系统思想的核心问题是如何根据系统的本质属性使系统最优化。任何系统都是一个有机的整体,它不是各个部分的机械组合和简单相加,系统的整体功能是各要素在孤立状态下所没有的特质。系统中各要素不是孤立存在的,要素之间相互作用和相互依存,构成不可分割的整体。

厨房空间智能化研究牵涉层面多,包括各种不同场景、各种不同控制、多个体系的融合,是一个庞大的系统工程,要想分析和研究明白,必须采用系统论的相关理论进行分析。

智能厨房空间根据特性可以分为三个层面的要素,首先是场景要素,其次是人机交互要素,最后是智能化要素,各个要素紧密相连深度融合,单独的要素都不能孤立存在。其中,根据不同的要求,场景可以分为中餐场景、西餐场景、聚会场景、亲子场景等,不同的场景有不同的人机交互需求和底层智能系统控制要求。人机交互可分为基础的人和设备交互,人和计算机交互的触摸控制和语音控制等,根据不同的交互要求,作用于不同的场景和底层智能化需求。智能化要素分为安防系统、烹饪系统、娱乐系统、灯光系统、机器学习等,可作用于人机交互并满足不同的场景需求。智能化要素可通过物联网技术联通互联网,通过大数据和云计算等新兴技术变成一个开放的系统,同时和外界系统进行不同的交互。

7.3.2.2 功能论设计方法——智能厨房功能设计

智能厨房是一种结合了智能化技术的厨房空间,可以通过人工智能、物联网、大数据等技术,提供更加智能、高效、舒适的烹饪和生活体验。智能厨房的功能设计包括智能烹饪、食谱推荐、储物管理、垃圾处理、健康监测等。

智能厨房通过智能电器和传感器实现自动控制、调节烹饪过程，如自动点火、调节火力、控制烤箱温度等。同时，通过大数据分析用户的口味和偏好，智能厨房可以推荐适合的菜谱和烹饪方法，帮助用户更快地制作出美味的菜肴。

智能厨房还可以通过智能识别和 RFID 等技术，自动识别并管理食材和餐具的储存状态和位置，方便用户快速找到所需物品。同时，智能厨房还可以通过智能分类和压缩技术，实现厨房垃圾的高效处理和清理，减少对环境的污染。智能厨房还可以通过智能健康监测技术，监测用户的健康状况，如体重、身体指标等，并根据用户的身体情况推荐适合的食谱和营养方案，提高用户的健康水平和生活质量。智能厨房通过智能化技术的应用，可以为用户提供更加便利、健康和智能的烹饪和生活体验，是未来智能家居的重要组成部分之一。

7.3.2.3 瓶颈沟通设计方法——智能厨房人机交互设计

智能厨房人机交互设计是指对人与智能厨房之间的信息交互和控制过程进行设计和优化，使得用户可以方便、快捷、自然地完成烹饪任务，提高烹饪效率和体验。以下是智能厨房人机交互设计的几个方面。

（1）语音交互：智能厨房可以通过语音识别技术，让用户使用语音指令来控制烹饪设备，如控制灶具、烤箱等，方便用户在操作过程中不必手动操纵。

（2）触摸屏交互：智能厨房可以采用触摸屏交互方式，让用户通过触摸屏幕来控制设备、查看菜谱、监测食材等，这种方式操作简单、直观，用户易于接受。

（3）手势识别交互：智能厨房可以利用摄像头和手势识别技术，让用户通过手势来控制设备，如控制灶具、烤箱等，更加自然和方便。

7.3.2.4 多设备互联设计方法——智能厨房物物互联设计

智能厨房的多设备互联设计方法是指使多个智能设备相互连接和协同，实现设备之间的数据共享和智能化控制，提高烹饪效率和用户体验。以下是智能厨房多设备互联设计方法的几个方面。

（1）通信协议统一：智能厨房需要统一设备之间的通信协议，以便设备之间进行数据交换和协同控制。可以采用蓝牙、Wi-Fi、Zigbee 等通信协议来实现设备之间的连接。

（2）数据共享：智能厨房可以通过云端平台使设备之间的数据共享，如设备状态、食材信息等，从而实现设备之间的智能化控制和协同作业。

（3）联动控制：智能厨房可以通过多个智能设备的联动控制，实现烹饪过程的自动化和协同。实际可以设置多个智能设备之间的触发条件和联动方式，如设置烤箱和抽油烟机之间的联动，当烤箱开始工作时，抽油烟机自动打开，实现智能化控制。

（4）智能控制系统：智能厨房可以采用智能控制系统，通过集成多个智能设备的控制和数据共享，实现智能化的烹饪过程。例如，可以通过智能控制系统自动调节烤箱温度、控制炉头火力、调整抽油烟机风力等，实现烹饪过程的智能化和自动化。

（5）开放式平台：智能厨房可以采用开放式平台设计，允许第三方智能设备接入，以提供更多的智能化功能和服务，如智能菜谱推荐、健康管理等，提高用户体验和满意度。

7.4 智能厨房使用场景及系统功能设计

7.4.1 厨房不同使用场景分析

人的需求多种多样，如果整个厨房智能设计只是遵循个体的单独需求，则整个系统会变得非常庞大。针对不同用户需求进行分析，则便于针对性提出智能化方案，真正有效地解决用户的需求。具体可按照如下场景进行分析。

7.4.1.1 离家模式

当用户不在家时，自动打开离家模式，同时安防系统进入一级激活模式，对煤气、水等进行监控，出现问题时直接关闭。启动监控摄像头，启动入户门、窗户的安防警报，当感知到侵入时直接通知用户。同时，可以根据用户需求启动报警装置。部分设备直接关闭或转变为低能耗模式，以节省能耗。当长时离家时，可采取更严格的安防和节能等措施。

7.4.1.2 归家模式

当回到家中时，自动切换为归家模式，调整安防级别，避免不必要的误触和警报。厨房同步打开空调等设备，调整厨房空间温度，同时打开相关设备，使其处于待机状态，方便及时启动和使用。

7.4.1.3 早餐模式

在人们早上起床后，根据用户习惯做好事物制作准备，或者根据之前的预设，提前完成食物准备。同时打开电视或者平板电脑等开始播放音乐、视频，或者播放新闻，在光线不充足时打开灯光进行补光。人们吃完饭出门时设备自动进入休眠状态，安防等系统启动。在多人分开进早餐时，通过相关显示屏幕等对后续人员进行餐食提醒。

7.4.1.4 晚餐模式

人们下班回到家后，厨房进入启动状态，根据食材储备及健康餐食等进行分析，预先推荐所需要的菜谱，以便快速进行烹饪操作，在较短的时间内准备丰盛的晚餐。对于就餐环境，可根据需要打开音乐，控制灯光（如生日、结婚纪念日等特殊日子，或者只是家人轻松自在地聊天需要对应的音乐和灯光场景）。在就餐结束时，能够快速完成洗涤收纳任务。

7.4.1.5 社交模式

该模式主要指在家中安排同事、朋友聚会，包括部分私密商务活动的情况下，需要预先根据需要准备较多的餐食，也包括酒等特殊食材。既可选择丰富的中餐，也可选择高雅的西餐。在人员陆续达到家中时，准备欢快轻松的音乐氛围，促进其有效交流。同时在岛台等较大的操作空间，人们可以一起准备餐食，在共同操作中提升友谊。就餐结束后，人们能够快速高效地完成洗涤任务。

7.4.2 特殊空间厨房智能化场景分析

7.4.2.1 酒店式公寓厨房智能化分析

公寓空间一般面积比较小，厨房一般是开放式设计，同时和客厅、卧室等相通。厨房尺寸较小，通常只配置电磁炉和小型的抽油烟机，冰箱也多配置为小型的，部分情况下洗衣机也会放置在厨房中。在智能化配置中，空调系统、新风系统会统一配置，音乐等娱乐系统也可以统一配置。由于入住人数较少，同时入住人群通常为商务人士，主食早餐，还有少量晚餐，且饮食多为简单烹饪而成，因此对智能设备的需求小而精，不需要太大的储藏空间，不需要太大功率的油烟机和电磁炉（基于安全考虑，公寓一般无燃气供应，只有电），不需要功能齐备的水槽等。另外，因为空间的规划，设计风格需要统一。

7.4.2.2 养老厨房的智能化分析

当前社会，针对老年人特殊的心理和生理现状，对厨房的智能化也有更深一层次的要求。针对老年人记忆力衰退的情况，可以借助智能系统进行强提醒，避免不必要的风险。增加收纳等自动化的智能设备，减少对老年用户动作的要求。在安防管理方面，需要减少老年用户的主动介入。智能系统设计要更加简化直观，如字体需要加大，色彩需要满足老年人的审美需求。需要开发适用老年人的烹饪系统，如增加烹饪时间，满足食材软烂的需求。推荐菜谱时选择适合老年人的健康食材，便于其及时补充蛋白质和钙等微量元素。

7.4.3 厨房空间相关系统功能分析

厨房空间整体上是一个大的系统，同时一个大的系统还可细分为若干小的系统，可以从具体的细分系统进行交互分析。要按照烹饪操作、洗涤操作、储藏操作等进行模组化分类，在设计过程中结合不同的模块，并细化其中的要求，从而满足整个空间系统的设计要求。

7.4.3.1 烹饪系统

烹饪系统包括厨房空间的烟机、燃气灶、微波炉、烤箱蒸箱、电饭煲、压力锅、电水壶、咖啡机、吐司机等产品，以电器产品为主。在烹饪过程中通过电、气等加热食材，同时引入油、调料等食材。这些是厨房空间最主要的系统构成，承担主要功能。

7.4.3.2 洗涤系统

洗涤系统以水槽空间为主，包括水槽、水龙头、垃圾处理器、净水器、洗碗机、分类垃圾桶等产品，也包括超声波水槽、水槽洗碗机等跨界产品。洗涤系统通过对水的利用，满足厨房洗涤功能及健康饮水、环保等要求。在厨房操作过程中，水槽区域操作可分为前期洗涤、中期用水、后期清理及日常的净水饮用等，整个操作时间占到整个操作时间的 60% 以上，所以需要选择合理的智能化产品，合理搭配各项产品功能，才能满足安全高效洗涤的要求。

7.4.3.3 台面系统

台面系统以吊柜和地柜中间的台面产品为主，主要满足日常切菜等操作需求，在布局设计上，配合烹饪系统和洗涤系统，需要考虑操作的三角动线，提升操作效率，同时在尺寸设计上，要留有足够的空间，以满足切菜操作、餐盘摆放等需求。从设计的角度，需要在光线上对操作区域进行光线补充。同时因为台面材料和食材等接触，所以需要选择健康环保的材料。在切菜等操作中，还可借助智能菜板等产品，合理控制餐饮能量等的摄入，达到健康饮食的要求。

7.4.3.4 储藏系统

储藏系统包括整个厨房空间的储藏功能产品，如电器类的冰箱、洗碗机、消毒柜，以及橱柜柜体和其中的米箱、面箱、功能拉篮、抽屉等产品。要对厨房中的常温食材、冷冻食材、调料瓶、烹饪器具等进行分类储藏。储藏系统占用了整个厨房的大部分空间，需要通过系统的分析和合理的布局，满足效率最高情况下的储藏需求。

7.4.3.5 娱乐系统

传统的厨房空间会比较单调，新的厨房空间设计可引入娱乐系统，包括音乐、视频、游戏等系统。另外，当前开放式厨房设计越来越流行，同时厨、餐厅一体，或者厨房、客厅、餐厅一体的设计越来越多，家庭娱乐设施也会在厨房空间的设计中变得越来越重要。

7.4.3.6 安防系统

安防系统是用于保证厨房安全的设备设施组成的功能合集，包括水、电、气、空间闯入的监控、报警和应急处理等，同时包括煤气报警、漏水报警、火灾报警、闯入报警。

7.4.3.7 灯光系统

灯光系统主要指厨房顶灯、柜内灯、柜下灯、餐厅灯光等的集合。既要保证足够的照度和显色度，又要根据需要满足不同的照明需求，如不同色温灯光满足不同环境的需求。

7.4.3.8 新风系统

新风系统是厨房空间中用于空气交换、净化、监控空气质量、应对气体危险的设施合集，也包括烟机、燃气控制系统及新风系统等。

7.4.4 智能厨房设计模型

智能厨房系统如图 7-3 所示。

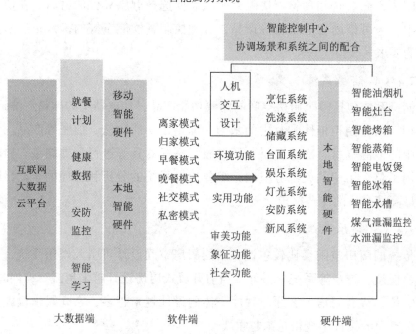

图 7-3　厨房空间智能体系模型

本模型主要根据大数据端、软件端的操作系统设计和硬件端的不同功能划分，根据对人机交互技术的分析，以及智能控制中心合理协调场景需求和系统设置之间的关系，提出最合理的厨房智能化解决方案。

厨房智能化场景描述如下表 7-2 所示。

表7-2 厨房智能化场景设计

场景化搭建	主要控制系统	场景化描述
离家模式	安防系统 烹饪系统 储藏系统	用户不在家的时候，启动安防系统，对煤气、水、电等进行监控，并授权直接关闭处理。自动关掉所有系统相关设备或者将其调至最低能耗模式
归家模式	灯光系统 空调系统 新风系统 烹饪系统 储藏系统	进入餐厨区域，自动打开餐厅区域灯光，调整温度，调整空气系统等，同时区域相关烹饪设备进入待机状态，方便唤醒和启动。相关食材需要提前加工的，根据设定进行加工
早餐模式	烹饪系统 台面系统 洗涤系统 储藏系统	当早上闹钟响起，开始起床的时刻，启动早餐模式，在短时间内完成简单却又丰盛的早餐。通过烤箱、面包机、咖啡机等设备，在台面上即可完成早餐的准备。早餐完成后，通过洗涤系统，可以快速地完成洗涤工作
晚餐模式	烹饪系统 台面系统 洗涤系统 储藏系统 灯光系统	日常的晚餐，食材已经按照菜谱推荐到位，能够快速地准备健康美味的餐食。在特殊的日子，如生日、纪念日、圣诞节、新年等全家共聚的日子，根据不同的需求，进行合理的灯光、音乐设计，并提前提醒用户相关日子，提出相应的方案
亲子模式	烹饪系统 洗涤系统 台面系统 储藏系统 娱乐系统	孩子小的时候，妈妈或者爸爸做饭，孩子在一边玩游戏或者看书、听绘本等，而父母可以时刻关注孩子的状态，确保安全。孩子较大的时候，可以进行亲子共厨，通过共同准备餐食来共享亲子时刻，增进亲子感情。晚餐后收拾完餐桌，可以在餐桌旁做亲子游戏，或者阅读
聚会模式	烹饪系统 洗涤系统 台面系统 储藏系统 娱乐系统	邀请朋友或者同事，可到家里聚会，可以共同烹饪。对于食材，可以根据人数多少、所选菜谱、家中食材情况，给出采购建议，烹饪时可以给出烹饪建议。对于灯光和音乐系统，根据需要播放轻松、活泼的音乐

厨房智能化系统和智能设备的关系如下表7-3所示。

表7-3 智能化系统和智能设备的关系

系统	智能设备	智能功能需求
烹饪系统	智能油烟机 智能燃气灶 智能电饭锅	自动除烟 自动灭火功能 根据食材自动选择合适的烹饪程序
	智能烤箱 智能烹饪教学	通过手机等互动 和人员及烹饪设备互动 提供相关烹饪建议及实施
	智能电磁炉	联网学习不同的烹饪菜谱，可以结合菜谱需求自动设定智能温控系统
洗涤系统	智能洗碗机 智能净水器 垃圾处理器 分类垃圾桶	根据不同的洗涤要求，设定洗涤模式，并自动学习下载 监控水质，智能提醒滤芯采购更换 根据不同的处理需求，自动选择不同的转速 不产生额外的厨余垃圾 自动识别垃圾类别
	智能净水器 智能饮水机	监控水质，智能提醒滤芯采购更换 合理的饮水温度选择，及时提醒用户饮水
台面系统	台面收纳系统 智能电子秤	最常用的器具和食材在台面上进行收纳 对每日食材进行记录，给出改进建议
	智能升降台面	根据不同的场景，自动升降台面
	台面收纳系统	常用的器具和食材被收纳于台面上
储藏系统	智能橱柜	利用电动功能件等，合理储藏食材及物品
	智能冰箱	监控食材，识别保质期，提出合理膳食搭配并提醒采购 合理储藏食材及物品
娱乐系统	智慧屏幕	根据需求，播放烹饪教程、娱乐视频、氛围音乐等，益于在亲子区互动
	背景音乐	根据需求播放音乐等，营造轻松愉快氛围

续　表

系统	智能设备	智能功能需求
灯光系统	柜内灯光系统 外部灯光系统	自动感应，根据需要进行点亮，满足使用需求 营造温馨的厨房氛围，并根据不同场景需求提出 灯光方案
空气控制系统	$PM_{2.5}$ 监控及新风 智能空调系统 智能加湿器	检测空气质量，并及时开闭新风设备 检测空气温湿度，并及时调整温度、湿度 检测空气湿度，并及时补充水分，保证舒适湿度
安防系统	煤气泄漏监控 水泄漏监控 窗户开关监控 智能摄像头	检测煤气情况，及时关闭总阀并提醒维修 检测水泄漏情况，及时关闭总阀并提醒维修 检测室外风雨情况，及时关闭窗户，检测不合理 监控人员进入情况，及时通知并链接警报系统
集中控制中心	智能控制交互中心 语音交互、图像交互、红外等感知交互	收集所有各个系统智能设备数据，连接互联网， 进行大数据分析，提供改进建议

8 智能物联网技术在各领域的创新应用及案例研究

8.1 物联网在智慧城市中的创新应用及案例

8.1.1 智慧城市概论

8.1.1.1 智慧城市基本概念

智慧城市有狭义和广义两种理解。狭义上的智慧城市指的是以物联网为基础，通过物联化、互联化、智能化方式，让城市中各个功能彼此协调运作，以智慧技术高度集成、智慧产业高端发展、智慧服务高效便民为主要特征的城市发展新模式，其本质是更加透彻地感知、更加广泛地互联、更加集中和更有深度地计算，为城市的管理与服务植入智慧的基因。广义上的智慧城市是指以"发展更科学，管理更高效，社会更和谐，生活更美好"为目标，以自上而下、有组织的信息网络体系为基础，使得整个城市具有较为完善的感知、认知、学习、成长、创新、决策、调控能力和行为意识的一种新型城市的新常态。

智慧城市建设实质上就是实现国家信息化在一个城市中的具体体现。中共中央办公厅、国务院办公厅印发的《2006—2020 年国家信息化发展战略》文件中指出："信息化是当今世界发展的大趋势，是推动经济社会变革的重要力量。大力推进信息化，是覆盖我国现代化建设全局的战略举措，是贯彻落实科学发展观、全面建设小康社会、构建社会主义和谐社会和建设创新型国家的迫切需要和必然选择。"

中共中央国务院印发的《国家新型城镇化规划（2014—2020 年）》指出："推进智慧城市建设，统筹城市发展的物质资源、信息资源和智力资源利用，推动物联网、云计算、大数据等新一代信息技术创新应用，实现与城市经济社会发展深度融合。强化信息网络、数据中心等信息基础设施建设。促进跨部门、跨行业、跨地区的政务信息共享和业务协同，强化信息资源社会化开发利用，推广智慧化信息应用和新型信息服务，促进城市规划管理信息化、基础设施智能化、公共服务便捷化、产业发展现代化、社会治理精细化。增强城市要害信息系统和关键信息资源的安全保障能力。"

信息化在我国国民经济和社会各领域的应用效果日渐显著，政府信息化即以智慧政府内外网建设促进政府的管理创新，实现网上办公、业务协同、政务公开。农业信息服务体系不断完善，应用信息技术改造传统产业，使其不断取得新的进展，同时数字技术应用大大提升了市政、城管、交通、公共安全、环境、节能、基础设施等方面现代化的综合管理水平。社会信息化在科技、教育、文化、医疗卫生、社会保障、环境保护、智慧社区，以及电子商务与现代物流等领域发展势头良好。新能源、交通运输、冶金、机械和化工等行业的信息化水平逐步提高。传统服务业向现代服务业转型的步伐加快，信息服务业蓬勃兴起。金融信息化推进了金融服务创新，现代化金融服务体系初步形成。

智慧城市的基本理念是：在一个城市中将政府信息化、城市信息化、社会信息化、产业信息化所指的"四化"融为一体，通过网络化、物联化、智能化技术应用，整合整个城市所涉及的综合管理与公共服务信息资源，包括地理环境、基础设施、自然资源、社会资源、经济资源、教育资源、旅游资源和人文资源等，以数字化的形式进行采集和获取，并通过智慧城市大平台和大数据进行统一的存储、优化、管理、展现、应用，实现城市综合管理和公共服务信息的互联互通、数据共享交换、业务功能协同，为科学建设新型城镇，促进智慧城市消费，建设美丽城市、智慧城市、可持续发展城市提供强而有力的手段和支撑。

8.1.1.2　智慧城市建设范围

（1）智慧政府。我国智慧城市的建设始于政府信息化。智慧政府的核心是电子政务内外网和公共协同服务平台的建设，其目的就是通过电子政务促进政府管理的改革和创新。政府管理创新从本质来讲就是以国家之力来推动我国政府信息化建设，以提高我国政府的管理能力和服务能力，提升国家在国际社会中的竞争力。从这个意义上讲，推动电子政务发展以促进政府管理创新，及促进政府信息化建设意义重大。智慧城市实施智慧政府信息化应以网上行政审批、网上电子监察、网上绩效考核为突破口，以建设电子政务外网为基础，以在一个城市范围内建立政府公共服务体系为目标，重点实现政府各业务单位和部门之间的信息互联互通与数据共享，从而大力推进政府信息化的建设和发展。

（2）智慧治理。智慧城市治理就是应用现代技术手段建立统一的城市综合治理平台，充分利用信息资源，构建科学、严格、精细和长效管理的新型城市现代化管理模式。目前，智慧城市管理已经从前几年的"数字城管"扩大到一个城市综合治理"大城管"的概念，涵盖了城市的市政管理、市容管理、公共安全管理、交通管理、公共及基础设施管理、水电煤气供暖管理、城市"常态"下事件的处理和"非常态"下事故的应急处置与指挥等。实行智慧城市管理后，城市的每一个管理要素和设施都将有自己的数字身份编码（物联网），并被纳入整个智慧城市综合管理平台数据库。智慧城市综合管理平台通过监控、信息集成、呼叫中心等数字化技术应用手段，在第一时间内将城市管理下的"常态"和"非常态"各类信息传送到城市综合监督与管理中心，从而实现对城市运行的实时监控，以及科学化、现代化的管理。

智慧城市实施城市信息化以数字城管为起点，以建设城市级综合监控与管理信息中心为基础，重点实现城市在市政、城管、交通、公共安全、环境、节能、基础设施等方面信息的互联互通与数据共享。同时，要以在一个城市范围内建立数字化与智能化的城市综合管理体系为目标，大力推进城市信息化的建设和发展。

（3）智慧民生。智慧民生是智慧城市建设的基本内容，因此要大力发展城市"市民卡"、电子商务、现代物流和社区信息化，同时基于智慧城市社会民生服务信息化平台，整合市民卡、智慧社区、智慧医疗、智慧教育、智慧养老、智慧旅游、智慧生态环境、智慧商务与物流，以及网络增值服务、连锁经营、专业信息服务、咨询中介等新型服务业内的信息资源，实现信息互联互通数据共享，打造以智慧城市为代表的现代服务业新模式和新业态。

现代服务业是指在工业化比较发达的阶段产生的、主要依托信息技术和现代管理理念发展起来的、信息和知识相对密集的服务业，包括由传统服务业通过技术改造升级和经营模式更新而形成的服务业以及随着信息网络技术的高速发展而产生的新兴服务业。智慧城市现代服务业发展的模式，就是要坚持服务业的市场化、产业化、社会化方向原则，克服以往那种由"技术孤岛""资源孤岛"形成的"信息孤岛"，实现真正意义上的互联互通，让服务提供商能够高效率、低成本地满足客户的需求。

智慧城市实施社会信息化应以城市"市民卡"运用为前导，以建立城市社会化公共服务体系为基础，实现智慧民生等方面信息的互联互通与数据共享。要以共性支撑、横向协同、创新模式促进民生产业发展为原则，大力推进城市现代服务业的发展。

（4）智慧产业。以信息化带动工业化是智慧城市建设的重要内容，因此要以信息化带动工业化，以工业化促进信息化，走出一条科技含量高、经济效益好、资源消耗低、环境污染少、人力资源优势得到充分发挥的新型工业化道路，这是我国工业化和整个国家现代化的战略选择。

工业化和信息化是两个性质完全不同的社会发展过程。所谓工业化，一般以大机器生产方式的确立为基本标志，是由落后的农业国向现代工业国转变的过程。所谓信息化，是指加快信息技术发展及其产业化，提高信息技术在经济和社会各领域的推广应用水平的过程。总体上讲，在现代经济中工业化与信息化的关系是：工业化是信息化的物质基础和主要载体，信息化是工业化的推动"引擎"和提升动力，两者相互融合，相互促进，共同发展。

信息化带动工业化，就是要以智慧城市的建设来带动和推进企业的信息化，整合政府信息化、城市信息化、社会信息化的信息资源。要以政府信息化为先导，以社会信息化为基础，走出一条以智慧城市为平台，推进整个产业信息化发展的道路。

信息化带动工业化的核心是产业信息化。产业信息化是指利用计算机、网络和通信技术，支持产业及企业的产品研发、生产、销售、服务等诸多环节，实现信息采集、加工和管理的系统化、网络化、集成化，实现信息流通的高效化和实时化，最终实现全面供应链管理和电子商务。产业信息化的水平直接决定了国民经济以信息化带动工业化的成败和产业及企业竞争力的高低，是我国目前经济发展的战略重点。企业作为国民经济的基本细胞和实现信息化、工业化的载体，其信息化水平既是国民经济信息化的基础，也是信息化带动工业化，走新型工业化和智慧制造发展道路的核心所在。

智慧城市实施产业信息化应以电子商务为龙头，以在一个城市范围内建立电子商务和现代物流体系为基础，从而促进和带动当地产业的信息化建设和发展。

8.1.1.3 智慧城市建设历程与存在的问题

（1）智慧城市建设历程。数字地球是时任美国副总统戈尔于 1998 年 1 月在加利福尼亚科学中心开幕典礼上发表题为"数字地球——新世纪人类星球之认识"演说时，提出的一个与地理大数据技术（GIS）、网络技术、虚拟现实等高新技术密切相关的概念。我国学者特别是地理学界的专家认识到"数字地球"战略将是推动我国信息化建设和社会经济、资源环境可持续发展的重要机遇。1999 年 11 月，在北京召开首届国际"数字地球"大会，从这之后与"数字城市"相关或相似的概念相继出现，如 2000 年，当时任福建省省长的习近平率先提出建设"数字福建"的意见（目前福州市是国家确定的新型智慧城市标杆市）。2008 年，我国信息化专家王家耀院士等出版的《中国数字城市建设方案及推进战略研究》对我国 10 年来的数字城市建设做了一个总结。自当年 IBM 提出了"智慧地球"的概念，数字城市在我国进行了近 10 年的建设和发展，2009—2011 年"感知中国"和"智慧城市"概念被提出，这段时间可以算作我国从数字城市到智慧城市的过渡期。我国智慧城市建设发展，从住建部 2012 年 7 月第一次提出开展智慧城市示范工程算起，到目前已经过去了将近 10 个年头。

我国数字城市到智慧城市的发展已经经历了近 10 个年头，尽管取得了一些消除"信息烟囱"和"信息孤岛"等信息化应用的成果，但是与中共中央办公厅、国务院办公厅在 2006 年 5 月 8 日印发的《2006—2020 年国家信息化发展战略》中的目标和要求还相差甚远，这需要引起我们的思考和反省。

（2）智慧城市建设存在的问题。我国新型智慧城市建设经历了数字城市和智慧城市的发展阶段，近 20 年来始终无法避免"信息孤岛"和重复建设的弊端。除了缺乏统一标准、理论体系和方法论、成功案例等原因，智慧城市传统的建设模式也是造成"信息孤岛"和重复建设的重要原因。目前，智慧城市建设往往是先建各个独立孤岛式的业务系统（平台），再使用数据共享、系统集成、系统统一搬迁等方法来解决"信息孤岛"和"数据壁垒"问题。由于各个厂商开发的业务系统在结构、技术、方法、数据标准上都不统一，也没有统一标准可依，所以智慧城市"信息孤岛"遍地，"数据烟囱"林立，建设周期长、建设成本高、系统集成和数据共享效果差，更进一步使得事后消除"信息孤岛"和避免重复建设难上加难，甚至成了不可能完成的任务。传统智慧城市"少慢差费"的建设模式不可持续。

目前智慧城市建设主要存在以下问题。

①以往大多数智慧城市建设，将顶层设计当作智慧城市建设的全部规划设计内容和过程，往往在完成顶层设计以后，就匆忙进行智慧城市建设招投标和工程项目实施。尽管有些智慧城市将建设项目系统工程设计交由 IT 系统集成商或设备供应商进行深化设计，但是这种模式往往导致顶层设计和建设项目成为"两张皮"，顶层设计无法对工程建设进行指导、规范和约束。由于将智慧城市视为一个工程项目来建设，其结果必然导致"信息孤岛"和"信息壁垒"的产生，也就无法避免使各个工程项目重复建设。

②智慧城市是一个开放的复杂巨系统工程，人们对此认识不足，甚至认为搞一个概念化、目标口号式的高大上"顶层设计"就可以开始建设智慧城市了。在绝大多数的智慧城市顶层设计中，缺乏智慧城市顶层设计的方法论，对智慧城市涉及信息互联互通、数据共享交换、业务功能协同的总体框架体系结构闭口不谈。由于缺乏认识论、方法论、系统论的理论指导，智慧城市的整体系统工程势必成为一个个碎片化的"信息孤岛"。由于在顶层设计中就缺乏智慧城市大平台、大数据和大网络安全这些必须规划的基本要素，因此无法达到智慧城市整体功能要求和评价指标就成了一个必然的结果。但是非常遗憾的是，现在还有许多智慧城市顶层设计单位没有认识到这个关键性和决定性问题（或者他们根本就不知道如何应用系统工程方法论来规划智慧城市开放复杂巨系统的总体框架体系结构）。

③缺乏建设智慧城市开放的复杂巨系统工程的实践经验，特别缺乏复杂巨系统工程项目管理经验。主要表现在对于各个专项共享平台与城市级（区县级）共享平台之间的信息互联互通、数据共享交换、智能化监控系统，不知如何将它们集成为一体化的巨系统，不具备进行软硬件联合调试、多平台多数据库多系统集成、数据共享交换测试等这类巨大信息系统工程项目管理

经验。把一个开放的复杂巨系统当作一个简单应用系统项目来管理，最终的结果就是集成不了、共享不了、业务协同不了，导致智慧城市建设项目失败或无法竣工验收，留下"烂尾工程"，即使勉强验收也是"自欺欺人"。

④目前国内有些专家在智慧城市或大数据方面，都是概念说得多、好处说得多、理论说得多，但是在"怎么做"方面讲得少；关于如何采集数据、如何管理数据、如何应用数据讲得少；在如何构建分级分类的信息平台结构，如何构建分级分类的大数据结构，如何构建分级分类的大网络安全结构方面讲得少。总之，新型智慧城市系统工程方法论讲得少。如果不能提出智慧城市大平台、大数据、大网络安全具体落地的实施方案，智慧城市就会成为建设在没有信息基础设施上的一个"空中楼阁"。

8.1.2 基于物联网技术的城市路灯设计案例分析

8.1.2.1 城市路灯的整体构造、类型和功能需求

（1）城市路灯的构造。在城市工作生活空间中，路灯是常见的照明装置，其广泛分布于城市道路两侧、公园、居民区、学校等场所中，为市民夜间出行提供便利。城市路灯系统主要由电光源、灯具、灯柱、基座和埋设基础组成。

由于提供照明的场所不同，路灯的照明时长、方式、色温以及路灯整体外观造型、规划设计、布局装饰等多方面的综合要求也不同，需要因地制宜，根据不同的需求来对路灯进行规划与设计。

（2）城市路灯的类型和造型风格。以路灯的高度为主要依据进行分类，可将路灯分为低角度景观灯、步道路灯、交通路灯和高杆灯。

①低角度景观灯。低角度路灯即高度为 0.2 ～ 1.2 m 的路灯，一般分布于花园、公园等较为封闭的环境中，整体会烘托出一种温馨平和的氛围，间距较小。

②步道路灯。步道路灯的灯杆高度一般为 1 ～ 4 m，路灯造型风格需要与周边环境和所在城市的特点保持一致，融为一体，强调迎合一般行人的心理期待和感受。

③交通路灯。此类型路灯灯杆高度一般为 4 ～ 12 m，通常采用较强的光源。这种路灯的主要功能就是为交通工具提供充足的照明，方便行人夜间出行。

④高杆灯。高杆灯的灯杆高度一般为 10～30 m，一般设置于体育馆、仓库、高铁站等空间开阔的场所，需要提供充足的照明，一般对照明时长也有要求。

常见的城市路灯造型风格主要有以下几种：欧式古典、中式复古、现代简约、艺术装饰等风格。

（3）城市路灯功能需求分析与归纳。通过调研，对目标用户特征及其需求有了宏观了解，分析归纳了用户对城市路灯功能的潜在需求和期望。

①智慧照明：目前的城市照明普遍存在电能浪费的情况，特别是在偏远、交通流量少的路段，智慧照明应该实现路灯根据交通流量的大小进行灯光亮度的智能调节，尽量避免能源浪费。

②自动清洁：路灯长期暴露在室外，灯罩内极易积累灰尘，传统的做法是定期安排市政管理人员进行巡视，工作量大，而且路灯太高导致清洁难度大，若清洁不及时还会影响路灯整体美观程度和照明效果，实现远程控制路灯进行自动清洁不仅省时省力，还能节省大量市政人员的重复劳动，提高路灯清洁的效率，有效降低清洁成本。

③新能源太阳能蓄电池：通过集成太阳能蓄电池，对日间丰富的太阳能进行收集，用于晚间路灯照明，这样利用清洁能源，可减少对周边环境的危害。

④数据收集：通过感应器、监控探头和其他数据收集技术收集路灯周围的温度、湿度、$PM_{2.5}$、交通流量等数据，再利用大数据技术进行数据筛选、分析和运用，从而更好地指导城市的管理。

⑤智能监控：路灯杆上集成监控探头可以随时监控路况，一旦发生纠纷或者交通拥堵，可以第一时间发现并响应，提升管理效率。

⑥5G通信基站：城市中分布广泛的路灯很适合用作5G基站的建设基点，以此普及5G网络的商用。

⑦环境监测：路灯上可安装用于环境监测的设备，实时掌握城市环境数据。

⑧路灯故障报告与监测：路灯发生故障或者损坏时，能够立即主动报备或者在控制系统中进行反应，便于故障的排除。

8.1.2.2 智慧城市路灯远程控制系统研究

（1）传统的路灯控制方式。目前，国内城市路灯管理系统一般是通过大量铺设电线连接整个城市的路灯，利用集中控制器来控制路灯的开关，功能相对单一。另外，其还依靠数据库和监控中心来对路灯的运行数据进行存储和管理，但因为容量不足和管理方式落后，查找相应路灯数据的效率较为低下。

传统的路灯系统难以根据季节、时间和光照时间智能调节亮灯率和亮度，不仅浪费了大量电能，还缩短了路灯的使用寿命。传统的路灯巡检方式也较为落后，需要定时定期组织大量工作人员冒着风雨对路灯进行例行检查，在此过程中消耗浪费了大量人力和财力，行政效率低下且很难及时发现故障问题，从而进行及时的维修处理。

（2）智慧城市路灯控制系统功能需求分析与归纳。

①数据可视化：基于 GIS 地图实时显示路灯的各项指标和环境数据等。

②远程操控：远程控制路灯的开关、亮度、色温以及其他各项参数，远程控制路灯的自动清洁装置、监控模块的运行等。

③故障定位：当发生故障时，系统界面上可以迅速显示故障灯的具体位置和编号，提高维修的效率。

④智能调节：系统利用过往大数据，及时预测可能出现的情况，智能实时地对智慧路灯进行调节，满足特殊情况下的各种需求。

（3）智慧城市路灯控制系统总体架构。智慧路灯远程控制系统的总体架构主要由基础系统、应用系统、管理平台和开放平台以及所连接的设备组成，路灯管理系统架构如图 8-1 所示。基础系统由控制管理系统、路灯布线系统和路灯网络系统构成，其中控制管理系统负责整个平台的管理、运营维护和对外展示，是智慧城市路灯系统的指挥和监控中心。

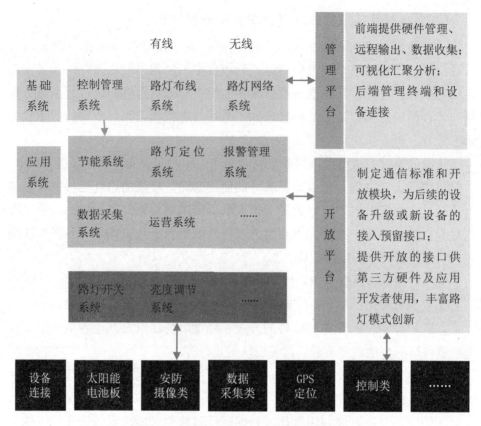

图 8-1　智慧城市路灯控制系统总体架构

应用系统主要是智慧路灯的各个具体功能所对应的系统，包括节能系统、GPS 定位系统、故障预警系统和运营管理系统等，其中运营管理系统主要负责路灯的日常运营，伴随着季节变化和交通流量变化，适当调整路灯开关时间和亮度，配合节能系统可以有效降低路灯的综合能耗，节省路灯运营成本。另外，路灯的太阳能收集和贮存系统保证路灯清洁能源的使用，降低对周边环境的不利影响。开放平台则制定相关通信标准和开放模块，为后续设备升级或新设备的接入预留接口，丰富路灯的模式创新方式。接入的终端设备包括太阳能电池、5G 基站、安防类设备、数据采集设备类、紧急报警和智慧充电桩等。

8.1.2.3 智慧路灯控制系统的人机交互方式研究

随着折叠屏、AI 技术等新兴科技的诞生，当前人机交互方式也呈现出多样化的发展趋势，开始从早期的以实体按键为主的交互方式向语音交互、体感交互、手势交互、眼动、脑电波等方式过渡延伸。

目前已有众多的商业公司、学者和设计师提出了交互设计基本原则，如尼尔森可用性原则、格式塔原则、KANO 模型、席克定律、7+2 法则等。其中尼尔森十大可用性原则是产品设计与用户体验设计的重要参考标准，如表8-1 所示。

表8-1　尼尔森十大可用性原则

设计原则	原则描述
状态可见	赋予用户了解自己所处状态的权利
环境贴切	尽量贴近用户的真实生活环境和体验，多采用拟物化的表达
操作可控	当用户出现错误操作时提供撤销或者返回功能
一致性	遵循统一的设计规范和操作逻辑
防错	在用户操作前就要规避用户易混淆的选择
易取	减少记忆负荷，提供用户需要的信息
灵活高效	提供灵活的操作和高效获取信息的能力
简洁优美	保持产品简洁美观
容错	告知用户出现问题的原因并帮助恢复
人性化	为用户提供信息易于理解的帮助

除了以上通用的人机交互的基本设计原则外，还需结合智慧城市路灯远程控制系统的特点、目标用户群体的特点和设计工作需求针对性地探索相应的设计准则。

（1）实体按键交互。作为传统的交互方式，实体按键交互在人们日常生活中无处不在，如电脑键盘、电视调节按键、电话按键等。实体按键具有局限性，一个实体按键一般只能对单个指标进行控制，若需要对设备进行多指标调控，则可能需要大量的实体按键，但这样容易突破"7+2 法则"的限制，对用户的记忆和使用造成困扰。实体按键交互的优势在于操作路径短、用户可感知性强且更加自然，因此市面上的电子产品，在提供智能化、多样化交互方式的同时，一般也会保留传统的物理实体按键交互，供用户进行选择。

（2）触摸交互。触摸交互的应用较为广泛，触摸屏在展示内容丰富且层级复杂的信息以及满足深度交互方面更具优势。触摸交互分为单点触摸和多点触摸交互。点对点的单点触摸本质上还是会需要较多的操作步骤，而多点触摸交互能够实现多个接触点的交互，允许用户在屏幕上用双指拉伸、滑动或通过手指模拟笔的触感进行信息输入。用户日常使用手机、平板电脑进行操作都是基于多点触摸交互。伴随着技术的升级，触控产品已不再局限于智能手机、平板电脑等产品，下游智能终端产品的应用领域也在不断扩充，智能车载终端、智慧手环、含手表在内的智能可穿戴产品等领域均开始应用触控技术。

（3）语音交互。语音交互依靠其输入方式自然、速度快和限制少等特点，正在逐渐成为各种智能电子设备的控制入口。天猫精灵之类的语音控制音响可以帮助用户播放音乐、控制家电等。除此之外，语音交互正在慢慢应用于工业制造、机器人、娱乐游戏等全新领域。

语音交互拥有以下几个优点。

①自然属性，可降低用户学习成本。

②解放双手，在洗澡、学习等场景下比手动按键控制更加方便沉浸式体验，通过语音控制与设备的互动可以进行沉浸式的深度体验，更加亲切并符合心理预期。

然而语音交互并非适用于所有的场景，也存在以下几点劣势。

①理解能力不足，设备对输入内容的理解易产生偏差，会影响用户反馈。

②使用场景有限，如果场景中有噪音干扰，语音识别准确率会显著下降。

（4）手势交互。智能设备可通过感应用户体感，或通过摄像头识别手势来接收用户发出的指令并给出反馈，如通过各种手势来控制智慧屏的播放／暂停、快进快退、音量调节等。华为的智慧屏便使用了隔空手势操作的交互方式。不同于一般的触屏式操控，华为智慧屏 X65 通过将触摸和手势操作结合的方式，以更加直观自然的方式控制智慧屏。用户可以隔空做手势发出指令，如在屏幕前方做暂停的手势表示暂停播放，做调高音量的手势表示调高音量，而无须通过遥控进行操作。

（5）体感交互。体感交互是指人通过肢体动作与体感装置或环境进行的互动行为，由机器对用户动作进行识别解析并做出反馈。这种交互方式在一定程度上减轻了人们对鼠标、键盘等非自然操控方式的依赖，能够使用户关注于任务本身。体感技术也在逐渐渗透到游戏、娱乐、购物等领域，尤其在智能影音、智能电视等互动娱乐场景中体现出极大的价值。

8.2 物联网在智能交通中的创新应用及案例

8.2.1 智能交通概述

8.2.1.1 智能交通系统的定义、发展与优势

（1）智能交通系统的定义。智能交通系统（itelligent traffic systems, ITS）的前身是智能车辆道路系统（itelligent vehicle highway system, IVHS）。智能交通系统将先进的信息技术、数据通信技术、传感器技术，电子控制技术以及计算机技术等有效地综合运用于整个交通运输管理体系，从而建立起一种大范围内、全方位发挥作用的，实时、准确、高效的综合运输和管理系统。

智能交通系统包括机场、车站客流疏导系统，城市交通智能调度系统，高速公路智能调度系统，运营车辆调度管理系统，机动车自动控制系统等。通过人、车、路的和谐、密切配合提高交通运输效率，缓解交通阻塞，提高路网通过能力，减少交通事故，降低能源消耗，减轻环境污染。

（2）智能交通系统的发展。

1994年，我国部分学者参加了在法国巴黎召开的第一届ITS世界大会，为中国ITS的开展揭开了序幕。

1996年，交通运输部公路科学研究所开展了交通运输部重点项目"智能运输系统发展战略研究"工作，1999年，《智能运输系统发展战略研究》一书正式出版发行。

1999年，由交通运输部公路科学研究所牵头，全国数百名专家学者参加的"九五"国家科技攻关重点项目"中国智能交通系统体系框架研究"工作全面展开，2001年，课题完成，通过科技部验收，2002年，出版《中国智能交通系统体系框架》一书。

2000年，由科学技术部主办，全国ITS协调指导小组办公室协办的第四

届亚太地区智能交通（ITS）年会在北京举行。

2000年2月29日，科技部会同国家计委、经贸委、公安部、交通运输部、铁道部、建设部、信息产业部等部门在充分协商和酝酿的基础上，建立了发展中国ITS的政府协调领导机构——全国智能交通系统（ITS）协调指导小组及办公室，并成立了ITS专家咨询委员会。

2002年4月，科技部正式批复"十五"国家科技攻关"智能交通系统关键技术开发和示范工程"重大项目，北京、上海、天津、重庆、广州、深圳、中山、济南、青岛、杭州十个城市成为首批智能交通应用示范工程的试点城市。

2002年9月，由中国科技部和交通运输部共同举办的"第二届北京国际智能交通系统（ITS）技术研讨暨技术与产品展览会"在北京举行。

2003年11月，科技部马颂德副部长第一次率中国政府代表团参加在西班牙马德里举办的第十届ITS世界大会，科技部联合交通运输部、建设部、公安部和北京市政府申办"2007年第十四届ITS世界大会"获得成功，标志着中国的智能交通系统建设将在更加开放、竞争与合作并存的环境中加速发展。

2004年10月，科技部第一次大规模组团参加在日本名古屋举办的第十一届ITS世界大会，中国政府展览团在ITS大会的首次展览获得成功。

2007年10月9—13日，第十四届智能交通世界大会在北京展览馆举行。大会展示了中国多年来各部门、各地区在ITS领域所取得的成就，并加强了中国在ITS领域的对外交流。

2012年5月25日，由北京交通大学主办，香港交通运输协会协办的2012年智能交通系统国际研讨会（International Workshop on Intelligent Transport Systems）在中苑宾馆举行。本次国际会议旨在加强智能交通系统领域专家学者的学术交流，进一步加深我国与其他国家和地区在智能交通系统领域的合作与研究，扩大我国交通科学研究在国际上的影响。

（3）智能交通系统的优势。

①智能交通系统主要由移动通信、宽带网、RFID、传感器、云计算等新一代信息技术进行支撑，更符合人的应用需求，可信任程度显著提高并变得"无处不在"。

②技术领域特点。智能交通系统综合了交通工程、信息工程、通信技术，

控制工程、计算机技术等众多科学领域的成果，需要众多领域的技术人员共同协作。

③政府、企业、科研单位及高等院校共同参与，恰当的角色定位和任务分担是系统有效展开的重要前提条件。

8.2.1.2　智能交通的重要性

（1）满足社会公众对于城市交通的需求。从社会公众层面来看，人们要想做到合理利用出行时间，必须掌握交通路线、交通流量以及实时交通情况，从而制定最合理的交通出行方案。因为当前的网络交通系统可以为民众规划多种出行路线，所以智能交通系统应具有较强的普适性，并且可以满足多种平台需求。人们在利用物联网技术的智能交通系统时，可以针对不同的出行计划制定不同的出行方案，如人们可以通过物联网及时改签、退票等，这些操作的基础之一就是物联网。

（2）企业与经济发展需求。在国民经济和企业发展过程中，发展效率和发展进度受交通运输业的影响，因此需要实时监控相关车辆，以实现车辆的统筹调用，并确保车辆在安全出行的基础上提升运行效率。企业要想实时监管远程车辆，就应为外出车辆安装相应的监控设备，利用卫星传感技术收集、处理车辆数据并传达到监控室，进而实时掌握汽车运行状态，减少交通事故的发生概率，降低交通事故造成的经济损失，有效地为企业发展和国民经济运行保驾护航。

（3）城市交通管理需求。从城市交通系统的管理角度来看，实现高效的城市交通管理应该从四个方面入手。第一，实时监控城市中的运行车辆，构建智能化交通系统。其主要工作就是识别、收集、处理城市交通系统中的车辆信息。第二，利用运行过程中的智能监控技术，规范城市交通系统中车辆的正常形式。引进物联网技术，可以针对行驶车辆实现精确定位，很大程度上便利车辆管理工作。第三，利用物联网技术实现智能安全管理。其主要以安全监测为基础，将监测到的数据实时传入监控中心，进而在出现事故时及时制定合理的解决方案，避免因交通事故出现交通拥堵。第四，实现交通系统中的车辆调控。利用物联网技术可以实时调控公共交通系统中的交通车辆，大大地提高城市公共交通系统的运行效率，达到智能交通的要求。

8.2.1.3 智能交通的应用

在科技发展如火如荼的现在，智慧交通的发展也成为不可缺少的一部分，如今智慧交通的应用主要体现在以下几方面。

（1）建设高清视频监控系统。完善卡口、电子警察、交通诱导、信号控制、交通信息分析、交通事件检测、移动警务等系统，可协助交通管理人员进行交通指挥调度、遏制交通违法、维护交通秩序，可协助公安人员进行治安防控等。

（2）建设车联网系统。互联网公司在无人驾驶领域动作频频，利用自身技术、数据沉淀、资本的优势以及成熟的互联网思维，不断推出车联网产品和解决方案，抢占市场，在智慧交通行业发展中起到重要作用。

（3）建设公交车监管系统。有效解决公交车内治安监控、监视乘客逃票和司乘人员窃取票款行为等问题。当车辆在运营过程中发生刮擦或者碰撞等交通事故时，辅助事后辨别事故责任，摆脱公交车辆运营所处"看不见、听不着"落后现状。

（4）建设 GPS 监控系统。实现对"两客一危"车辆的档案管理、定位监控、实时调度等多方面综合信息的管理，有效地遏制车辆超速、绕道行驶、应急响应慢等问题，充分实现车辆综合信息的动态管理，进一步提高车辆动态监控和应急指挥调度能力，提高车辆管理水平和管理效率，为车辆的安全行驶和科学管理提供保障。

（5）建设道路交通流量、交通态势分析系统、交通诱导发布系统。通过交通流量分析和态势分析系统，实时分析当前城市道路拥堵情况，并通过诱导发布系统，发布道路实时状况。民众在了解道路拥堵状况后可以合理地选择出行线路，减轻局部拥堵严重的情况。配合交通诱导发布系统，还可以实时提醒车辆前方路段的异常情况，提前绕行。

（6）建设城市停车诱导管理系统。通过智能化和网络化等技术手段对路边停车资源和非路边停车资源进行有序管理，提高驾驶者的使用方便性，规范收费流程、简化收费员工作。通过路边车位诱导屏或手机 App，向驾车者实时提供停车场位置、剩余车位和诱导路径等信息，引导驾车者停车，减少驾驶员寻找停车场所和车位的时间消耗，降低车辆行驶所引起的尾气排放、道路拥挤、噪声等污染，使停车不再困难。

8.2.1.4 智能交通的相关产品

（1）公交 Wi-Fi。公交 Wi-Fi 是一个 Wi-Fi 热点覆盖和管理系统，通过一台 Wi-Fi 路由器，为用户带来安全上网、用户资源搜集、精准广告推送、客户营销、多样化媒体应用等一系列的服务。公交 Wi-Fi 是面向公交这类公共交通工具推出的 Wi-Fi 上网设备，Wi-Fi 终端通过将 3G/4G 信号转换成 Wi-Fi 信号供乘客接入互联网获取信息、娱乐或移动办公。公交 Wi-Fi 热点与普通的 Wi-Fi 热点使用方法相同，只要个人电脑、手持设备（如 Pad、手机）等终端设备支持 Wi-Fi 功能，打开无线网络连接，在车上搜到相应的车载 Wi-Fi 信号并连接 Wi-Fi 网络，就可以开启无线上网体验。现在全国已有很多城市配备了公交 Wi-Fi，如北京、长沙等地。

（2）无人驾驶汽车。无人驾驶汽车是智能汽车的一种，也称为轮式移动机器人，主要依靠车内以计算机系统为主的智能驾驶仪来实现无人驾驶。从 20 世纪 70 年代开始，美国、英国、德国等发达国家开始进行无人驾驶汽车的研究，在可行性和实用性方面都取得了突破性的进展。中国从 80 年代开始进行无人驾驶汽车的研究，国防科技大学在 1992 年成功研制出中国第一辆真正意义上的无人驾驶汽车。2005 年，首辆城市无人驾驶汽车在上海交通大学研制成功。安全稳定和自动泊车是无人驾驶汽车的重要特点，也是不断研发无人驾驶汽车的初衷。

（3）掌上公交。智慧公交是将智能机、公交车与移动互联理念相融合的全新产品，将公交服务拓展到用户的手机。用户可以通过自己的手机，随时随地查询各公交车辆的实时位置、上下行方向等信息，方便用户合理安排自己的乘车计划，不用在公交站耗时间，也不用为赶不上最近的一班车而懊恼，或者因此耽误行程，从而大大提高出行效率，充分享受城市信息化带来的智慧化城市生活。

掌上公交是一款手机公交查询软件，支持路线查询、站点查询、站到站查询。它可查询全国 300 多个地级市的公交路线，所有支持 java 的手机均可使用。该软件使用完全免费，但查询过程需要流量。

在掌上公交上可以按路线查询，也可以按站点查询。另外，可以查询公交车车牌，也可以进行手机地图实时导航，方便快捷，是人们出行的不二选择。

（4）车辆远程诊断。汽车远程故障诊断系统是指在汽车启动时，获知汽车的故障信息，并把故障码上传至数据处理中心。系统在不打扰车主的情况下复检故障信息，在确定故障后远程自动消除故障，无法消除的故障以短信方式发送给车主，使车主提前获知车辆存在的故障信息，防患于未然。

同时 4S 店的应用平台也会及时显示车辆的故障信息，及时联系客户安排时间维修车辆。2012 年由上海艾闵信息科技有限公司推出众浩汽车远程故障诊断系统，开启了车联网的基本定义。

汽车远程故障诊断系统常常包括在线检测、远程诊断、专家会诊、信息检索服务和远程学习等主要部分。开始，用户使用嵌入式微型因特网互联技术（embedded micro internetworking technology, EMIT），检测设备进行数据采集，获取汽车故障信息和征兆，然后将该检测设备接入互联网，通过 Internet 与远程故障诊断中心实现双向交互，最终得到诊断结果和维修向导。

8.2.1.5 智能交通的现状及问题

（1）设备问题。随着系统规模扩大，前端设备点位增加，设备故障点也呈几何级数增长，管理人员仅忙于应付设备故障，无暇顾及其他方面。目前一线、二线城市基本都实现了电警设备在重点路口、路段的全覆盖，且有上千台摄像机及相应的控制设备，但由于各厂商产品良莠不齐，前端设备实际完好率不高，给业主造成了大量的投资浪费。

（2）系统可靠性与稳定性。智能交通系统复杂度和整合程度越来越高，而系统的健壮性却没有同步提高，往往有牵一发而动全身的问题出现。

（3）数据源的质量。智能交通应用需要高质量的数据源，而目前设备长时间运行的性能得不到保证，且数据质量不高限制了智能交通业务高水平的扩展应用。现代化的交通诱导和交通信号控制需要实时准确的交通流量数据，以供交通状态判断以及短时交通预测使用。目前系统健壮性不足，难以自行判断数据质量，从而使得交通诱导和信号控制系统不能发挥预期效用，最终影响了整体智能交通系统的投资价值。

（4）信息安全问题。由于智能交通兼具交通工具带来的移动特性和通信传输所使用的无线通信的特点，它也就集成了无线网和移动网两大类型网络的安全问题。然而，当前针对智能交通的研究只偏重于其功能的实现，忽略了其信息安全问题。实际上，在信息的收集、信息的传输、信息的处理各个环节，智能交通都存在严重的信息泄露、伪造、网络攻击、容忍性等安全问题，亟须得到人们的关注和重视。

8.2.2 基于物联网的智能交通指挥控制系统分析

8.2.2.1 基于物联网的智能交通指挥控制系统整体设计

控制系统分为三个部分，分别为车流量监控终端、LoRa 网关、监控系统云平台。车流量监控终端采用的是单片机系统加地磁检测传感器，单片机将地磁传感器测量得到的车流量数据通过 LoRa 物联网发送出去，单片机控制 LoRa 模块实现物联网的登录和数据的发送。LoRa 网关采用的是单片机加 LoRa 网关模块 SX1301，起到数据转发和数据协议转化的作用。LoRa 网络为无线物联网的一种，为了实现终端数据到云平台的传递，LoRa 网关将 LoRaWAN 网络的数据转化为以太网协议的数据。云平台是数据处理端和后台，同时也是人机交互的大脑。云平台将获取到的数据进行神经网络 BP 模型算法转换，根据大数据的处理得到最优控制模型，并下发控制信号给 LoRa 网关，网关将数据通过点对点的方式转发给车流量监控终端，终端根据数据控制红绿灯的绿信比，最终发挥交通指挥控制功能。在这个系统中，终端分布在城市各个道路的路口、主干道、重点交通管制区域。LoRa 网关分布在可以覆盖某一个区域内 100～200 个监控终端的路口或者建筑中。云平台是系统的核心，是计算的大脑，可以布置在城市交通指挥控制中心。系统整体架构如图 8-2 所示。

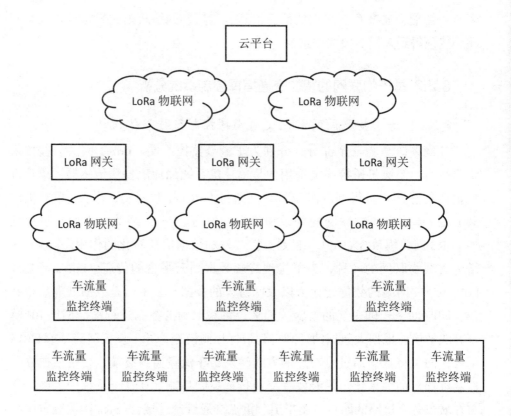

图 8-2　系统整体架构

　　详细地来说，对于车流量监控终端，单片机采用的是双串口的 STM32F103C8T6，传感器采用的是地磁检测传感器 NC-200，两者通过串口的方式相连，两者采用的都是 3.3 V 供电，车流量监控终端由于是埋在地下，因此需要采用供电电池的方式，或者采用纽扣电池的方式。物联网模块采用的是 LoRa 模块，单片机控制 LoRa 模块实现物联功能。对于数据的流向来说，电池给各个模块供电，不存在数据的传递。单片机和 LoRa 模块之间通过 SPI 通信的方式传递数据，SPI 是一种高速全双工的通信方式，对于数据量大的通信需求有很强的优势。单片机和地磁检测模块之间通过串口的方式传输，串口传输是一种速度相对慢的半双工传输方式，但是由于扩展性强，成了一种常见的数据传输方式。终端框图如下图 8-3 所示。

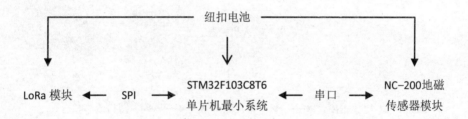

图 8-3　终端框图

对于 LoRa 网关，采用的是 STM32F407VET6 芯片加上 SX1301 网关芯片，芯片和网关之间采用 SPI 方式通信，由于网关需要支持 LoRaWAN 协议，而且一个网关往往对应着上百个终端，但传统的 SPI 通信往往难以支持如此大的数据量，因此可以通过移植 ucos 操作系统的方式来精确控制数据的传递，也可以通过采用成品网关，即已经经受住市场考验的网关来进行操作。本系统采用的是成品网关的方式。对于数据流向，单片机和 SX1301 采用 SPI 通信方式连接，虽然两者只用 SPI 连接，但是由于需要移植 LoRaWAN 协议，其内部的通信是十分复杂的，也是软件最难的地方。单片机将 LoRaWAN 协议的数据转化为网口数据或者串口数据，实际上只是做了数据的转发。网关框图如下图 8-4 所示。

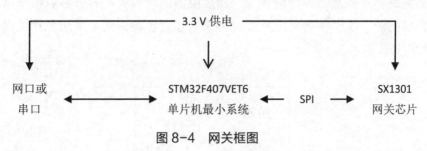

图 8-4　网关框图

对于云平台有两种构建方式：一种是购买云平台服务账号，目前基于 LoRaWAN 协议的云平台有很多种，只需要购买相应的账号，供应商会提供 API 供开发者使用，开发者从接口获取相应格式的数据，然后通过自己开发界面的方式将数据呈现出来；另外一种是自建云平台，这里的云平台是基于数据库自己搭建的小型后台服务器，数据处理能力没有大型商用服务器强，但是依然可以满足相当一部分的应用场景，这也是目前比较经济实用的云平台构建方式。下图系统采用的就是这种方式，主要架构如图 8-5 所示。

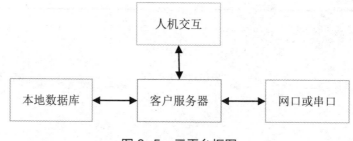

图 8-5　云平台框图

8.2.2.2 基于物联网的智能交通指挥控制系统硬件设计

（1）车流量终端的硬件设计。车流量终端主要是由单片机最小系统、LoRa 模块、地磁传感器，以及纽扣电池组成。

①主处理芯片 STM32F103C8T6。

MCU 采用的是基于 ARM Cortex-M 内核的 32 位微控制器的 STM32 芯片，采用的是标准的 LQFP48 封装，芯片有 48 个引脚，同时其程序储存器 Flash 容量是 64KB，RAM 容量是 20K，也有着 32 位的总线宽度与 16 位的寄存器。STM32 系列芯片最大有 72 Mhz 的晶振周期，处理数据能力好，在嵌入式系统中被广泛应用。

STM32 芯片的第 5 和第 6 引脚连接外部高速晶振，晶振频率为 8 MHz，该晶振是芯片内部时钟的时钟源，然后由内部时钟树进行分频。由于高速晶振更加准确，所以一般采用外部时钟来当作时钟源，而不采用单片机内部自带的时钟（图 8-6）。

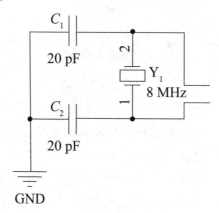

图 8-6　晶振电路

下图 8-7 中 STM32 处理器采用的工作电压是 3.3 V。由于车流量监控终端一般是安装到路口地面下，这就导致其只能采用电池供电的方式。原理图中采用纽扣电池供电。

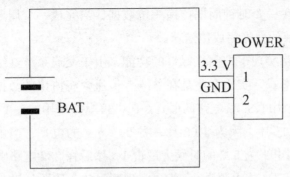

图 8-7　供电电池

复位电路采用的是 RC 电路，当不供电的时候，电阻和电容之间为低电平，电路不工作；当电路供电的时候，由于电容的充电，电阻和电容之间会存在一个短暂时间的低电位，而这个电位影响的是单片机的复位引脚，所以会引起单片机的复位（图 8-8）。

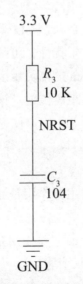

图 8-8　复位电路

单片机和 LoRa 模块采用 SPI 的方式连接，SPI 连接方式包括四根连接线，分别是 MOSI、MISO、SCK、NSS，其中 NSS 提供片选信号，当片选信号为低电平的时候，SX1278 芯片组成的 LoRa 模块就会被选中唤醒。片选信号由单片机引脚产生。SCK 为通信的时钟线，单片机和 LoRa 模块通过时钟线来保证时钟信号的一致性，这个时钟信号由单片机的引脚产生。MOSI 和 MISO 为全双工的通信线，数据采用队列的方式，MISO 输入信号的同时，MOSI 输出信号，两者在一个时钟周期传递一位数据，当完成一个周期之后，一个字节或者多个字节的数据完成传输。

RS232 电路实现了控制红绿灯的功能，由于交通系统红绿灯采用的都是 RS232 的接口形式，实质上还是在总线上传递含有协议的数据，所以本系统的控制终端也采用 RS232 电路的形式。RS232 电路采用的是 TTL 转 232 电路，用到了 SP3232 芯片，因为 TTL 是一种 0～5 V 的电平，当电平为 0 V 的时候为逻辑 0，当电平为 5 V 的时候为逻辑 1，然后在 232 电路中，7～12 V 才为逻辑 1，小于 7 V 才为逻辑 0，为了实现逻辑的一致性，就需要通过 SP3232 实现电平的互相转化。

为了实现程序的下载和调试，需要增加 BOOT 下载电路，这样可以增加设备的可扩展性，方便后期维护或者功能升级。BOOT 引脚分为 B_0 和 B_1，当处于下载状态时，B_0 设置为 1，B_1 设置为 0，当处于正常运行状态时，B_0 设置为 0，B_1 设置为 0。

②LoRa 模块的硬件设计。LoRa 核心模块采用了 LoRa 扩频技术，具有超远距离扩频通信能力、高抗干扰性，可最大程度地减小电流功耗。采用 LoRa 模式最高可以实现 −148 dbm 的高灵敏度，并加上集成的 +20 dbm 的功率输出，可以实现小功率下超远距离传输。该模组往往方便嵌入客户现有产品或者系统的设计当中。标准的 SPI 接口使通信容易简洁，客户只需要在原有的微控制器件编译简单的通讯协议，即可实现双向通信，实现数据传输。

电路说明如下所述。

第一，C101～C105 电容的主要作用是滤波，主要是滤掉高频干扰，保障信号以及电源。

第二，L103 和 C106、C107 的主要作用是构成 LC 并联电路，提供天线所需要的频率源，同时也具有选频功能。

第三，同理，L101 和 L102、C112 和 C113 也构成了 LC 并联电路，提供另外一种频率源。

第四，C108～C111，以及 C124 也是滤波电容，滤掉高频杂波。

第五，PE4259 是一种射频开关。根据 TE 或者 RE 的信号来选择频率。

（2）LoRa 网关。

①网关简介。网关（gateway），是一种网间连接器，或者称为协议转换器，是很复杂的一种网络互联设备。

网关实质上是一个不同网络和数据协议之间交换数据的 IP 地址。假设有网络 A 和网络 B，A 的 IP 地址为"192.168.0.1 ～ 192.168.0.254"，子网掩码为 255.255.255.100；B 的 IP 地址为"192.168.1.1 ～ 192.168.1.254"，子网掩码为 255.255.255.100。在没有网络交换的情况下，两个网络之间是不能进行通信的，协议会根据子网掩码（255.255.255.100）判定出，当前网络中的主机处在不同的网络中。为了实现通信，如果网络 A 中的主机发现数据包要传输的数据目的地不是本网络中的地址，就把数据包转发给网关，再由网关转发给网络 B 的网关，之后网络 B 的网关再转发给网络 B 的主机。

由上可知，网关是一个网络间的翻译器，使不同网络协议互相转换。通常网关是将不同的协议翻译转化成 TCP/IP 协议，从而将数据上传到服务器的网络服务端（net work server）。从这一点上看，网关不做数据处理。不同的网络协议之间要传输数据，则需要网关进行数据协议转换，所以它仅仅起到了网络交换器的作用。

但是不同于网络交换器，网关的核心功能是对信道的分配以及支持大规模的终端连接。在网关中，一般会有嵌入式系统。网关通过多功能的实时嵌入式系统分配相关网络资源，通过信道、频率、数据率的分配保证各个网络终端能够连接网络并保持数据畅通。一般地，在一片终端应用区域，只需要设置一个网关即可实现近万个终端应用的连接入网。根据以上介绍，在 LoRa 技术中，同样有着对应的网关。Semtech 公司在推出 LoRa 技术的时候，同样推出了网关芯片 SX1301，SX1301 是一种网关核心芯片，支持多种信道和自适应频率，同时留出接口方便用户进行二次开发。SX1301 目前是网关设计的唯一选择，足可见 Semtech 公司在 LoRa 技术上的垄断地位。

LoRa 网关和 LoRa 终端之间主要通过 LoRaWAN 协议的终端网络进行连接。网关通过分配不同的终端入网的信道和数据率，让每一个可以入网的终端应用成功入网。同时，网关将入网信息转化为 TCP/IP 协议，通过网络驱动发送给服务器的网络服务端。接着，网络服务端会生成网络参数，并下发给网关，网关则又将数据返回给 LoRa 终端，从而实现整个连接过程。

②系统网关设计。

以下分析的网关是南京易通汇联科技有限公司推出的成品网关。该网关拥有全双工 8+10 信道，支持同时 10 个信道的下行，实现了 CLASS-A 双向对称 8+8 信道闭环通信，是目前唯一能够同时满足 CLASS-A、CLASS-B、CLASS-C 三种使用场景，能够解决非授权频段节点与基站之间通信问题的一项技术。本网关价格高昂，功能丰富，可以扩展 4G 功能，同时配有 GPS 定位功能。由于网关不需要大规模铺设，所以网关只需要满足一定范围内终端的正常上网即可。同时，网关采用的是独立的电源，不需要考虑低功耗。

网关有一个特点，就是网关到服务器端的数据是满足 TCP/IP 协议的。在这种协议下，数据格式是 json 格式，这种数据格式满足服务器的数据类型，但是对于本系统来说，由于服务器昂贵，只能用本地数据库服务来代替，在这种情况下，需要对 json 格式的数据进行处理。为了减轻上位机系统后台的数据逻辑压力，系统通过网关自行处理 json 格式的数据，同时将网口输出改为串口的 232 电平输出。这种修改虽然不满足标准的 LoRa 网关定义，但是大大简化了上位机系统设计。同时，由于终端和网关之间也是 LoRaWAN 协议，所以改进后的网关也可以称为 LoRa 网关。此时，网关的主要作用是支持多个终端连接，并可传输数据。

8.2.2.3 基于物联网的智能交通指挥控制系统软件设计

（1）LoRa 软件设计和 LoRaWAN 代码移植。软件设计主要是 STM32 和 LoRa 模块通信，同时配置 LoRa 模块，在满足 loRaWAN 协议的情况下，将终端收集器要发送的数据通过 loRa 扩频技术发送出去。

由于主要的程序代码是 MAC 层的代码，根本的驱动程序仍然是单片机通过 SPI 驱动 LoRa 模块。MAC 层的代码是将物理层的代码进行封装，组成 MAC 层的驱动，之后由应用层进行调用。从这个过程来看，最底层的 SPI 驱动需要为 MAC 层提供参数接口，然后 MAC 层实现对硬件驱动层，也就是 SPI 的调用。接着，MAC 也需要将函数进行封装，将封装之后的函数留下参数接口，供应用层调用。这个过程复杂，如果从底层开始写起，代码量将是十分庞大的。

可喜的是，Semtech 公司为广大的开发者提供了完整的程序开发指导。这其中就包括了一整套的软件开发包（SDK）供开发者调用。虽然这一整套的库函数是基于 Semtech 公司推出的 "LoRa node demo" 演示板硬件基础上的。因为引脚定义不同，所以开发者需要对 Semtech 提供的库函数进行代码移植。本作者根据 Semtech 提供的库函数，结合自己设计的电路板，对官方提供的库函数进行了代码移植，并成功实现了 LoRa 终端设备和网关的正常联网。下面就根据整个移植过程，做详细介绍。整个移植过程是通过 CLASS-A 方式进行的。

①与 LoRa 射频收发器相关的代码移植。程序移植过程如图 8-9 所示。

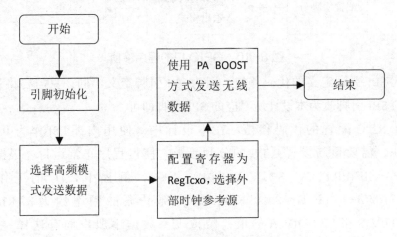

图 8-9　射频收发器移植过程

射频输入和射频输出是不一样的电路，但是用的是一个无线设备，所以用到了一个射频电路切换的芯片。在程序中，需要做的就是控制 FEM_CPS 脚，在 RX 和 TX 时进行 RF（RFI）和 RF2（RFO）的切换。由于在设计中兼容高低频，并且使用两个引脚分别控制高频和低频部分的输入输出的切换，所以在实际使用中需要控制两个引脚。

② GPIO 口的代码移植。GPIO 口的代码移植的程序移植入如图 8-10 所示。

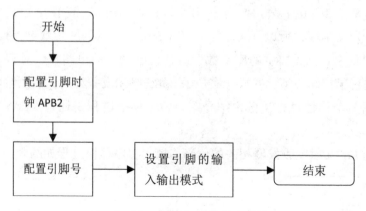

图 8-10　GPIO 口的程序移植

③ SPI 引脚定义的代码移植。因为 SPI 引脚定义不同，只需要将程序中对应的 SPI 引脚改为本设计所对应的 SPI 引脚即可。

④ RTC 配置的代码移植。在本设计中，使用内部 LSI 作为 RTC 的时钟源，需要重新设置 RTC 的分频参数，使得程序正常运行。根据 $Fck\_spre=Frtcclk/(PREDIV\_S+1)/(PREDIV\_A+1)$，例程中 RTC 的工作频率为 $32.778/(3+1)/(3+1)= 2.048$ Khz，而内部晶振的频率约为 37 Khz，故 PRVEDIV S 相 PREDIV A 的值需要改变。数据手册里面有这样一句话："Note:When both prescalers are used, it is recommended to configure the asynchronous prescaler to a high value to minimize consumption." 所以 :18=9★；故设置这两个参数分别为：PREDIV_A=8，PREDIV_S=1。

根据以上移植就可以实现官方库函数的移植。将移植后的代码添加到终端接收器的工程文件下，就可以实现整个终端接收器的功能。

（2）地磁检测。NC-200 车辆检测模块是使用国际先进 AMR 磁场技术检测车位车辆，并能直接输出车位车辆"有 / 无"判定的数字信号。该模块体积超小，功耗超低，能为车位引导系统客户节省开发时间和成本。本设计采用的正是 NC-200 地磁传感器。

NC-200 模块是直接通过串口的方式和单片机实现数据的传输，因此需要控制地磁检测模块的复位，需要检测当前模块是否异常，同时也需要调节当前传感器的灵敏度，又要兼顾功耗。为了实现上述要求，需要确保模块处于休眠的状态，而为了更好地获取数据，一方面需要模块的输出引脚连接到单片机的引脚，另一方面需要通过串口传输数据，使得数据更加准确。根据以上思路，可以得到控制运行流程如图 8-11 所示。

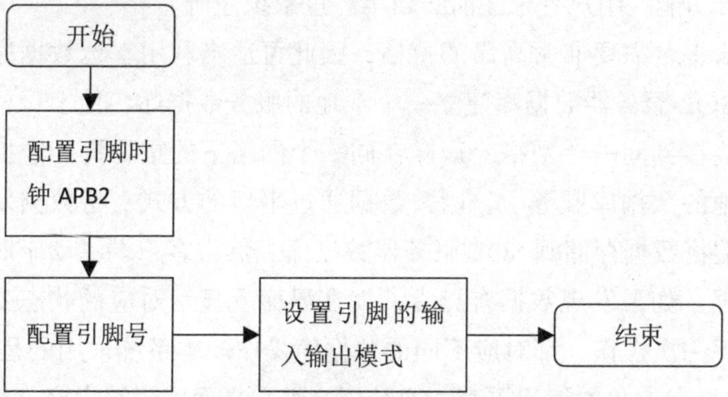

图 8-11　程序流程

根据流程图所示，当车流量检测模块中的 LoRa 模块通过 OTA 方式被网关远程唤醒之后，LoRa 模块发送信号给单片机，单片机接收到检测信号，开启车流量的检测。单片机开始进行外设初始化，开启外设时钟，将对应的引脚的输入输出方式设置好之后，开启串口，当串口传输开启之后，通过引脚设置模块的灵敏度。

将灵敏度设置为最高，则 SSEL1 和 SSEL2 都要置为 1。

设置完灵敏度之后，单片机进入循环，时刻检测当前模块的错误状态，如果模块发生错误，则将错误状态记录下来，内部通过一个变量将数据加 1，如果连续多次发生错误，并且这个累加量大于报错阈值，则表明当前的模块已经发生故障，需要上报故障，让工作人员来检修。

如果某一次循环检测过程中，发现模块不处于错误状态，表明模块可以正常工作，则需要模块开启正常的检测工作。一方面，通过引脚查询当前是否有车辆；另一方面，单片机通过串口将获取的数据保存到内存中，当这一次检测周期完成，对数据进行处理之后，通过 LoRa 物联网的方式，将数据发送出去。

（3）云平台。作为完整的基于物联网的交通指挥控制系统，一个可以准确反应数据的用户端是非常必要的。用户可能不在意终端硬件以及软件上纷繁复杂的功能设计，而更在意能否方便快捷地通过界面获取自己想要的信息。一个人机交互界面往往是用户体验的核心。对于基于物联网的交通指挥控制系统而言，监控是首位的。界面需要有及时显示功能，同时能够主动控制各个终端的状态，起到控制的作用，同时出于保密性的考虑，也需要增加用户登录和注册功能。用户登录之前必须得经过系统注册。

由于云平台需要非常高昂的价格，因此可适当利用本地数据库，如在电脑上通过 SQL 服务器数据库建立一个本地的服务数据库，使上位机和本地数据库服务连接到同一个网络。这样在同一个网络下的重要资产监控系统就可以查询本地的数据库服务了。网关数据通过串口的方式，将数据发送给客户端，客户端将数据存储到 SQL 服务器数据库。然后客户端主动定时查询数据库内的数据，如果发现数据有异常，就在界面上显示对应的状态变化。用户对数据的每一次操作，都对应不同的数据库操作。本系统采用的是 C# 语言，C# 是一个面向对象的编程语言，通常用来编写桌面应用端程序。编程环境是 Visual studio 2017，是由微软提供的，具有多种编程环境的程序开发包。数据库采用的版本是 SQL 服务器 2014。这个过程如图 8-12 所示。

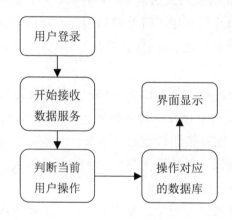

图 8-12　云平台软件逻辑

8.3 物联网在智慧医疗中的创新应用及案例

8.3.1 智慧医疗概述

8.3.1.1 智慧医疗的定义

智慧医疗是通过打造健康档案区域医疗信息平台，利用最先进的物联网技术，实现患者与医务人员、医疗机构、医疗设备之间的互动，逐步达到信息化的医疗服务模式。医疗行业将融入更多人工智能、传感技术等高科技，使医疗服务走向真正意义上的智能化，推动医疗事业的繁荣发展。智慧医疗的核心是在医院信息化的基础上，通过物联网、云计算、移动计算、大数据等新技术应用，实现医疗服务的信息化和智能化，智慧医疗是智能医学的重要内容。

8.3.1.2 智慧医疗特点

（1）互联性：经授权的医师能够随时查阅患者的病历、患史、治疗措施和保险细则，患者也可以自主选择更换医师或医院。

（2）协作性：把信息仓库变成可分享的记录，整合并共享医疗信息和记录，以期构建一个综合的专业的医疗网络。

（3）预防性：实时感知、处理和分析重大的医疗事件，从而快速、有效地做出响应。

（4）普及性：支持乡镇医院和社区医院无缝连接到中心医院，以便实时获取专家建议、安排转诊和接受培训。

（5）创新性：提升知识和过程处理能力，进一步推动临床创新和研究。

（6）可靠性：使从业医师能够搜索、分析和引用大量科学证据来支持临床医师的诊断。

8.3.1.3 智慧医疗的框架

智慧医疗主要内容包括智慧医疗基础、智能化医院系统、智能化区域卫生系统以及互联网医疗，具体如图 8-13 所示。智慧医疗基础涉及多项关键技术，传统的技术有数字技术、网络技术、多媒体技术、信息安全技术，新技术包括云计算、大数据、物联网及移动互联网技术。

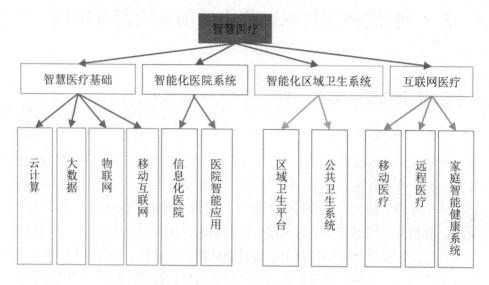

图8-13 智慧医疗建设的内容

智能化医院系统由信息化医院和智能应用两部分组成。信息化医院主要包括医院信息系统（HIS）、实验室信息管理系统（LIS）、医学影像信息存储系统（PACS）和传输系统以及医师工作站四个部分。医师工作站的核心工作是采集、存储、传输、处理和利用患者健康状况和医疗信息。医师工作站包括门诊和住院诊疗的接诊、检查、诊断、治疗、处方和医疗医嘱、病程记录、会诊、转科、手术、出院、病案生成等全部医疗过程的工作平台。提升应用包括远程图像传输、海量数据计算处理等技术在数字医院建设过程中的应用，有助于医疗服务水平的提升。具体实现的功能包括以下方面。

（1）远程探视：避免探访者与病患的直接接触，杜绝疾病蔓延，缩短恢复进程。

（2）远程会诊：支持优势医疗资源共享和跨地域优化配置。

（3）自动报警：对病患的生命体征数据进行监控，降低重症护理成本。

（4）临床决策系统：协助医师分析详尽的病历，为制定准确有效的治疗方案提供基础。

（5）智慧处方：分析患者过敏和用药史，反映药品产地批次等信息，有效记录和分析处方变更等信息，为慢性病治疗和保健提供参考。

互联网医疗就是使传统医疗的生命信息采集、监测、诊断治疗和咨询，通过可穿戴智能医疗设备、大数据分析与移动互联网相连。所有与疾病相关的信息不再被限定在医院和纸面上，可以自由流动、上传、分享，这使跨区域医疗活动得以轻松实现。互联网医疗提供健康教育、医疗信息查询、电子健康档案、疾病风险评估、远程会诊、远程治疗和康复等多种形式的医疗服务和健康管理服务。互联网医疗代表了医疗行业新的发展方向，有利于保障医疗资源平衡及满足日益增加的健康医疗需求，是国家积极引导和支持的医疗发展模式。互联网医疗主要包括移动医疗、远程医疗，以及家庭智能健康系统。其中，家庭智能健康系统能提供最贴近市民的健康保障需求的服务，包括针对行动不便无法送往医院进行救治病患的视讯医疗，对慢性病以及老幼病患的远程照护，对智障、残疾、传染病等特殊人群的健康监测，另外还可自动提示用药时间、服用禁忌、剩余药量等信息。

从技术角度分析，智慧医疗的概念框架包括以下五个方面。

（1）基础环境。建设公共卫生专网，实现与政府信息网的互联互通；建设卫生数据中心，为卫生基础数据和各种应用系统提供安全保障。

（2）基础数据库。其包括药品目录数据库、居民健康档案数据库、PACS影像数据库、LIS检验数据库、医疗人员数据库、医疗设备卫生领域的六大基础数据库。

（3）软件及数据平台。其提供三个层面的服务：首先是基础架构服务，提供虚拟优化服务器、存储服务器及网络资源；其次是平台服务，提供优化的中间件，包括应用服务器、数据库服务器、门户服务器等；最后是软件服务、包括应用、流程和信息服务。

（4）综合应用服务体系。其包括智慧医院系统、区域卫生平台和互联网医疗系统三大类综合应用。

（5）保障体系。其包括安全保障体系、标准规范体系和管理保障体系三个方面。从技术安全，运行安全和管理安全三方面构建安全防范体系，确实保护基础平台及各个应用系统的可用性、机密性、完整性、抗抵赖性、可审计性和可控性。

8.3.1.4 智慧医疗研究现状

健康医疗物联网是物联网技术在医疗行业的重要应用。2018年，国家明确提出要"积极贯通医疗联合体，运用互联网技术加快医疗资源与信息的互通共享，实现业务的高效协同，开展更加便捷的远程医疗服务"。随着物联网技术的普及以及其与 5G 通信技术和计算机技术，如云计算、大数据等技术的充分融合和应用，健康医疗物联网的影响力越来越大。当前我国的医疗相关物联网大致可以分为三大应用领域，即智慧医院服务、居家健康服务和公共卫生服务，覆盖了药品追溯、重症监护、医疗耗材管理和健康管理等多个子应用。随着人们对美好生活向往的逐步增强，人们对居家健康服务的需求逐渐增大，居家健康服务类的物联网平台也得到了充分重视。但是这些应用大多还是要依靠地区发达的医疗资源，使用起来很复杂，在医疗水平落后的地区，物联网医疗服务的使用率并不高。与此同时，用户的个人数据涉及个人的隐私和利益，一旦泄露将对用户造成严重的影响，而在目前的智慧医疗物联网产品中，大多没有考虑到数据安全问题，很多甚至会将用户的数据直接传送到公有云中，有很大的隐患。因此，智慧医疗中的数据安全问题也是 2020 年以来各个国家的政府和科研人员都关注的焦点。

8.3.2 物联网平台需求分析

8.3.2.1 平台可行性分析

通过对现有的智慧医疗物联网平台相关业务进行整理与分析，并结合目前心脏相关疾病导致猝死人群越来越年轻化的现状和实际项目的需要，可设计一款社区式的居家医疗健康设备监护平台，用户无须频繁去医院即可了解自己在某一段时间内的一些基本生理健康数据。平台会通过便携的可穿戴健康设备及环境监测设备采集用户健康数据及其居住环境相关数据，并提供给用户可视化平台进行观看查询。与此同时，本平台也会提供健康数据预警功能，帮助用户及时察觉自己的身体状况。

从需求可行性的角度来分析，随着人们生活水平的提高和各种疾病年轻化现象的出现，人们对自己的健康越来越重视，然而忙碌工作和有限的专业医疗资源使得大多数人无法频繁去到专业的医疗机构对自己的健康状况进行持续性监测，故而一个方便的居家健康监测平台会是大多数人的第一选择。同时，一些突发性的疾病往往伴随着突发的生理指标的变化，大家需要有这样一个可以做实时提醒的平台。因此，本平台有着广阔的应用前景和研究价值。

从技术可行性的角度分析，物联网技术和互联网技术的不断发展为本平台提供了坚实的技术基础，便携式的健康监测传感器目前在市面上已经可以比较方便地购买到，硬件与平台之间的通信协议也已经有了比较成熟的研究，应用系统的前端、后端和可能使用到的机器学习算法也有可以选择使用的框架。各种关键技术都有迹可循，关键在于如何把这些技术合理地结合起来，将理论变为实战。总的来说，本平台不管是从需求可行性的角度分析还是从技术可行性的角度分析，都是值得去研究和实现的。

8.3.2.2 平台功能性需求分析

为了满足诸多基本需求，本平台应具有用户管理、数据采集、设备管理、数据监测和健康预警五个基本功能。

（1）用户管理功能。一般来说，用户管理功能是每个 web 系统都必需的功能性需求，本系统也不例外。本系统主要面向以家庭、公司或社区为单位的使用者，同时考虑到，在物联网中管理设备需要一定的专业技能，大多数普通用户也不需要经常管理自己的设备，因此可设立系统管理员和普通用户两种用户角色，并为其赋予不同的用户权限，满足分级管理的需求。系统管理员是每个场景（家庭、公司等）中的最大权限拥有者，可以对用户权限等进行管理。普通用户只可以查看自己的可穿戴设备数据以及自己所在场景环境设备的数据，不可以对设备进行增删改。用户可以通过用户管理功能进行不同用户组的登录注册。

（2）数据采集功能。数据采集是本平台的一个重要模块，涉及软件与硬件的交互问题。数据采集功能主要体现为，后端服务器将从各类传感器上采集到的所需数据收集上来，存到数据库中备用，然后通过一系列的前端逻辑将数据展示到前端，用户可以通过应用前端随时监测各类设备的实时数据。

（3）设备管理功能。用户往往不止有一个健康设备，为了让用户更好地管理这些设备，本平台可提供设备管理功能，用户可以通过此功能实现对自己设备的增加、删除、修改并查询各种设备信息。与此同时，用户还可以通过本平台对设备进行控制，从而实现设备与平台间的双向通信。

（4）健康监测功能。健康监测功能是帮助用户更直观地观察自身健康情况的一个功能，通过健康检测功能，用户不仅可以查看自己通过各种健康设备采集到的各种实时传输的健康数据，还能直观地通过图表观察到自己一段时间内的数据情况。同时，平台也会通过监测数据情况为用户提供相应的健康小建议。基于心脏健康对人们的健康程度影响比较大的前置条件，平台也提供心电图实时展示功能，同时平台应内置多种算法模拟专业医生，结合用户年龄对生理信号进行判断。对心脏正常的人群进行心率健康度评分，并结合心率变异率（HRV）这一指标为用户展示心脏年龄。同时，要考虑用机器学习相关的智能算法，对用户心电图的健康程度做一个智能分类预测处理。

（5）健康预警功能。健康预警模块可以帮助用户及时察觉自己的身体状况，主要以为用户提供实时报警功能为主，当用户的健康设备指标超出其规定阈值时，平台会及时向用户提供预警信息。例如，用户可以规定自己的心率超过120次/分时就报警，当用户心率超过120次/分时，平台就会发送相关报警信息给用户，并将这些信息记录下来，方便用户查看和管理。同时，本功能也会为用户提供可视化的预警统计，方便用户更加直观地观察自己的设备报警情况，从而更好地对自身以及所处环境的健康程度进行把握。

8.3.2.3 平台非功能性需求分析

除了要为指定用户提供特定的功能性需求外，在平台的设计及实现过程中，还需要考虑到与用户所需功能不直接相关的非功能性需求。这些非功能性需求往往与平台的"涌现特性"（如可靠性、安全性、可扩展性等）相关，会影响平台的整体使用体验，比功能性需求还要关键。

（1）可靠性。对于一个平台来说，很重要的一点便是平台的可靠性。一般来说，可靠性可以分为三个部分。一是硬件可靠性，即平台所需硬件是否可靠，它是否会出现故障；二是平台软件的可靠性，即当用户在使用该平台时，该平台反馈给用户的结果是否可靠，如果程序出现问题，能不能有一定的自我修复能力，可不可以在短暂的失效后继续正常运行；三是操作人员的可靠性，即平台的使用者会不会为平台提供一个错误的输入，从而导致一种失效传播。由于物联网平台其特有的对数据实时性的高要求以及天然的数据量大等特点，本平台除了需要具备基础的可靠性来保证正常运行外，还需要具备在高并发场景下的高可用性。

（2）安全性。面向智慧医疗的物联网平台不可避免地会涉及大量的用户隐私数据，而敏感数据的泄露不仅涉及系统的稳定性，还可能被一些不法分子利用，造成严重的社会影响。近年来，物联网平台中的隐私保护问题越来越被大家看重，因此本平台须满足用户的信息安全需求，其中包括用户权限管理以及数据通信传输过程中的隐私保护问题。

（3）可拓展性。随着未来社会的发展，会不断涌现出新的用户需求，本文中的物联网平台也需要不断补充新的功能模块。随着平台功能越来越复杂，冗余的信息也可能越来越多，改动影响的范围就可能越来越大，这极大地增加了新模块的开发成本。因此，为了方便开发人员快速增加新的模块，就需要提高本平台的灵活性和可书展性，减少模块之间的耦合，减少平台的内部依赖。

8.3.3 智慧医疗物联网平台的详细设计及实现

8.3.3.1 平台总体架构

通过对具体业务场景进行分析，可设置分层架构，如图 8-14 所示。

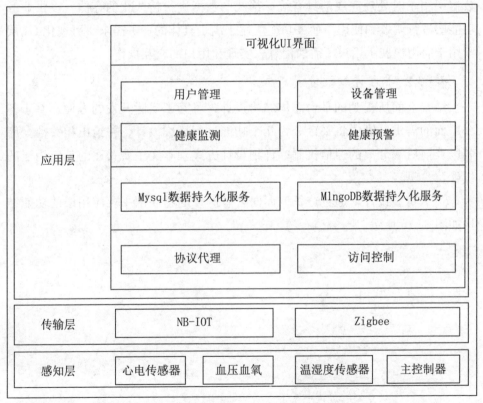

图 8-14 面向智慧医疗的物联网平台系统架构

面向智慧医疗的物联网平台在系统架构层面参考了国内外传统的物联网平台的分层，主要分为三个层面，即感知层、传输层和应用层。

感知层主要是一些可穿戴的医疗传感器和方便放置在居家环境中的温湿度传感器，这些传感器相当于一些数据采集终端，会将用户的身体数据以及生活环境数据采集下来并通过传输层传给应用层。

传输层主要负责数据的通信传输，本文结合传感器的类型和实际业务的需要，选择了 NB-IOT 和 ZigBee 两种通信方式进行数据传输。

应用层负责链接用户的操作，为用户提供各种功能性、非功能性的服务和美观易操作的可视化的 UI 界面。其又可以细分为四层，自下而上分别为数据接入层、数据持久化层、业务功能层和可视化 UI 层。数据接入层是应用层与感知层和传输层之间的连接桥梁，用于对从各种类型设备上接收到的数据进行编解码，并将数据最终处理成统一的数据格式供应用层的其他功能使用。数据层用于对处理完成的具有统一格式的数据进行持久化的存储，以供业务功能层进行调取和使用。业务功能层用于满足具体的业务需求。可视化 UI 层则用于向用户展示用户所需的信息，实现和用户的交互操作。

8.3.3.2 平台详细设计

结合上面所提到的平台总体结构设计，可为了实际开发的方便，基于各个层面的需求，纵向将平台分为几个功能进行详细设计，并给出相关数据库表以及前后端分离的通信机制的详细设计方案。本文主要关注的是应用层的设计及实现。

（1）功能设计。通过分析，面向智慧医疗的物联网平台应用层的功能结构如图 8-15 所示。

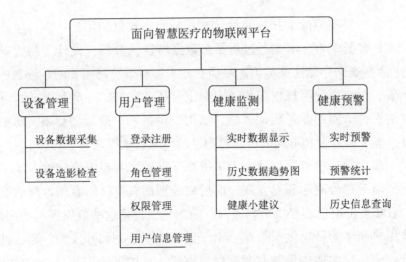

图 8-15 物联网平台应用层的功能结构图

总的来说，本平台分为四个主要功能模块，分别是设备管理模块、用户管理模块、健康监测模块和健康预警模块。

（2）数据库设计。本面向智慧医疗的物联网平台使用了两种类型的数据库，即关系型数据库和非关系型数据库。其中，关系型数据库使用 MYSQL 来设计，主要用来进行数据的持久化存储；非关系型数据库采用的是 Redis 数据库，主要用来存储一些缓存数据，在高并发场景下，结合消息中间件来减少数据库的压力。图 8-16 为在高并发场景下本平台的数据接收与处理方式。

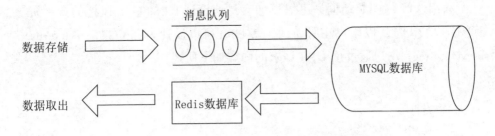

图 8-16 平台数据库存取方式设计图

如图 8-16 所示，本平台在进行存储时不会直接将数据存储进 MYSQL 数据库，而是先使用消息队列进行削峰和限流。同样地，在取出数据时，也不会从 MYSQL 数据库中直接取出，而是通过 Redis 数据库先实现一个数据的缓存，再将缓存数据从 Redis 数据库中取出，从而减少数据库访问次数，降低服务器的响应时间，提升系统性能。

本平台主要存储的都是物联网传感器的监测数据和用户数据，主要存储在 MYSQL 数据库中。本文经过对平台数据特性的分析，设计了两大类型的 MYSQL 数据表来存储这些数据。一类是几乎所有系统都需要的系统表，如平台日志表、用户表、用户权限相关表和定时任务表等，一类是面向智慧医疗的物联网平台所需的业务相关表格，如用户设备表、设备类型表、历史设备数据表、报警信息表和不同的传感器记录的传感器数据表等。

（3）前后端通信机制设计。为了提高开发效率和系统稳定性，本平台采用完全的前后端分离的开发方式，前后端分别拥有自己的容器，前后端互不影响。后端负责给前端提供数据接口，前端则负责将这些数据展示给用户看，提供给用户操作的可视化 web 端。由于前后端不是一起开发的，那么就要提前设计好前后端的通信机制和数据接口格式，具体可选用基于 RESTFUL 设计规范的 API，相对于 XML 而言，它不仅可以采用轻量级的 json 作为数据通信的基本格式，还可以直接通过 HTTP 协议进行操作，不需要额外的通信协议，使整个平台的性能都能得到一定的提升。常用的 HTTP 操作动词如下所述。

① GET（SELECT）：从后端获取一项或者多项资源。

② POST（CREATE）：在后端创建一个新的资源。

③ PUT（UPDATE）：在后端更新现有资源。

④ DELETE（DELETE）：从后端删除现有的资源。

利用这些 HTTP 动词，可以更加容易地设计 RESTFUL 风格的统一资源标识符（URI），以用户注册为例，其 URI 可以设计为：POST/service-user/userRegister。用户通过该 URI 请求的内容如下所述。

```
{
"id" : 1,
"username":"test",
"password":"123456",
"role":2,
"email":"123456@qq.com"
}
```

该用户注册的 API 通过 POST 请求的方式向后端服务器传递了用户 ID、用户姓名、用户密码、用户邮箱以及用户角色（其中 1 代表系统管理员，2 代表普通用户）等信息。一般来说，后端服务器接收到这些不同 HTTP 动词传递来的信息后需要向前端服务器返回不同类型的返回值，实际约定的返回值类型如下所述。

① GET（SELECT）：返回一个或者多个对象的数组集合。

② POST（CREATE）：返回新资源的信息。

③ PUT（UPDATE）：返回更新后的资源信息。

④ DELETE（DELETE）：一般返回空。

除了返回上述资源信息之外，接口的返回信息中还需要包括不同类型的错误响应码。因为在前后端交互的过程中，后端服务器不可避免地会经常出现一些不同类型的错误，所以为了统一管理，开发人员需要在可能出现错误的地方对错误进行捕获，并且将这些错误类型进行分类，定义成不同的状态响应码返回给前端，方便前端进行统一处理，使得前端用户了解后端服务器是正常处理了请求，还是出现了错误。常用的状态响应码类别如表 8-2 所示。

表8-2　状态码的类别

状态码	响应类别	原因短语
1XX	信息性状态码	服务器正在处理请求
2XX	成功状态码	请求已正常处理完毕
3XX	重定向状态码	需要进行额外操作以完成请求
4XX	客户端错误状态码	客户端原因导致服务器无法处理请求
5XX	服务器错误状态码	服务器原因导致处理请求出错

在这里对本平台的 RESTFUL 返回值进行了统一的数据结构设计，如表 8-3 所示，error code 表示状态响应码，msg 表示通信状态的响应提示信息，success 表示响应是否成功，data 则表示不同的业务返回的数据资源，其拥有不同的参数以及参数值。

表8-3　RESTFUL返回值统一数据结构

返回参数	类型	是否必须	说明
error code	int	是	状态响应码
msg	string	否	通信响应提示消息
data	json	否	业务返回数据，有不同的参数
success	boolean	是	响应是否成功

基于表8-3中的返回值统一数据结构，以用户注册的API为例，用户注册的请求如果成功了，则其响应内容如下所述。

```
{
"errorcode":200,
"msg":"success",
"data":{
"id":1,
"username":"test",
"role":2,
"email":"123456@qq.com"
"role":2,
"age":
"sex":,
"createtime":"20201010",
"updatetime":"20201010",
}
"success":true,
}
```

后端服务器返回的内容包括状态响应码、响应提示信息、响应是否成功，以及用户ID、用户姓名、用户角色、用户邮箱、创建时间等用户相关信息。其中，状态响应码200即表示从前端服务器发来的请求在后端服务器被正常处理了。

参考文献

[1]　付强. 物联网系统开发 [M]. 北京：机械工业出版社，2020.

[2]　布哈伊，萨利赫. 物联网发展与创新 [M]. 刘卫星，王传双，方建华，译. 北京：
　　　国防工业出版社，2020.

[3]　罗素，杜伦. 物联网安全 [M]. 北京：机械工业出版社，2020.

[4]　钟良骥，徐斌，胡文杰. 物联网技术与应用[M]. 武汉: 华中科学技术大学出版社，
　　　2020.

[5]　彭木根. 物联网基础与应用 [M]. 北京：北京邮电大学出版社，2019.

[6]　何泽奇，韩芳，曾辉. 人工智能 [M]. 北京：航空工业出版社，2021.

[7]　甘胜江，王永涛，邸小莲. 人工智能 [M]. 哈尔滨：哈尔滨工程大学出版社，
　　　2021.

[8]　任友群. 人工智能 [M]. 上海：上海教育出版社，2020.

[9]　邦德. 人工智能 [M]. 广州：广东科技出版社，2020.

[10]　李艳. 人工智能 [M]. 成都：四川科学技术出版社，2019.

[11]　北京市科学技术协会，北京科技人才研究会. 人工智能 [M]. 北京：北京出版社，
　　　2018.

[12]　常成. 人工智能技术及应用 [M]. 西安：西安电子科技大学出版社，2021.

[13]　钟跃崎. 人工智能技术原理与应用 [M]. 上海：东华大学出版社，2020.

[14]　刘经纬，朱敏玲，杨蕾. "互联网 +" 人工智能技术实现 [M]. 北京：首都经济
　　　贸易大学出版社，2019.

[15]　谭阳. 人工智能技术的发展及应用研究 [M]. 北京：北京工业大学出版社，

2019.

[16] 张元斌, 杨月红, 曾宝国, 等. 物联网通信技术 [M]. 成都：西南交通大学出版社，
2018.

[17] 王振龙. 物联网与通信技术的理论与实践探索 [M]. 成都：电子科技大学出版社，
2018.

[18] 陈彦辉. 物联网通信技术 [M]. 北京：人民邮电出版社，2020.

[19] 甘泉作. LoRa 物联网通信技术 [M]. 北京：清华大学出版社，2021.

[20] 肖佳，胡国胜. 物联网通信技术及应用 [M]. 北京：机械工业出版社，2019.

[21] 李春国. 物联网通信技术及应用发展研究 [M]. 北京：中国水利水电出版社，
2019.

[22] 何腊梅. 通信技术与物联网研究 [M]. 北京：中国纺织出版社，2018.

[23] 申时凯，佘玉梅. 物联网的安全技术研究 [M]. 中国原子能出版社，2019.

[24] 杨金翠，邱莉榕. 物联网环境下控制安全技术 [M]. 北京：中央民族大学出版社，
2018.

[25] 饶志宏. 物联网安全技术及应用 [M]. 北京：电子工业出版社，2020.

[26] 常虹. 机器学习应用视角 [M]. 北京：机械工业出版社，2021.

[27] 吴梅梅. 机器学习算法及其应用 [M]. 北京：机械工业出版社，2020.

[28] 宝力高. 机器学习、人工智能及应用研究 [M]. 长春：吉林科学技术出版社，
2021.

[29] 黄孝平. 当代机器深度学习方法与应用研究 [M]. 成都：电子科技大学出版社，
2017.

[30] 杨顺. 从虚拟到现实的智能车辆深度强化学习控制研究 [D]. 长春：吉林大学，
2019.

[31] 刘钱源. 基于深度强化学习的双臂机器人物体抓取 [D]. 济南：山东大学，
2019.

[32] 卜祥津. 基于深度强化学习的未知环境下机器人路径规划的研究 [D]. 哈尔滨：
哈尔滨工业大学，2018.

[33] 李公法，蒋国璋，孔建益，等. 机器人灵巧手的人机交互技术及其稳定控制 [M].
武汉：华中科学技术大学出版社，2020.

[34] 程时伟. 人机交互概论：从理论到应用 [M]. 杭州：浙江大学出版社，2018.

[35] 武汇岳. 人机交互中的用户行为研究 [M]. 广州：中山大学出版社，2019.

[36] 曾凡太，刘美丽，陶翠霞. 物联网之智: 智能硬件开发与智慧城市建设[M]. 北京: 机械工业出版社，2020.

[37] 邵泽华. 物联网与智慧城市 [M]. 北京：中国人民大学出版社，2022.

[38] 卜令正. 基于深度强化学习的机械臂控制研究 [D]. 徐州：中国矿业大学，2019.

[39] 高敬鹏，江志烨，赵娜. 机器学习 [M]. 北京：机械工业出版社，2020.

[40] 牟少敏，时爱菊. 模式识别与机器学习技术 [M]. 北京：冶金工业出版社，2019.

[41] 由育阳. 机器学习智能诊断理论与应用 [M]. 北京：北京理工大学出版社，2020.

[42] 陈海虹. 机器学习原理及应用 [M]. 成都：电子科技大学出版社，2017.

[43] 温慧敏. 城市交通大脑——未来城市智慧交通体系 [M]. 北京：电子工业出版社，2021.

[44] 赵池航. 智慧交通场景中车辆全息感知理论与技术 [M]. 北京: 人民交通出版社，2020.

[45] 黄鑫. 基于视频的车流量智能交通检测系统研究 [D]. 成都：西南交通大学，2018.

[46] 耿庆田. 基于图像识别理论的智能交通系统关键技术研究 [D]. 长春：吉林大学，2016.

[47] 张文桂. 基于深度学习的车辆检测方法研究 [D]. 广州：华南理工大学，2016.

[48] 邱祥. 基于神经网络的智能交通控制系统设计 [D]. 扬州：扬州大学，2016.

[49] 焦秉立，段晓辉. 5G 与智慧医疗 [M]. 北京：科学出版社，2022.

[50] 郭源生. 智慧医疗共性技术与模式创新 [M]. 北京：电子工业出版社，2020.

[51] 尹康杰. 面向智慧医疗的物联网管理平台设计及实现 [D]. 北京：北京邮电大学，2021.

[52] 尹慧子. 智慧医疗情境下信息交互及效果评价研究 [D]. 长春：吉林大学，2020.

[53] 徐松. 基于 RFID 的感知识别技术研究 [D]. 南京：南京邮电大学，2020.